Bettina Gierke

Führen auf Distanz: Trainings erfolgreich leiten

Seminarfahrpläne für Präsenz und Online

managerSeminare Verlags GmbH – Edition Training aktuell

Bettina Gierke
Führen auf Distanz: Trainings erfolgreich leiten
Seminarfahrpläne für Präsenz und Online

© 2022 managerSeminare Verlags GmbH
Endenicher Str. 41, D-53115 Bonn
Tel: 0228-977910, Fax: 0228-9779199
info@managerseminare.de
www.managerseminare.de/shop

Der Verlag hat sich bemüht, die Copyright-Inhaber aller verwendeten Zitate, Texte, Abbildungen und Illustrationen zu ermitteln. Sollten wir jemanden übersehen haben, so bitten wir den Copyright-Inhaber, sich mit uns in Verbindung zu setzen.

Alle Rechte, insbesondere das Recht der Vervielfältigung und der Verbreitung sowie der Übersetzung vorbehalten.

Printed in Germany

ISBN: 978-3-949611-03-2

Herausgeber der Edition Training aktuell:
Ralf Muskatewitz, Jürgen Graf, Nicole Bußmann

Lektorat: Ralf Muskatewitz
Cover: Wavebreakmedia, Depositphotos
PowerPoints: Sonja Buske, Bettina Gierke
Druck: Eberl & Kœsel GmbH und Co. KG, Krugzell

Inhaltsverzeichnis

© managerSeminare

© managerSeminare

Deep Dives
Vertiefungsthemen 293

© managerSeminare

Online-Ressourcen

(Link in der Umschlagklappe)

- *Mögliche Fahrpläne im Überblick*
  Live-Online-Seminar, Präsenztraining, Blended Learning

- *Deep Dive Ziel- und ergebnisorientiert führen* (zu Seite 306 ff.)
  - Die Bedeutung von Feedback in virtuellen Teams
  - Feedback-Methoden für virtuelle Teams
  - Das wöchentliche Teamfeedback
  - Retrospektive mit der DAKI-Methode
  - Speed Dating – Persönliches Feedback, von allen für alle
  - Persönliches Feedback an die Mitarbeitenden geben

- Info-E-Mail zwei Wochen vor Seminarbeginn (zu Seite 21)
- Erinnerungs-E-Mail einen Tag vor Seminarbeginn (zu Seite 24)
- Liste mit Check-in-Fragen in deutscher Sprache (zu Seiten 131/133)
- Arbeitsblatt Umsetzungsvorhaben zum Thema Vertrauen (zu Seite 239)
- Vorlage Zielkreis (zu Seite 245)
- Arbeitsblatt Umsetzungsplan (zu Seite 249)
- Vorlage Team Canvas (zu Seite 317)

Einführung

Für die Mehrzahl der arbeitstätigen Menschen in Deutschland gestaltet sich ein typischer Arbeitstag in etwa so: Am Morgen klingelt der Wecker viel zu früh. Hundemüde geht es dann ab ins Badezimmer, schnell unter die Dusche und hinein in die Arbeitskleidung. Kinder fertig machen, schnelles Frühstück, dann geht es auch schon aus dem Haus. Rasch die Kinder in den Kindergarten oder die Schule bringen – und dann ab ins Büro. Wenn es schlimm kommt, bedeutet das tägliche Pendeln hin und zurück zwei Stunden Lebenszeit, die wir entweder gestresst im Auto oder in beengten Verhältnissen in Bus und Bahn verbringen. Im Monat sind das 40 Stunden.

Wie wunderbar wäre es da für viele Leidtragende, einen Großteil dieser Stunden einzusparen und für etwas zu nutzen, das mehr Spaß macht als ein stressiger Arbeitsweg! Vielleicht sähe ein typischer Morgen dann so aus: Der Wecker klingelt eine halbe Stunde später als sonst. Ganz entspannt geht es ins Badezimmer und danach in die Lieblingsklamotten. Anschließend ein kurzes, aber gemütliches Frühstück allein oder mit der Familie, bevor es für die Kinder in den Kindergarten geht. An einem ruhigen Platz in der Wohnung startet der Arbeitstag mit einem kurzen gemeinsamen Check-in mit dem virtuellen Team. Vielleicht startet der Morgen aber auch in einem Wohnmobil, mit dem die Führungskraft beschlossen hat, für eine Weile durch Europa zu reisen und mobil zu arbeiten. Oder ganz woanders.

Komplett oder zumindest an einigen Tagen in der Woche aus dem Homeoffice zu arbeiten, ist für viele Menschen längst nicht mehr nur eine attraktive Vorstellung. Der Digitalisierung sei Dank, können inzwischen viele Tätigkeiten problemlos auch außerhalb klassischer Arbeitsstrukturen erledigt werden.

Immer mehr Führungskräfte leiten daher Teammitglieder, die an anderen Standorten oder im Homeoffice arbeiten. Diese Form der Führung ist für sehr viele Führende immer noch neu und unvertraut. Sie haben in aller Regel nie gelernt, wie das geht. In diesem Training

© managerSeminare

lernen sie, worauf es zu achten gilt, um remote bestmögliche Ergebnisse zu erzielen.

Mein Ziel als Trainerin ist es, Führungskräfte und ihre Teammitglieder dabei zu unterstützen, die Zusammenarbeit auf Distanz optimal zu gestalten. Optimal bedeutet für mich, mit Spaß und Freude effektiv zusammenzuarbeiten, Spitzenergebnisse zu erzielen und ein Leben führen zu können, das Privates und Berufliches unter einen Hut bringt. Ich selbst arbeite seit vielen Jahren schon genau so und kann es mir gar nicht mehr anders vorstellen. Deswegen gebe ich Seminare zu dem Thema „Führen auf Distanz“ und schreibe dieses Buch.

Erfreulicherweise hat das Thema in den letzten Jahren zunehmend an Bedeutung gewonnen. Immer mehr Unternehmen brechen alte Strukturen auf und ermöglichen ihren Mitarbeitenden neue Arbeitsmodelle, wie zum Beispiel das Arbeiten aus dem Homeoffice. Zudem zwingt der Fachkräftemangel Unternehmen vielerorts, den Suchradius zu erweitern. Globalisierung und Digitalisierung ermöglichen eine Zusammenarbeit über Ländergrenzen hinweg.

Führen auf Distanz beschreibt Führungssituationen, in denen Teams über eine räumliche Distanz hinweg geführt werden. Die Teammitglieder können sich nicht täglich sehen oder persönlich miteinander sprechen. Ihre Kommunikation findet hauptsächlich über digitale Medien wie E-Mail, Telefon, Chat oder virtuelle Konferenzen statt.

Diese neue Art der Zusammenarbeit stellt Führungskräfte und deren Teams vor neue Herausforderungen. Neben den bisherigen Aufgaben gilt es, räumliche, kulturelle und operationale Distanzen zu überbrücken. Abläufe müssen neu definiert werden, das Teambuilding ist aufwendiger und die Führung anspruchsvoller. Die Führungskräfte solcher Teams benötigen neben den klassischen Führungskompetenzen auch Kenntnisse über die spezifischen Anforderungen beim Führen auf Distanz. So stehen sie sowohl vor der Aufgabe, eine Teamidentität über große Distanzen hinweg zu schaffen, als auch die Kommunikation und Zusammenarbeit mit den im Unternehmen vorhandenen digitalen Medien zu organisieren.

Wie all das gelingen kann, wird in dem Training „Führen auf Distanz“ gemeinsam erarbeitet.

Ihre Bettina Gierke

Worum geht es?

Das Buch liefert Ihnen zwei praxiserprobte Leitfäden, um Trainings zu dem Thema „Führen auf Distanz“ entweder online oder im Präsenztraining erfolgreich zu leiten. Außerdem ist als Download-Ressource ein Umsetzungsvorschlag für ein Blended-Learning-Konzept enthalten.

Es beschreibt sowohl die theoretischen Inhalte als auch das Handwerkszeug für den sofortigen Einsatz der Trainingskonzepte bis hin zu Impulsen für die Gestaltung der Flipcharts, Whiteboards und PowerPoints. Ebenfalls enthalten sind zusätzliche Inhalte zum Download, die Sie auf der Download-Website zum Buch abrufen können.

In chronologischer Reihenfolge werden Aufbau und Ablauf sowie Inhalte und Trainingsmethoden im Detail beschrieben, sodass die Bausteine einfach adaptiert werden können. Alle im Buch beschriebenen Vorgehensweisen wurden vielfach praxiserprobt und von zahlreichen Teilnehmenden für gut befunden.

Die verschiedenen Umsetzungskonzepte ermöglichen es Ihnen, das Training optimal an die Bedürfnisse der Zielgruppen anzupassen, die Sie trainieren werden. Ganz egal, ob es eine reine Präsenzveranstaltung, ein Live-Online-Training oder eine Mischung aus beidem sein soll, für jede Situation ist etwas dabei.

Hierzu werden theoretische Inhalte zum Führen auf Distanz mit detaillierten Beschreibungen zum didaktischen Vorgehen und mit Trainingsmethoden zur Vermittlung dieser Kompetenzen verknüpft. Beschreibungen praktischer Herausforderungen sowie häufig gestellte Fragen aus vergangenen Trainings runden das Buch inhaltlich ab.

Um Ihnen verschiedene Varianten zu bieten, habe ich für die Beschreibung des Live-Online-Trainings die Inhalte so gewählt, wie ich sie für ein rein virtuelles Team nutzen würde. Ein Team also, dessen Teammitglieder über große Entfernungen hinweg zusammenarbeiten und sich regulär nicht zu Gesicht bekommen.

© managerSeminare

Das Format ebenso wie die Beschreibungen für das Präsenztraining sind eher auf die Bedürfnisse von Teilnehmenden angepasst, die sich erst am Anfang des Prozesses befinden, ihre Arbeit remote zu organisieren. Also z.B. erst die Einführung oder Ausweitung von flexiblen Arbeitsmodellen planen. Oder Personen, die Teams führen, die nur teilweise im Homeoffice arbeiten. Das können gemischte Teams sein, bei denen ein Teil hauptsächlich im Homeoffice und ein anderer Teil ganz oder hauptsächlich im Büro arbeitet. Weiterhin sind in diesen Gruppen auch zuweilen Führungskräfte, die mehrere Standorte leiten und auf diese Weise auf Distanz führen.

Die Formulierungen und ausgewählten Übungen unterscheiden sich dadurch an einigen Stellen voneinander.

Gendergerechte Sprache

Die sprachliche Gleichbehandlung der Geschlechter ist mir wichtig. Ich achte daher in meinen Trainings darauf, beide Geschlechter zu benennen, also z.B. von Mitarbeiterinnen und Mitarbeitern zu sprechen. Gleiches gilt auch für Sheets und Arbeitsmaterialien sowie Angebote, die ich an meine Kunden sende.

Gleichzeitig empfinde ich die ständige Einbeziehung beider Geschlechter in einem Buch wie diesem als für die Lesbarkeit hinderlich. Ich habe mich daher dazu entschieden, von der Trainerin und den Teilnehmenden bzw. Mitarbeitenden zu schreiben. „Die Trainerin", weil ich als Frau meine eigenen Trainingskonzepte beschreibe und mich beim Schreiben auch gedanklich in dieser Rolle befinde. Darüber hinaus verwende ich nach Möglichkeit geschlechterneutrale Begriffe. Dort, wo dies nicht möglich ist, findet die männliche Form ihren Platz.

In den dargestellten Arbeitsmaterialien finden Sie teilweise beide Formen abgebildet.

Wie ist das Buch aufgebaut?

Im ersten Schwerpunktteil des Buches finden Sie einen detaillierten Fahrplan für die Durchführung eines reinen Live-Online-Trainings, bestehend aus fünf Modulen, die sich an den relevanten Erfolgsfaktoren beim Führen auf Distanz orientieren. Sie werden feststellen, dass viele der Moderationsprozesse in wörtlicher Rede gehalten sind, um Sie als Kollegin oder Kollegen möglichst authentisch an der Durchführung der Trainingselemente teilhaben zu lassen.

Im darauffolgenden Kapitel lesen Sie einen detaillierten Fahrplan für ein zweitägiges Präsenztraining zum Thema „Führen auf Distanz". Das Konzept eignet sich sowohl für offene als auch für Inhouse-Formate.

Schließlich beschreibe ich weitere Methoden, die für eine Vertiefung einzelner Themen geeignet sind, die sogenannten „Deep Dives". Sie können diese für Follow-up-Seminare oder für maßgeschneiderte Trainingsformate einsetzen und das vorgegebene Beispielgerüst entsprechend umstellen. Diese Vertiefungen können Sie sowohl virtuell einsetzen als auch – zumindest teilweise – in Präsenzformaten integrieren.

Sie werden beim Lesen bemerken, dass sich einige Inhalte und Übungen ähneln. In der Annahme, dass Sie als Leserin oder Leser dieses Buchs entweder die eine oder die andere Art des Trainings durchführen möchten, ist dieses Vorgehen aus Gründen der Nutzerfreundlichkeit bewusst so gewählt.

Die jeweiligen Unterkapitel beschreiben die einzelnen Seminartage und Module näher und beginnen zur besseren Übersicht jeweils mit einer Tages-Agenda.

Über die Buchinhalte hinaus stehen Ihnen zusätzliche Materialien als Download-Ressourcen zur Verfügung. Geben Sie zum Abrufen dieser Ressourcen den Link, der in der inneren Umschlagklappe dieses Buches steht, in Ihren Browser ein. Alle dort abgelegten Dokumente sind im Buch mit dem nebenstehenden Symbol gekennzeichnet.

Dort finden Sie beispielsweise kurze Übersichten über mögliche Trainingsformate zum Thema „Führen auf Distanz". Sie erfahren, welches der Formate für welchen Kunden besonders gut geeignet ist und mit welchen Vor- und Nachteilen Sie jeweils argumentieren können. Dort finden Sie außerdem zusätzliche Vertiefungen speziell zum Themenbereich „Feedback" sowie einzelne vorbereitete Arbeitsmaterialien für den sofortigen Einsatz.

An wen richtet sich dieses Buch?

Das Buch richtet sich an

- erfahrene Führungskräftetrainerinnen und -trainer, die ihr Trainingsprogramm um das Thema „Führen auf Distanz" erweitern wollen.
- erfahrene Trainerinnen und Trainer, die sich Anregungen zur Umsetzung ihrer bisherigen Trainingsinhalte in digitaler Form oder in Form eines Blended-Learning-Formates wünschen.
- junge Trainerinnen und Referenten, die sich auf das Thema spezialisieren möchten.
- interne Trainer und Personalentwicklerinnen, die sich Anregungen für die Durchführung von internen Schulungsmaßnahmen zur virtuellen Führung wünschen.
- Business Coachs, die ihre Arbeit mit Führungskräften zum Thema „Führen auf Distanz" vertiefen und durch neue Methoden anreichern wollen.
- Führungskräfte, die sich selbst und ihr virtuelles Team weiterentwickeln wollen. Insbesondere die Übungen aus dem Kapitel „Deep Dives" (ab Seite 293) sind geeignet für Führungskräfte, die diese Methoden gemeinsam mit ihren Teams durchführen möchten und sich hierzu eine genaue Anleitung wünschen.

Technik

Im Wesentlichen werden Videokonferenz-Tools eingesetzt, wie etwa Zoom oder MS Teams, die möglichst eine Kameraansicht und eine Chat-Funktion beinhalten und außerdem über die Option verfügen, in Breakout Sessions zu wechseln. Zum kollaborativen Arbeiten wird ein Whiteboard-Tool eingesetzt. Viele der Vorlagen sind über PowerPoint erstellt, die beispielsweise in das Whiteboard geladen werden. Oder es handelt sich ganz klassisch um Flipcharts, die ggf. per Kamera eingeblendet werden. Welche Tools Sie konkret einsetzten, müssen Sie individuell entscheiden. In diesem Buch werden keine technischen Erläuterungen geboten, diese Kenntnisse werden vorausgesetzt bzw. können Sie relativ einfach über Online-Tutorials erwerben. Beim Einsatz von Tools sollten Sie im Kundeninteresse auf Datenschutzrichtlinien achten.

Der Seminarfahrplan

Live-Online-Training: Führen auf Distanz

Struktur des Trainings und Terminierung der Module

Das hier abgebildete Live-Online-Training umfasst insgesamt vier Termine, an denen die folgenden Einheiten stattfinden:

Auftaktveranstaltung

5 Module zu den Erfolgsfaktoren von Führen auf Distanz
(verteilt auf zwei Tage)

Tag 1

- Modul 1: Vertrauen aufbauen
- Modul 2: Ziel- und ergebnisorientiert führen
- Modul 3: Teamgeist und Teamidentität entwickeln

Tag 2

- Modul 4: Isolation überwinden und Vernetzung fördern
- Modul 5: Kommunikation (neu) organisieren

Abschlussveranstaltung

Die Veranstaltungen sind zwischen zwei und drei Stunden lang. Die Module können an verschiedenen Tagen stattfinden. Im hier dargestellten Format werden die fünf Module zu den Erfolgsfaktoren allerdings auf zwei volle Trainingstage aufgeteilt. Das ist recht intensiv, jedoch dennoch das in der Praxis am häufigsten gewünschte Format. Die Seminarzeiten sind in diesem Fall so aufgeteilt, dass an den Trainingstagen jeweils vormittags und nachmittags drei Stunden Live-Online-Training stattfinden kann und über den zweistündigen Mittagszeitraum eine Transferaufgabe ausgeführt wird. Zwischen den Terminen werden einige Wochen Transferzeit gelegt. In dieser Zeit sollen die Teilnehmenden praktische Transferaufgaben bearbeiten, die zu jedem Modul gestellt werden. Damit erhalten die Führungskräfte Gelegenheit, die neuen Impulse aus dem Training in der eigenen Praxis umzusetzen und aufkommende Fragen in den folgenden Trainingssessions zu klären.

Ein beispielhafter Ablauf des gesamten Programms kann so aussehen:

Begrüßung und Auftakt – 9:00-11:30 Uhr

- Erwartungsabfrage und gegenseitiges Kennenlernen
- Einführung in die Technik
- Risiken und Vorteile von Führen auf Distanz
- Erfolgsfaktoren von Führen auf Distanz

Führen auf Distanz – Live-Online, Tag 1

1 – Erfolgsfaktoren Vertrauen aufbauen & Ziel- + ergebnisorientiert führen – 8:30-11:30 Uhr

- Vertrauen statt Kontrolle – Aufbau einer Vertrauenskultur
- Mikromanagement vs. Makromanagement in der Führung

Transferaufgabe in Eigenregie – 11:30-12:30 Uhr, Mittagspause – 12:30-13:30 Uhr

2 – Erfolgsfaktor Teamgeist und Teamidentität entwickeln – 13:30-16:30 Uhr

- Wir-Gefühl fördern – Teamentwicklung auf Distanz
- Teamgeist und Teamidentifikation in virtuellen Teams

– Transferzeit: 2 Wochen –

Führen auf Distanz – Live-Online, Tag 2

1 – Erfolgsfaktor Isolation überwinden und Vernetzung fördern – 8:30-11:30 Uhr

- Auswirkungen der Isolation im Homeoffice
- Möglichkeiten der Vernetzung in der virtuellen Zusammenarbeit

Transferaufgabe in Eigenregie – 11:30-12:30 Uhr, Mittagspause – 12:30-13:30 Uhr

2 – Erfolgsfaktor Kommunikation (neu) organisieren – 13:30-16:30 Uhr

- Kommunikation auf Distanz organisieren
- Gute Gespräche und produktive Konferenzschaltungen
- Medienauswahl: Merkmale und Wirkung unterschiedlicher Medien

– Transferzeit: 3 Wochen –

Virtuelles Abschlusstreffen – 9:00-11:00 Uhr

- Austausch zu Best-Practice-Erfahrungen
- Vertiefungsthema

© managerSeminare

Jeder Kunde ist anders und daher variieren die Seminarzeiten und Vertiefungsinhalte bei jedem neuen Trainingsdurchlauf ein wenig. Im Folgenden finden Sie einen Standardprozess, der einen möglichen Ablauf jedes Moduls aufzeigt. Sie können ihn an die jeweiligen Rahmenbedingungen und Bedürfnisse des Kunden anpassen, Übungen oder Module weglassen und Vertiefungen wählen.

Grundlegende Unterschiede zum Präsenzseminar

Live-Online-Trainings sind anders als Präsenzseminare. Anstelle eines Seminarraums sitzen die Teilnehmenden alle an unterschiedlichen Orten, was sowohl die Interaktion als auch die Kommunikation erschwert.

Insbesondere für dieses Trainingsthema ist das vorteilhaft, weil die Distanz, um die es ja im Kern geht, die ganze Zeit spürbar ist.

Nicht alle Übungen, die im Trainingsraum durchgeführt werden können, eignen sich für die virtuelle Durchführung. Auch die Zeit, in der es sich angenehm anfühlt, auf der gleichen Stelle zu sitzen und in einen Bildschirm zu starren, ist begrenzt. Dieser hält außerdem zahlreiche Ablenkungsmöglichkeiten bereit, wie zum Beispiel Pop-up-Nachrichten oder eingehende E-Mails. Aus eigener Erfahrung weiß ich, wie groß die Verlockung sein kann, nebenbei noch schnell eine E-Mail oder WhatsApp-Nachricht zu schreiben. Zudem gibt es eine technische Barriere, die nicht für alle Teilnehmenden gleich einfach zu überwinden ist.

Um möglichst viele Gelegenheiten zur Vernetzung und Interaktivität zu schaffen, empfehle ich, eine Gruppengröße von neun Personen nicht zu überschreiten.

Die Bildschirmzeit sollte maximal drei Stunden am Stück nicht überschreiten. Danach sollte eine längere Pause eingeplant sein.

Hinweis ▶ Um Ihnen verschiedene Varianten zu bieten, wurden die Inhalte für die Beschreibung des Live-Online-Trainings so gewählt, wie Sie sie für ein rein virtuelles Team nutzen würden. Ein Team also, dessen Teammitglieder über große Entfernungen hinweg zusammenarbeiten und die sich regulär nicht zu Gesicht bekommen.

Vor Seminarbeginn

Zwei Wochen vor dem Beginn des Seminars

Die Vorbereitung eines Live-Online-Trainings gestaltet sich etwas komplexer als die eines Präsenzseminares.

- Für die Präsentation der Inhalte ist es empfehlenswert, neben einer PowerPoint-Präsentation ein virtuelles Whiteboard einzusetzen, das Sie vorab sorgfältig vorbereiten.
- Erfahrungsgemäß ist in virtuellen Formaten ein gutes Zeitmanagement von noch größerer Bedeutung als im Präsenztraining. Deswegen planen Sie hier kleinteiliger, bestenfalls minutengenau.
- Von besonderer Wichtigkeit ist es, sicherzustellen, dass alle Teilnehmenden am Tag des Seminars problemfrei Zugang zu allen Systemen haben. Hierzu bedarf es zunächst einer genauen Absprache darüber, welche digitalen Tools verwendet werden sollen. Idealerweise können Sie bereits im Unternehmen vorhandene Tools nutzen, z.B. für das Abhalten von Videokonferenzen oder das Teilen von Ergebnissen und Inhalten. Das hat die Vorteile, dass die Teilnehmenden gleich Erfahrungen hiermit sammeln können bzw. sich in einem gewohnten Umfeld bewegen und es auch keine Probleme mit der IT-Abteilung gibt. In diesem Fall muss nur die Zugriffsmöglichkeit für die Trainerin sichergestellt, ggf. eingerichtet und getestet werden.

© managerSeminare

- Nicht immer sind die Funktionen der vorhandenen Tools für das Training ausreichend, und so kommt es vor, dass Videokonferenz-Applikationen genutzt werden, die die Teilnehmenden nicht kennen. In diesem Fall ist es notwendig, vorab einen Technik-Check durchzuführen, um sicherzugehen, dass alle teilnehmenden Zugriff auf die Applikationen bekommen. Teilweise müssen auch datenschutzrechtlich relevante Aspekte vorab geklärt werden.

- Wichtig ist, dass die Videokonferenz-Anwendungen über Kleingruppenarbeitsräume verfügen und stabil laufen. Außerdem ist es hilfreich, wenn die Teilnehmenden und auch die Trainerin ein Headset dabeihaben, um eventuell auftretende Probleme mit der Tonübertragung und auch vorhandene Hintergrundgeräusche zu reduzieren.

Checkliste Vorbereitung

- Rücksprache mit dem Kunden zu den Fragen: „Welche digitalen Medien sind zur Zusammenarbeit auf Distanz vorhanden? Welche sollen für das Training genutzt werden?"
- Erstellen und Versenden der Musterschreiben zur Vorbereitung
- Durchführung des Technik-Checks und Überprüfung aller Systeme
- Erstellen des Trainingsleitfadens
- Vorbereitung der PowerPoint-Präsentation
- Vorbereitung der Transferaufgaben
- Einrichten des Whiteboards

Musterschreiben zur Vorbereitung

Um all diese Schritte möglichst effizient zu organisieren und sicherzugehen, dass alles funktioniert, senden Sie den Organisatoren zwei Wochen vor dem Start des Trainings ein Word-Dokument mit allen wichtigen Informationen und Zugangsdaten zu.

Hier ein Muster für eine solche Informationsübersicht:

Musterschreiben im Download-Bereich

Workshop: Führen auf Distanz

Datum XXX Inhalte und Unterlagen

Zeiten und Inhalte

Auftaktveranstaltung 9:00-11:30 Uhr

- Check-in/Ziele & Inhalte
- Erwartungsabfrage
- Gegenseitiges Kennenlernen
- Einstieg ins Thema

E-Mail zum Technik-Check

(wird eine Woche vor Workshop-Beginn versendet)

Liebe Teilnehmerinnen und Teilnehmer,

die Vorbereitungen für unser Seminar laufen auf Hochtouren. Ich freue mich, Sie am XYZ persönlich kennenzulernen!

Damit unser Seminar reibungslos ablaufen kann, möchte ich Sie bitten, vorab einen kurzen Technik-Check durchzuführen. Dazu bitte ich Sie, am Datum XXX zu einer Zeit Ihrer Wahl den Meeting-Raum in Zweiergruppen einmal zu betreten und zu testen, ob Sie sich gegenseitig sehen und hören können.

Nutzen Sie hierfür unbedingt das Gerät (PC /Laptop), mit dem Sie später auch am Seminar teilnehmen werden. Im Folgenden finden Sie die Einwahldaten. Sollten Sie Zoom/Teams/... vorher noch nicht eingesetzt haben, werden Sie eine Aufforderung erhalten, die App herunterzuladen. Bitte bestätigen Sie dieses möglichst mit Ja, um die vollen Funktionen des Programmes nutzen zu können.

Bitte benutzen Sie hierfür die folgenden Einwahldaten:

– Hier die Einwahldaten eintragen –

Wenn alles funktioniert hat, melden Sie dies bitte direkt danach Ihrer internen Ansprechpartnerin, Frau XXX. Wenn etwas nicht funktionieren sollte, schreiben Sie mir, damit wir eine Lösung finden.

Außerdem werden wir mit einem digitalen Whiteboard arbeiten. Um sicherzugehen, dass Sie alle auf das Whiteboard zugreifen und die Funktionen nutzen können, möchte ich Sie bitten, auch dieses Tool vorab einmal zu testen.

Für alle, die gerne gut vorbereitet sind, habe ich ein Übungsboard eingerichtet. Hier können Sie sich vorab jederzeit auf dem Whiteboard umsehen und die wichtigsten Funktionen einmal testen. Mit diesem Link gelangen Sie zum Übungsboard:

– Hier den Link eintragen –

Herzlich willkommen auf dem Übungsboard

- Auf diesem Übungsboard können Sie sich in Ruhe mit der Umgebung vertraut machen und die wichtigsten Funktionen testen.
- Wir werden dieses Board nutzen, um gemeinsam Themen zu erarbeiten und Ergebnisse zu teilen.
- Besonders komfortabel ist es, wenn Sie dieses Whiteboard am Tag des Trainings auf einem separaten Gerät (z.B. Tablet) oder von einem zweiten Bildschirm aus bedienen.

Auf dem Übungsboard bereiten Sie die folgenden Charts für die Teilnehmenden vor.

Die wichtigsten Funktionen

Navigation: Mithilfe Ihrer Maus können Sie auf dem Board navigieren. Mit dem Mausrad können Sie zoomen, um Objekte näher anzusehen oder einen Überblick zu erhalten.

Schreiben: Für Ihre Kommentare wählen Sie aus der Toolbar (links im Bildschirm) ein Post-it aus und ziehen es an die gewünschte Stelle. Mit Doppelklick können Sie es beschriften.

Fehler korrigieren: Durch einen Klick auf dieses Symbol oben in der Taskleiste können Sie Aktionen rückgängig machen.

Probieren Sie es gleich einmal aus, indem Sie hier ein Post-it mit einem Wunsch für das Seminar hinterlassen ...

Ich wünsche Ihnen viel Spaß beim Ausprobieren! Ihre Bettina Gierke

Ideen zum interaktiven Gestalten von Online Meetings

Ich wünsche mir Anregungen dazu, wie ich mein Team trotz Entfernung zusammenhalten kann.

Ich wünsche mir einen kurzweiligen und interessanten Workshop

Test

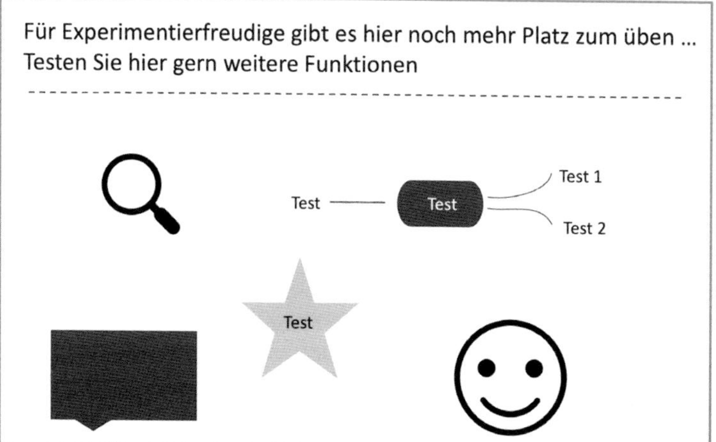

© managerSeminare

Ein Tag vor Seminarbeginn

Am Tag vor der ersten Live-Online-Session sollten Sie Ihre Teilnehmenden an den Start der Veranstaltung erinnern. So bauen Sie ein wenig Vorfreude auf und teilen noch einige Hinweise und Informationen für einen reibungslosen Ablauf mit. Auch diese Informationen werden über eine Erinnerungs-E-Mail versendet. Hier ein Mustertext:

Musterschreiben im Download-Bereich

Liebe Teilnehmerinnen und Teilnehmer,

morgen geht es los! Ich freue mich schon sehr darauf, Sie morgen in unserer Veranstaltung persönlich kennenzulernen.

Ich selbst werde 15 Minuten vor Start des Trainings den Meeting-Raum betreten. Bitte wählen Sie sich gern ebenfalls einige Minuten vorher ein, damit wir pünktlich starten können.

Hier noch ein paar Hinweise, die zu einem gelungenen Start unseres Trainings beitragen sollen:

Nutzung des Whiteboards

Wir werden mit einem virtuellen Whiteboard arbeiten. Am einfachsten lässt sich hiermit auf einem separaten Bildschirm arbeiten. Wenn Sie also einen zweiten Bildschirm zur Verfügung haben oder über ein Tablet verfügen, nutzen Sie dies gern für das Whiteboard. So können Sie auf einem Bildschirm die Videokonferenz sehen und auf dem anderen das Whiteboard bedienen.

Für alle, die sich das schon vorab einrichten möchten, ist hier der Link zum Whiteboard. Diesen Link geben Sie einfach im Browserfenster des Gerätes ein, auf dem Sie auf dem Whiteboard arbeiten möchten.

Zum Workshop

Bitte planen Sie diesen Workshop wie ein „normales" Präsenzmeeting, denn:

Unser Workshop ist interaktiv! Bitte achten Sie daher darauf, über den gesamten Zeitraum mit Ihrer vollen Aufmerksamkeit dabei zu sein. Suchen Sie sich dazu einen ruhigen Raum, leiten Sie ggf. Ihr Telefon um und machen Sie es sich gemütlich, zum Beispiel mit einer Tasse Kaffee.

Für eine störungsfreie Übertragung denken Sie bitte daran, einen Ort zu wählen, an dem Sie gutes Internet haben, mit dem Sie sich auch gern per Kabel verbinden können. Bitte haben Sie außerdem ein Headset griffbereit (ein einfaches Modell für das Handy reicht).

Außerdem benötigen Sie einen Stift und einen Schreibblock.

Einwahldaten zur Videokonferenz

Damit Sie morgen nicht lange suchen müssen, hier noch einmal die Einwahldaten zur Erinnerung:

- Thema: Auftaktveranstaltung Führen auf Distanz
- Einwahl: ab 8:45 Uhr
- Start: 9:00 Uhr

– Hier die Zugangsdaten für das Meeting eintragen –

Hinweise

- Bitte nehmen Sie diese Schritte sehr ernst, da die Erfahrung lehrt, dass immer die eine Person, die nicht am Test teilgenommen hat, dann diejenige ist, die nicht ins Meeting kommt. Eine einzige Person, die technische Probleme hat, kann Ihnen den gelungenen Trainingsstart ordentlich verhageln.
- Für den Technik-Check können Sie ein Datum am Wochenende oder Zeiten in den Abendstunden nutzen, besonders dann, wenn ein Test des Systems nur möglich ist, wenn Sie es nicht gleichzeitig für eine andere Veranstaltung nutzen.
- Das Betreten in Zweiergruppen ist deswegen vorteilhaft, weil so die Teilnehmenden den Test allein und ohne Ihr Beisein durchfüh-

© managerSeminare

ren können. Das vereinfacht die Organisation dieses Tests erheblich.

- Wichtig ist hier außerdem, dass es einen internen Organisator gibt, der die Teilnahme in Form einer Abfrage überprüft und ggf. noch einmal daran erinnert.
- Das Test-Whiteboard sollten Sie nur dann einrichten, wenn Sie davon ausgehen müssen, dass die Teilnehmenden wenig Technikerfahrung haben. Erfahrungsgemäß beruhigt es einige Menschen sehr, wenn sie alles vorher einmal ausprobieren können. Bei technisch sehr versierten Gruppen können Sie auf das Testboard verzichten.

Am Trainingstag, kurz vor Seminarbeginn

Am Tag der Auftaktveranstaltung beginnen Sie idealerweise, genau wie im Präsenzformat, eine Stunde vorher mit den Vorbereitungen.

Dazu richten Sie Ihren Arbeitsplatz ein, bringen Ihren Laptop in die richtige Position, stecken das Stromkabel ein und testen noch einmal Bild und Tonübertragung. Außerdem verbinden Sie Ihren Laptop mit einem Internetkabel, da die Erfahrung zeigt, dass dies die Wahrscheinlichkeit von Verbindungsproblemen minimiert. Im Anschluss räumen Sie am besten Ihren Bildschirm auf und schließen das E-Mail-Programm. So stellen Sie sicher, dass Sie während des Trainings alles schnell finden und nicht durch Pop-up-Nachrichten oder Töne anderer Art abgelenkt werden.

Falls Sie mit zwei Bildschirmen arbeiten, richten Sie beide Bildschirme ein, indem Sie auf dem einen Schirm das virtuelle Whiteboard öffnen und auf dem zweiten die Applikation für das Videokonferenz-Tool. So haben Sie beides jederzeit im Blick.

Nach Abschluss aller Vorbereitungen loggen Sie sich 15 Minuten vor dem Start des Trainings in den virtuellen Meeting-Raum ein.

Zur Überbrückung der ersten 15 Minuten sollten Sie beispielsweise immer ein paar Fragen für einen angenehmen Small Talk mit den früh erscheinenden Teilnehmenden parat haben, damit alle auf eine angenehme Weise in den Tag starten können.

Die Auftaktveranstaltung

Überblick und Zeitkalkulation

Thema/Übung	Dauer	Seite
Einstieg/Begrüßung/Ziel des Trainings/Roadmap/ Technische Umgebung kennenlernen/Regeln der virtuellen Zusammenarbeit/ Ideenblatt	15	28
Kennenlernen der Teilnehmenden Professionelle Vorstellung: Mein verteiltes Team und ich Persönliche Vorstellung: 5 Fakten über mich Übung: Geheime Drillinge – Austausch von Gemeinsamkeiten	 10 5 25	 35 38 41
Überblick über den gesamten Prozess	5	44
Erwartungen und Beiträge der Führungskräfte: Give and Take	15	45
Pause	10	
Einstieg ins Thema – Besonderheiten virtueller Teams	5	49
Brainstorming: Herausforderungen beim Führen auf Distanz	15	51
Brainstorming: Vorteile der virtuellen Zusammenarbeit	15	55
Bewegungsübung: Erfolgsfaktoren beim Führen auf Distanz	10	58
Ausblick und Transferaufgabe: Mein persönliches Ziel für das Führen auf Distanz	10	61
Der Transferplan	5	63
Check-out: Römisches Feedback	5	65

© managerSeminare

Einstieg in das Live-Online-Training

Orientierung

Ziele

- Orientierung geben
- Die digitalen Tools kennenlernen
- Lust auf das Seminar machen
- Spielregeln vereinbaren
- In das Thema einführen

Zeit

Insgesamt 15 Minuten

Rahmenbedingungen

- Virtuelles Tool mit Kleingruppenarbeitsräumen
- Virtuelles Whiteboard
- Galerieansicht einstellen, damit alle gleichzeitig sichtbar sind

Material

Vorbereitetes digitales Whiteboard, Link zum Verteilen, Folie mit der Agenda, Folie mit den Spielregeln, Ideenblatt

Ablauf

- Die Trainerin begrüßt die Teilnehmenden und stellt sich kurz vor.
- Sie erklärt die wichtigsten technischen Funktionen.
- Sie nennt das Ziel des Trainings und erläutert den Ablauf der Auftaktveranstaltung.
- Sie bittet um Einhaltung der Regeln für die virtuelle Zusammenarbeit.
- Zuletzt bittet sie alle Teilnehmenden, ein Ideenblatt anzufertigen.

Begrüßung

Die Trainerin führt in die Veranstaltung ein:

„Herzlich willkommen zur Auftaktveranstaltung zu der Trainingsreihe ‚Führen auf Distanz'. Mein Name ist Bettina Gierke. Ich bin Trainerin und Coach mit den Schwerpunktthemen Führungskräfteentwicklung und Teamentwicklung. Zum Thema Führen auf Distanz begleite ich seit einigen Jahren Führungskräfte beim Aufbau virtueller Teams. In meiner früheren Tätigkeit als Führungskraft habe ich selbst standortübergreifend geführt. Außerdem arbeite ich als Beraterin in größeren Projekten oft mit Partnern als Mitglied in virtuellen Teams zusammen, sodass ich bezüglich unseres Themas meine praktische Erfahrung aus all diesen Bereichen einbringen werde. Ich freue mich, Sie durch das Programm begleiten zu dürfen. In den kommenden drei Terminen werden Sie die Erfolgsfaktoren von Führen auf Distanz kennenlernen. In der Zeit zwischen den Treffen haben Sie die Möglichkeit, das Erlernte Schritt für Schritt in Ihren Alltag zu integrieren. Heute erhalten Sie neben einer Einführung in die technische Umgebung auch die Gelegenheit, Ihre Erwartungen und persönlichen Ziele zu teilen, sodass wir während der Seminartage immer wieder Bezug darauf nehmen können. Außerdem werden wir uns bewusst Zeit nehmen, einander auch ganz persönlich kennenzulernen."

Einführung in die Technik

Die Trainerin fährt in ihrem Vortrag fort:

„Wir beginnen mit einer kurzen Einführung in die Technik. Die wichtigsten Funktionen in unserem virtuellen Meeting-Raum sind das Kamerabild und der Ton. Die Symbole zum Ein- und Ausschalten für diese beiden Funktionen finden Sie unten links in der Ecke Ihres Bildschirms. Bitte deaktivieren Sie Ihr Mikrofon, solange Sie nicht sprechen. Das verhindert das Auftreten von Störgeräuschen. Wenn Sie etwas sagen möchten, geben Sie mir bitte ein Handzeichen und aktivieren dann Ihr Mikrofon, bevor Sie sprechen. Wir werden im gesamten Training mit aktivierter Kamera arbeiten. In den Pausen können Sie Ihre Kamera deaktivieren. Hierfür betätigen Sie bitte den Schalter neben dem Mikrofon. Sollte Ihre Verbindung einmal schlecht sein, kann es ebenfalls helfen, Ihre Kamera kurzzeitig zu deaktivieren. Wenn die Verbindung dauerhaft schlecht sein sollte, nutzen Sie bitte im Notfall die Telefoneinwahldaten.

© managerSeminare

Außerdem werde ich Sie regelmäßig auffordern, über den Chat zu kommunizieren. Sie aktivieren den Chat durch einen Klick auf das Feld mit der Sprechblase. Hier können Sie auf Fragen antworten, Fragen stellen und auch Dokumente teilen.

Alle Inhalte werden wir auf einem virtuellen Whiteboard erarbeiten. Ich teile jetzt den Link nochmals im Chat und möchte Sie nun alle bitten, das Whiteboard zu betreten.

Was Sie hier sehen, ist ein unendlich großes virtuelles Whiteboard, auf dem wir alle Unterlagen zusammentragen werden. Durch das Betätigen des Rädchens an Ihrer Maus können Sie herein- und herauszoomen, um sich auf dem Board zu orientieren. Die ‚Drag und Drop'-Funktion ermöglicht Ihnen die Navigation auf dem Board.

Die wichtigste Funktion hier sind die Post-its, die wir häufiger für Ideensammlungen nutzen werden."

Ziel und Inhalte des Live-Online-Trainings

Das Ziel und die Inhalte werden von PowerPoint ins Whiteboard geladen oder dort direkt visualisiert und von der Trainerin erläutert.

„Sie sollten nun alle die Übersicht mit dem Ziel des Trainings vor sich sehen. Ziel der Workshop-Reihe ist es, Sie dabei zu unterstützen, Ihre virtuellen Teams noch erfolgreicher zu führen."

Abb.: Trainingsziel (Hier: ein vorbereitetes PowerPoint-Chart, das ins Whiteboard geladen wird.)

„Bevor ich näher auf die Inhalte eingehen werde, möchte ich eines vorwegnehmen. Führen auf Distanz unterscheidet sich inhaltlich nicht wesentlich von der ‚normalen' Führung. Die Aufgaben der Führungskraft sind dieselben. Gleichzeitig gibt es einige Dinge, die sich durch die Entfernung anders gestalten und für die Sie eine besondere Achtsamkeit benötigen.

Das ist in etwa so, als würden Sie ein Auto mit Gangschaltung mit einem Fahrzeug mit Automatikantrieb vergleichen. Die Verkehrsregeln sind die gleichen und auch der Aufbau und die Grundfunktionen des Fahrzeuges sind sehr ähnlich. Dennoch gibt es einige Feinheiten, auf die ich als Fahrerin vorbereitet sein sollte, damit ich nicht versehentlich auf die Bremse statt auf die Kupplung trete und so meinen Beifahrern einen ordentlichen Schreck verpasse, wenn ich von einem Fahrzeug in das andere umsteige. So ähnlich gestaltet sich das auch beim Führen auf Distanz."

Roadmap

- Besonderheiten
- Herausforderungen
- Vorteile
- Erfolgsfaktoren

Abb.: Roadmap des Trainings (Vorbereitete Whiteboard-Darstellung. Der Umgang mit Whiteboards wird hier nicht näher erläutert, hierzu gibt es zahllose Tutorials. Die Funktionalitäten sind abhängig vom eingesetzten Tool.)

„Deswegen werden wir damit beginnen, zunächst einmal ein Bewusstsein zu schaffen für die Besonderheiten dieser Art der Führung. Dann schauen wir uns an, welche Herausforderungen und welche Vorteile hieraus entstehen.

Bevor wir damit starten, nehmen wir uns Zeit, einander persönlich kennenzulernen. Das ist nämlich gerade in virtuellen Teams oft eine große Schwierigkeit: persönlich miteinander in Kontakt zu kommen.

Außerdem werde ich Sie fragen, was Sie sich von der Veranstaltung erwarten, damit ich die Inhalte diesbezüglich bestmöglich anpassen kann.

Nach einer Einführung in das Thema erhalten Sie zum Ende der heutigen Trainingseinheit eine Transferaufgabe, die Sie bitte bis zu unserem nächsten Treffen vorbereiten.

Doch bevor wir gleich mit der Vorstellungsrunde beginnen, noch ein paar Worte zu den Trainingsprinzipien und Regeln der Zusammenarbeit."

Vorstellung der Trainingsprinzipien und der Regeln der virtuellen Zusammenarbeit

Die Trainerin nennt nun die wichtigsten Trainingsprinzipien, die zur Erinnerung auch noch einmal auf dem Whiteboard abgelegt sind.

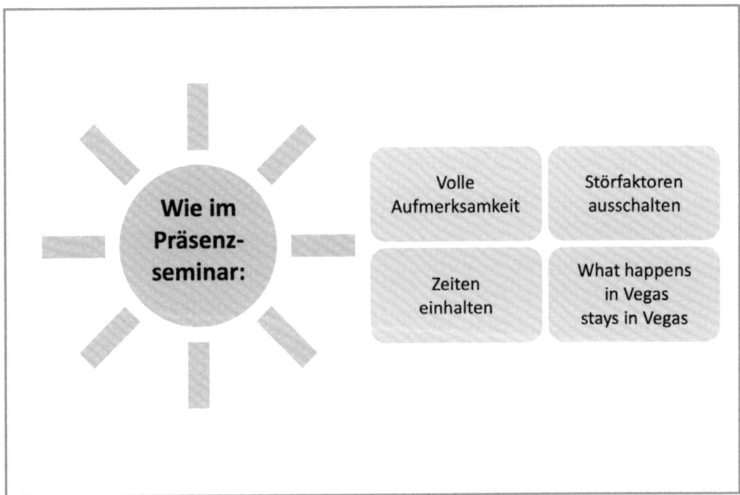

„Unser Live-Online-Training ist interaktiv. Das bedeutet, Sie werden häufig Aufgaben bekommen und allein oder gemeinsam bestimmte Fragestellungen erarbeiten. Daher bitte ich Sie um Ihre ungeteilte Aufmerksamkeit. Ich weiß, am Schreibtisch sind die Verlockungen, schnell noch eine Mail zu beantworten oder kurz zu telefonieren, besonders hoch. Für Ihren optimalen Trainingserfolg schalten Sie nun bitte alle Störfaktoren aus.

Außerdem ist mir sehr wichtig, dass Sie einen möglichst hohen praktischen Nutzen von diesem Training haben. Daher werden wir viele Themen an konkreten Praxisfällen erarbeiten und besprechen. Bei allen geteilten persönlichen Informationen gilt das Prinzip der Vertraulichkeit.

Dafür steht das Motto, ‚What happens in Vegas, stays in Vegas'. Das bedeutet, dass wir uns darauf einigen, dass diese nicht an dritte Personen weitergegeben werden. Alles Inhaltliche soll und darf natürlich weitergegeben und vor allem angewendet werden.

Außerdem haben wir einen straffen Zeitplan. Ich werde daher immer wieder mit dem Time Timer auf dem Whiteboard arbeiten, damit wir die Zeit gut im Auge behalten."

Ideenblatt

„Zum Einstieg in das Seminar möchte ich Sie noch bitten, sich ein Ideenblatt anzufertigen."

Die Trainerin hält ihre Version von einem Ideenblatt in die Kamera und fährt fort:

„Auf diesem Blatt können Sie alle Ideen festhalten, die Sie während der Veranstaltung haben."

Kennenlernen der Teilnehmenden

Erläuterung

In diesem Schritt geht es darum, eine vertrauensvolle Atmosphäre über die Distanz hinweg aufzubauen. Gleichzeitig sollen die Teilnehmenden ein Gefühl dafür bekommen, wie wichtig es ist, sich auch persönlich und nicht nur rein fachlich kennenzulernen und auszutauschen. Durch die Wiederholung der Skalierungsfrage soll dieser Effekt messbar gemacht werden. Mithilfe der Visualisierungen auf dem Whiteboard werden Gemeinsamkeiten nicht nur innerhalb von Kleingruppen, sondern auch für die gesamte Gruppe sichtbar gemacht. So entsteht sehr schnell eine lebhafte Stimmung und eine erste persönliche Verbindung zwischen allen Beteiligten. Dabei stellt sich zunächst die Trainerin vor und dann die Teilnehmenden.

Hinweise

- Starten Sie die modulare Ausbildung bewusst mit einer sehr ausführlichen Vorstellungsrunde. Sie ist zugleich eine wichtige Lerneinheit für das Führen auf Distanz, bei der sowohl das persönliche Miteinander als auch die Vernetzung untereinander eine Herausforderung darstellen.
- Sie lernen nun drei Vorstellungsausführungen kennen, die inhaltlich miteinander verbunden sind.
- Je nach Format, verfügbarer Zeit und persönlicher Präferenz funktioniert jede der drei Vorstellungsalternativen auch einzeln für sich.

Professionelle Vorstellung: Mein verteiltes Team und ich

Orientierung

Ziele

- Vorstellung der professionellen Rollen
- Darstellung der verschiedenen Formen des virtuellen Führens in der Runde
- Aktivierung der Teilnehmenden

Zeit

Insgesamt 10 Minuten

- 2 Minuten Aufzeichnung der Situation von Führen auf Distanz
- 8 Minuten Vorstellung der Teilnehmenden in ihren professionellen Rollen

Rahmenbedingungen

Galerieansicht

Material

- Papier und Stift
- Stoppuhr auf dem Whiteboard

Ablauf

- Die Trainerin nimmt durch Skalierungsfragen die Stimmung in der Gruppe auf.
- Die Teilnehmenden zeichnen ihre Situation von Führen auf Distanz auf ein Blatt Papier.
- Die Teilnehmenden nennen ihre Funktion innerhalb des Unternehmens und erklären mithilfe des Bildes kurz ihre Arbeitssituation.
- Die Trainerin wiederholt die Stimmungsabfrage.

© managerSeminare

Intro

Die Trainerin leitet die professionelle Vorstellung der Teilnehmenden ein und fragt ab, wie stark das Wir-Gefühl und das Vertrauen zu diesem Zeitpunkt in der Gruppe sind.

„Bevor wir mit der Vorstellungsrunde beginnen, habe ich zwei Fragen an Sie. Ich werde Ihnen später den Hintergrund hierzu erklären. Beantworten Sie die Fragen einfach schriftlich auf einem Blatt Papier. Antworten Sie bitte, ohne lang nachzudenken, frei aus dem Bauch heraus."

Frage eins lautet:

- *„Auf einer Skala von 1-10, wobei 1 ganz wenig und 10 ganz viel bedeutet, wie stark empfinden Sie das Gemeinschaftsgefühl in dieser Gruppe zum jetzigen Zeitpunkt?"* – Die Teilnehmenden schreiben sich nur die Zahl auf, die ihrer Antwort entspricht.

Frage zwei lautet:

- *„Wie stark vertrauen Sie den Menschen in dieser Gruppe?"* Auch hier wählen die Teilnehmenden wieder eine Zahl von 1 „Überhaupt kein Vertrauen" bis 10 „Ganz viel Vertrauen".

Wenn alle ihre Wahl getroffen haben, geht es weiter in die Vorstellungsrunde. Die Gruppe kommt später auf die Bewertungen zurück.

Durchführung

Die Teilnehmenden nehmen nun einen Stift und ein Blatt Papier zur Hand und fertigen eine Skizze von der Art und Weise an, wie sie auf Distanz führen. Sie erhalten dafür zwei Minuten Zeit.

Im Anschluss halten alle die Skizze in die Kamera und stellen sie der Gruppe in wenigen Sätzen vor (vgl. Foto). Sie beginnen damit, ihre Position im Unternehmen zu benennen. Für diese Art der Vorstellung hat jeder Teilnehmende eine Minute Zeit.

Die Trainerin wartet die Vorstellung der Teilnehmenden ab und macht sich Notizen zu den Antworten, um später wieder Bezug darauf nehmen zu können.

Nach Ende der Vorstellungsrunde stellt sie die beiden Eingangsfragen erneut.

„Ich stelle Ihnen jetzt die beiden Fragen erneut.

Frage eins: Wie stark empfinden Sie jetzt das Gemeinschaftsgefühl in dieser Gruppe? Bitte schreiben Sie hinter der ersten Bewertung wieder die Zahl von 1-10 auf, die Ihrer Antwort entspricht.

Frage zwei lautet: Wie stark vertrauen Sie den Menschen in dieser Gruppe? Auch hier wählen Sie bitte wieder eine Zahl von 1 ‚Überhaupt kein Vertrauen' bis 10 ‚Ganz viel Vertrauen'."

Gewöhnlich ist bereits nach dieser kleinen Aktivierung das Gemeinschaftsgefühl in der Gruppe höher als zu Beginn. Es entsteht ein vertrauensvolleres Miteinander.

© managerSeminare

Persönliche Vorstellung: 5 Fakten über mich

Orientierung

Ziele

- Vorstellung der Menschen hinter den Rollen
- Persönliches Kennenlernen

Zeit

Insgesamt 5 Minuten
- 2 Minuten Einführung in die Übung
- 3 Minuten Einzelarbeit

Rahmenbedingungen

Virtuelles Whiteboard zur Eintragung der 5 Fakten

Material

- Vorbereitete Templates auf dem Whiteboard zum Eintragen der 5 Fakten
- Time Timer

Ablauf

- Die Trainerin stellt sich mit „5 Fakten über mich" vor.
- Die Teilnehmenden teilen die Gemeinsamkeiten mit der Trainerin im Chat.
- Die Teilnehmenden schreiben 5 persönliche Fakten über sich auf ein Whiteboard, um diese später zu teilen.

Intro *„In der Zusammenarbeit über Distanzen hinweg kommt das Persönliche oft zu kurz. Wir werden diesen Umstand im Laufe der verschiedenen Module noch öfter ansprechen. Damit das in dieser Gruppe nicht so ist, nehmen wir uns nun bewusst Zeit dafür und machen weiter mit einer persönlicheren Vorstellungsrunde. Ich nenne sie: ‚5 Fakten über mich.' Ziel dieser Vorstellungsrunde ist es, einander als echte Menschen, außerhalb Ihrer Rollen und Funktionen im Unternehmen, kennenzulernen. Dazu stellt sich jeder mit fünf persönlichen Fakten über sich in einer*

Kleingruppe vor. Auf dem Whiteboard habe ich Ihnen ein paar Anregungen aufgeschrieben, die Ihnen beim Finden dieser Fakten helfen können. Gleich daneben finden Sie eine Fläche für die 5 Fakten über sich."

Durchführung

Die Trainerin hat ihre fünf Fakten bereits notiert und macht gleich den ersten Schritt. Während sie der Gruppe ihre fünf Fakten vorstellt, erkennen die Teilnehmenden vielleicht bereits Gemeinsamkeiten, die sie mit ihr teilen. Diese Gemeinsamkeiten schreiben die betreffenden Personen in den Chat.

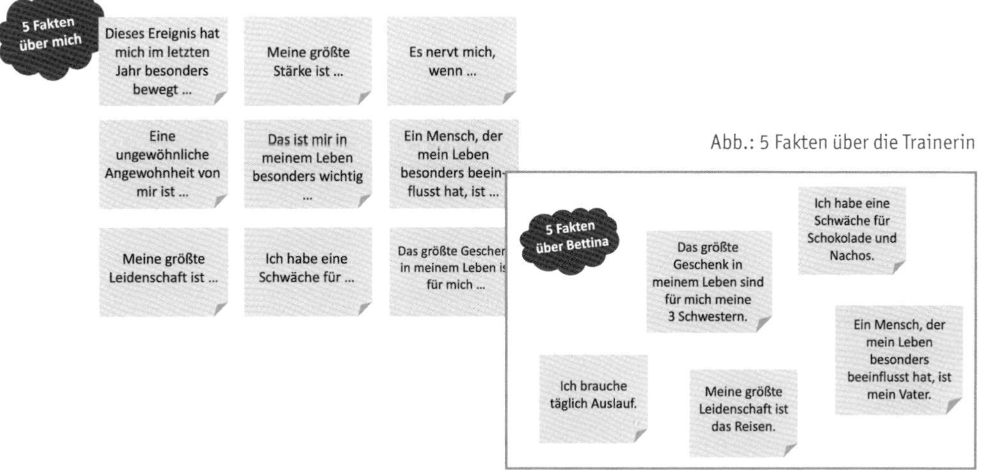

Abb.: 5 Fakten über die Trainerin

„(1. Fakt) Ich bin eine von vier Schwestern. Zwei davon sind ‚Bonusschwestern', das soll heißen, wir haben nicht die gleichen Eltern. Alle drei liegen mir sehr am Herzen. Wir sind sehr unterschiedlich und trotzdem stehen wir uns alle sehr nah. Wir wohnen nach wie vor nah beieinander, unterstützen uns gegenseitig und unternehmen viel gemeinsam.

(2. Fakt) Ein Mensch, der mich in meinem Leben besonders beeinflusst hat, ist mein Vater. Solange ich denken kann, stand er mir immer mit Rat und Tat zur Seite.

(3. Fakt) Eine ungewöhnliche Angewohnheit von mir ist, dass ich täglich Auslauf brauche. Sport und Bewegung sind für mich schon mein ganzes Leben sehr wichtig und so ist es mein Ziel, mindestens 10.000 Schritte am Tag zu gehen. Außerdem stehen jeweils einmal in der Woche Yoga, Joggen und Kraftsport auf meinem Plan.

(4. Fakt) Meine größte Leidenschaft ist das Reisen. Ich liebe es, neue Orte und Kulturen zu entdecken und andere Lebensweisen kennenzulernen. Meine schönsten Reiseerlebnisse waren bisher, mit dem Wohnmobil Neuseeland zu entdecken und meine Freundin in Australien zu besuchen.

(5. Fakt) Ich habe eine Schwäche für Schokolade und Nachos. Obwohl ich mich sonst sehr gesund zu ernähren versuche, kann ich dazu einfach nicht Nein sagen."

Sie fährt fort:

„Wie ich im Chat lesen kann, haben wir einiges gemeinsam. Nun sind Sie an der Reihe: Nutzen Sie die nächsten fünf Minuten dafür, sich zu überlegen, welche fünf Fakten Sie über sich als Person mit der Gruppe teilen möchten. Bitte nutzen Sie hierfür die entsprechenden Flächen auf dem Whiteboard, die ich bereits mit Ihrem Namen gekennzeichnet habe. Tragen Sie dort Ihre fünf Fakten über sich ein."

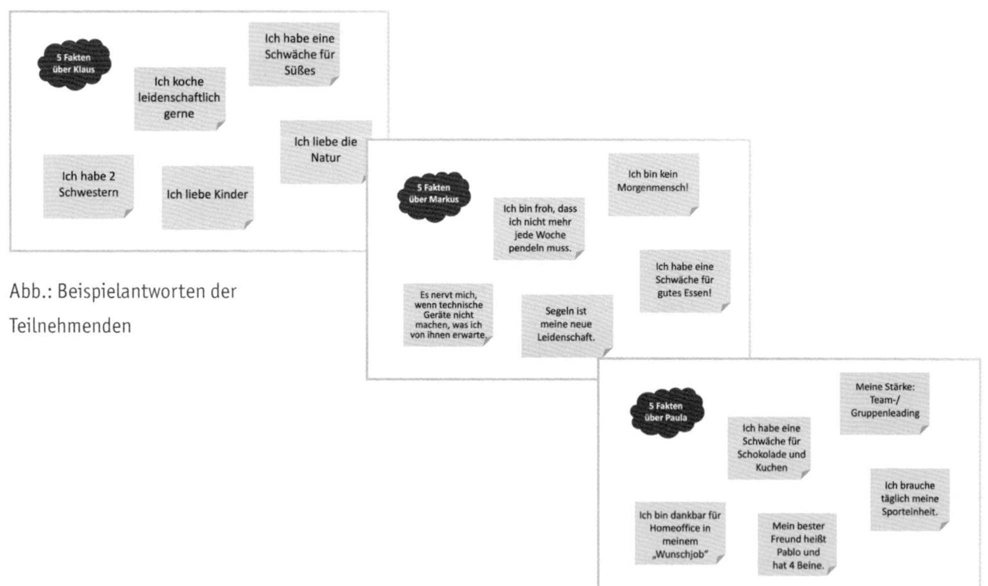

Abb.: Beispielantworten der Teilnehmenden

Hinweis ▶ Um sicherzugehen, dass der Prozess zügig vonstatten geht und verstanden wurde, empfiehlt es sich, wenn Sie, im Gegensatz zur Verfahrensweise im Präsenztraining, hier selbst mit der Vorstellung beginnen.

Übung: Geheime Drillinge – Austausch von Gemeinsamkeiten

Orientierung

Ziele

- Verbindung durch Gemeinsamkeiten schaffen
- In kurzer Zeit in einen Dialog kommen
- Bewusstmachen der Bedeutung informeller Kommunikation im Team

Zeit

Insgesamt 25 Minuten

- 12 Minuten Übung „Geheime Drillinge“
- 8 Minuten Vorstellung der Gemeinsamkeiten im Plenum
- 5 Minuten Auswertung der Skalenabfrage

Rahmenbedingungen

Virtuelles Whiteboard zur Eintragung der Gemeinsamkeiten

Material

- Vorbereitete Templates auf dem Whiteboard zum Eintragen Gemeinsamkeiten
- Time Timer

Ablauf

- Die Teilnehmenden teilen ihre 5 Fakten in Kleingruppenarbeitsräumen und suchen nach Gemeinsamkeiten.
- Die Gemeinsamkeiten werden auf dem Whiteboard festgehalten.
- Im Plenum stellen die Kleingruppen ihre Gemeinsamkeiten vor.
- Die Trainerin wiederholt die Stimmungsabfrage und wertet diese aus.

Durchführung

„Ich werde Sie jetzt in Dreiergruppen aufteilen und in Kleingruppenarbeitsräume schicken. Dort können Sie die persönlichen Fakten über sich

mit anderen Teilnehmenden teilen. Nachdem eine Person fünf Fakten über sich geteilt hat, sind Sie herzlich eingeladen, sich über Ihre Gemeinsamkeiten auszutauschen und diese auf dem Whiteboard festzuhalten. Ziel ist es, mindestens drei Gemeinsamkeiten zu finden, die Sie alle drei teilen. Bei denen Sie also geheime Drillinge sind. Auch dazu habe ich Ihnen bereits Felder vorbereitet. Sie finden sie neben Ihren Eintragungen zu den fünf Fakten. Nach Ablauf der 15 Minuten treffen wir uns wieder hier im Hauptraum und ich werde alle Drillinge bitten, sich einmal vorzustellen."

Nach dem Ablauf von 15 Minuten holt die Trainerin die Teilnehmenden zurück in den Hauptraum und bittet die Drillingspaare, die gefundenen Gemeinsamkeiten der gesamten Gruppe vorzustellen.

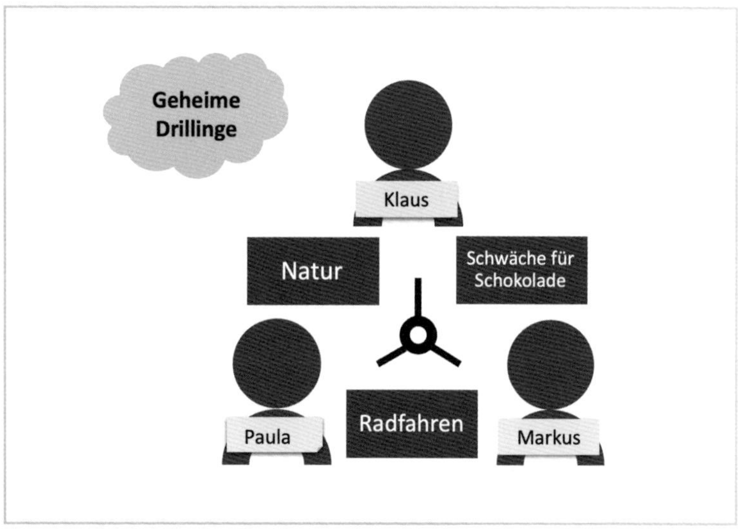

Abb.: Die Teilnehmenden suchen nach Gemeinsamkeiten

Auswertung Skalierungsfrage

Am Ende dieser dritten und letzten Aktivierung stellt die Trainerin erneut die Skalierungsfrage aus der ersten Übung und bittet ihre Teilnehmenden erneut, die Antworten darauf hinter der ersten und der zweiten Zahl in der jeweiligen Zeile festzuhalten:

1. *Wie stark empfinden Sie jetzt das Gemeinschaftsgefühl in dieser Gruppe?*
2. *Wie stark vertrauen Sie den Menschen in dieser Gruppe?*

Wieder wählen alle eine Zahl von 1 („überhaupt kein Vertrauen") bis 10 („ganz viel Vertrauen").

Die Trainerin möchte erfahren, bei wem sich das Gefühl von Vertrauen und Gemeinschaft im Verlauf der letzten halben Stunde verändert hat: *„Bitte heben Sie einmal die Hand, wenn das bei Ihnen der Fall gewesen ist."*

In der Regel melden sich die meisten der Teilnehmenden bei beiden Fragen. Die Trainerin fordert nun eine Person auf, kurz darüber zu berichten, wie stark sich die Bewertungen verändert haben und fragt auch, warum das der Fall gewesen ist. In der Regel wird deutlich, dass sich nach der persönlichen Vorstellung der Teilnehmenden sowohl das Gemeinschaftsgefühl als auch das empfundene Vertrauen positiv verändert haben.

Abschluss

„Vielen Dank für Ihre Rückmeldung. Wie Sie sich vielleicht schon denken können, war diese Art der Vorstellungsrunde zugleich Einstieg und erste Lerneinheit. Wir haben gelernt, dass Gemeinsamkeiten Verbundenheit und Vertrauen schaffen und das Wir-Gefühl einer Gruppe stärken. Dazu später mehr."

Hinweise

- Je nach Gruppengröße kann die Vorstellung auch gleich im gesamten Plenum stattfinden. Bei einer Größe von acht und mehr Teilnehmenden empfiehlt sich die Arbeit mit Kleingruppenarbeitsräumen für mehr Lebendigkeit und echten Austausch.
- Das Finden und Sichtbarmachen von Gemeinsamkeiten als Privatpersonen zahlt enorm auf das Vertrauenskonto in der Gruppe und auch im Team ein. Die Übung ist daher Vorstellung und Werkzeug zugleich, worauf im späteren Verlauf noch Bezug genommen wird.
- Häufig nehmen sich Teilnehmende nach dem Seminar vor, eine ähnliche Runde in ihrem Team auch einmal durchzuführen.

© managerSeminare

Überblick über den gesamten Prozess

„Da wir über einen längeren Zeitraum hinweg zusammen lernen werden, werfen wir nun einen kurzen Blick auf den gesamten Prozess. Hier sehen Sie die einzelnen Stationen im Überblick. Nach der heutigen Auftaktveranstaltung sehen wir uns in der nächsten Woche wieder. An insgesamt zwei vollen Trainingstagen beschäftigen wir uns mit den Erfolgsfaktoren des virtuellen Führens. An den Live-Online-Trainingstagen sehen wir uns jeweils am Vormittag für drei Stunden und dann nochmals am Nachmittag für drei Stunden. Zwischen den Trainingseinheiten liegen einige Wochen, in denen Sie Zeit haben, die Inhalte weiter zu vertiefen. Sie erhalten hierzu von mir jeweils Hinweise auf weiterführende Lernmaterialien sowie Transferaufgaben. Außerdem sind Sie herzlich eingeladen, sich miteinander zu vernetzen und zu Ihren individuellen Themen auszutauschen, um von- und miteinander zu lernen. Bei unserem letzten Treffen werden wir uns mit Ihren Erfolgen beschäftigen. Außerdem können Sie vorher ein Vertiefungsthema wählen, mit dem wir uns dann beschäftigen werden."

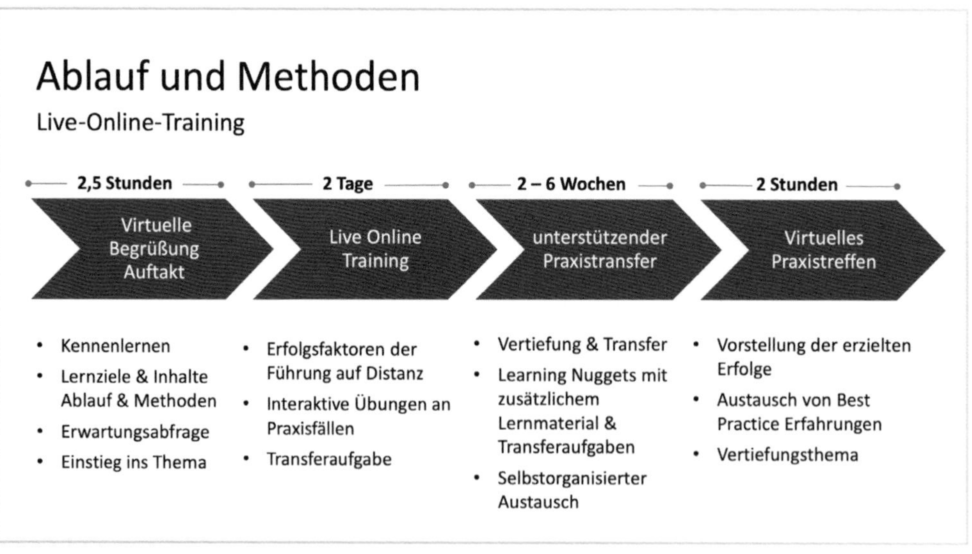

Erwartungen und Beiträge der Führungskräfte: Give and Take

Orientierung

Ziele

- Die Erwartungen der Teilnehmenden kennenlernen, um das Seminar bedarfsgerecht zu gestalten
- Mögliche Best-Practice-Ansätze offenlegen
- Für Vernetzung sorgen

Zeit

Insgesamt 15 Minuten
- 5 Minuten Einzelarbeit
- 10 Minuten Auswertung im Plenum

Material

- Folie „Give and Take" auf dem Whiteboard ablegen
- Digitales Whiteboard
- Time Timer

Ablauf

- Die Trainerin bittet die Teilnehmenden, ihre Erwartungen und mögliche Beiträge, wie z.B. das Teilen von Expertenwissen, stichwortartig auf dem Whiteboard festzuhalten.
- Die Teilnehmenden halten ihre Antworten auf dafür vorgesehenen Bereichen auf dem Whiteboard fest.
- Die Trainerin liest die Erwartungen kurz vor und fragt ggf. nach.

Erläuterung

Welche Erwartungen hat die Gruppe und welche praktischen Erfahrungen der einzelnen Teilnehmenden können für die gesamte Gruppe nützlich sein? Dies gilt es, in diesem Schritt herauszufinden. Der Hinweis darauf, dass es hier nicht nur darum geht, etwas mitzunehmen, sondern möglichst auch etwas dazulassen, ist für einige Teilnehmende zu Beginn oft etwas ungewöhnlich, wird aber dann oft gern genutzt und trägt zur gegenseitigen Vernetzung und zum Austausch auch nach dem Seminar bei.

Seminarerwartungen

- Welche Erwartungen haben Sie?
- Was sind Sie bereit, beizutragen?

Für die Abfrage der Erwartungen wird ein PowerPoint-Chart vorbereitet und auf dem Whiteboard abgelegt.

Intro

„Mit dem Gesamtbild des Ablaufs vor Augen, interessiert mich, mit welchen Erwartungen Sie hier sind und was Sie selbst dazu beitragen möchten. Ihre Erwartungen zu kennen, ist wichtig für mich, damit ich die Inhalte bestmöglich daran anpassen kann. Die zweite Frage zielt darauf ab, zu erfahren, welche Praxiserfahrung schon bei einzelnen Teilnehmenden in der Gruppe vorhanden ist und für alle interessant sein könnte. Das kann zum Beispiel langjährige Erfahrung im Führen auf Distanz sein, die Sie bereit sind, mit der Gruppe zu teilen. Vielleicht sind Sie aber auch ein Experte für bestimmte virtuelle Medien, die bei der Kommunikation auf Distanz hilfreich sind und würden sich bis zum nächsten Treffen Zeit nehmen, einigen Interessierten die wichtigsten Funktionen zu zeigen. Oder Sie würden sich zum kollegialen Austausch zur Verfügung stellen, wenn es darum geht, in der Transferzeit neue Ideen weiterzudenken."

Durchführung

Die Teilnehmenden notieren sowohl ihre Erwartungen als auch ihren möglichen Beitrag auf Post-its auf dem Whiteboard. Dabei stellen sie bei ihrem Beitrag ihren Namen voran, damit alle erkennen, wen sie ansprechen können, wenn sie mehr Informationen zu dem dargestellten Thema haben wollen. Dabei beachten alle Teinehmenden, pro Karte nur einen Punkt festzuhalten, damit es im Protokoll, das alle im Nachgang von der Trainerin bekommen, gut sichtbar ist. Die Gruppe hat für diese Aufgabe fünf Minuten Zeit.

Nach Ablauf der Zeit und nachdem alle Teilnehmenden ihre Punkte angepinnt haben, liest die Trainerin die Erwartungen und Beiträge vor und fragt gezielt nach, wenn ein Punkt unklar ist.

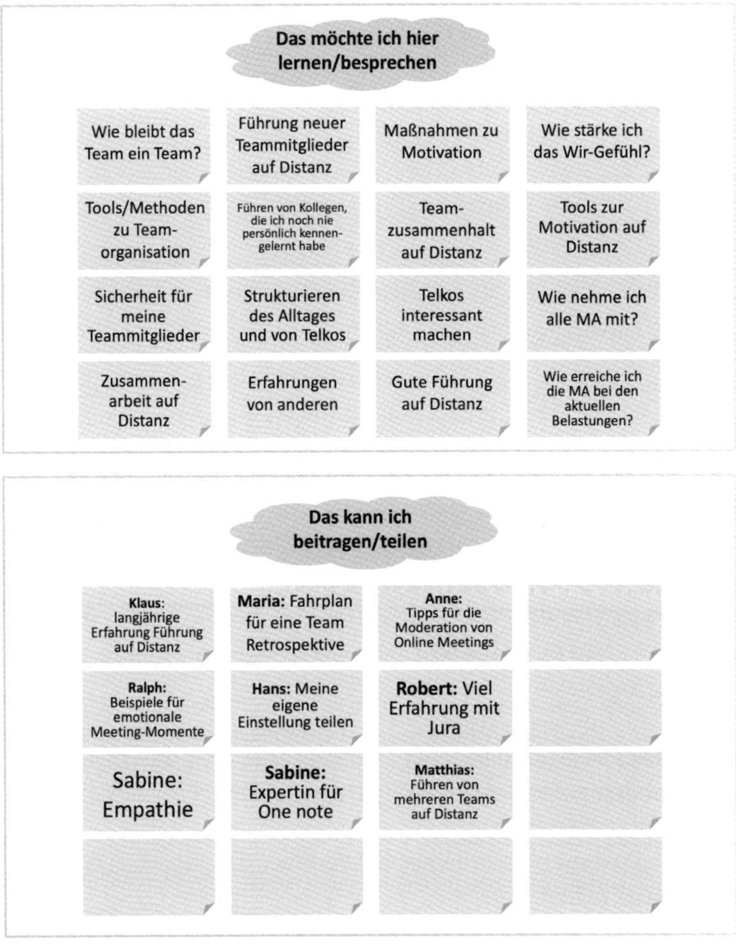

Abb.: Beispielantworten der Teilnehmenden

Hinweise

- Die Frage nach dem möglichen Beitrag zum Training ist bewusst gewählt, um deutlich zu machen, dass die Wissensvermittlung nicht nur durch Input der Trainerin stattfinden darf, sondern auch die Vernetzung der Teilnehmenden und das Teilen von Praxiserfahrungen in der Gruppe explizit gewünscht sind.
- Insbesondere lohnt sich die Frage nach Expertinnen und Experten für die Nutzung virtueller Tools zur Erleichterung der Zusammenarbeit auf Distanz. Häufig finden sich Personen, die sich hiermit schon sehr stark auseinandergesetzt haben und während der Transferphasen einen kleinen Einblick in die konkrete Art der Nutzung eines Tools für die Gruppe geben können.

Einstieg ins Thema

Erläuterung

In diesem ersten Teil des Trainings soll das Bewusstsein der Teilnehmenden für die wichtigsten Unterschiede zwischen der „normalen Führung" und dem Führen auf Distanz geschärft werden. Durch das Erkennen der Unterschiede soll eine Sensibilität für die wichtigsten Erfolgsfaktoren entstehen.

Grundsätzlich bleiben die Anforderungen an die Führungskräfte gleich und auch die Aufgaben der Führung bleiben erhalten. Gleichzeitig gibt es zusätzliche Faktoren wie die Distanz selbst und gegebenenfalls auch die Interkulturalität, die bestimmte Prozesse überlagern und erschweren können.

Die hieraus entstehenden Herausforderungen gut meistern zu können, erfordert ein zusätzliches Wissen und neue Handlungsstrategien. Der erste notwendige Schritt ist ein Bewusstmachen dieser Herausforderungen. Deswegen sollen die Teilnehmenden in diesem ersten Teil des Trainings ...

- die Merkmale standortübergreifender Teams kennenlernen.
- reflektieren, was dem Team durch die ständige Zusammenarbeit auf Distanz fehlt.
- sich den Herausforderungen und Vorteilen der virtuellen Führung bewusst werden.

Besonderheiten virtueller Teams

Orientierung

Ziele

- Einführen in das Thema
- Bewusstsein für die Besonderheiten virtueller Teams schaffen

Zeit

Insgesamt 5 Minuten

Rahmenbedingungen

Virtuelles Whiteboard

Material

Vorbereitete PowerPoint-Folie

Ablauf

Die Trainerin hält einen kurzen Vortrag über die Merkmale virtueller Teams.

Intro

„Zum Einstieg ins Thema werde ich Ihnen nun einen kurzen Überblick über die Besonderheiten virtueller Teams geben. Im nächsten Schritt werden wir gemeinsam die sich daraus ergebenden Herausforderungen und Vorteile herausarbeiten."

Durchführung

Die Trainerin präsentiert die Folie „Merkmale virtueller Teams" (Folgeseite).

„Virtuelle Teams sind in der besonderen Situation, dass sie sich selten persönlich zu Gesicht bekommen. Die Teammitglieder arbeiten an unterschiedlichen Standorten oder vor Ort beim Kunden. Manche Teams sind sogar über den gesamten Globus verteilt und haben sich noch nie persönlich getroffen. Häufig führt das dazu, dass es innerhalb des Teams sehr unterschiedliche Arbeitszeiten gibt, die z.B. durch Gleitzeiten, unterschiedliche Schichten oder Zeitverschiebungen entstehen.

© managerSeminare

Abb.: Merkmale virtueller Teams

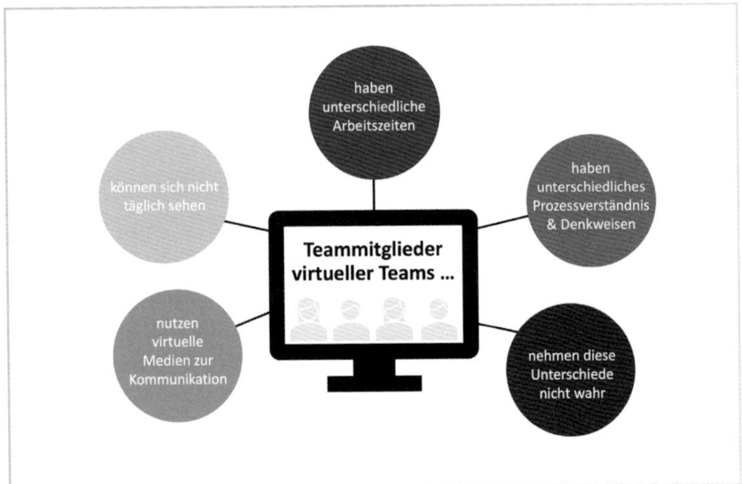

Als Brücke zur Überwindung der Distanz werden virtuelle Medien genutzt. Diese wiederum haben oft eine gewisse Eigendynamik und Eigenlogik, derer man sich bewusst sein sollte.

Die Art und Weise der Kommunikation innerhalb des Teams ist oft sehr unterschiedlich. So sprechen die Teammitglieder vielleicht unterschiedliche Dialekte oder unterschiedliche Sprachen.

Hinzu kommen oft ein unterschiedliches Prozessverständnis oder eine unterschiedliche Denkweise, woraus schnell Konflikte und Missverständnisse entstehen können.

Häufig nehmen die Teammitglieder diese Unterschiede jedoch nicht bewusst wahr, sondern wundern sich lediglich über deren Auswirkungen, also darüber, dass gewisse Dinge nicht oder nur sehr schleppend funktionieren.

Zusammenfassend bedeutet das für Sie als Führungskräfte virtueller Teams, dass es Ihre Aufgabe sein wird, wirksame Strategien zu entwickeln, um räumliche, kulturelle und auch operationale Distanzen zu überbrücken."

Quelle

▶ Thomas, G. (2014): Die virtuelle Katastrophe: So führen Sie Teams über Distanz zur Spitzenleistung. assist Publishing Verlag.

Brainstorming: Herausforderungen beim Führen auf Distanz

Orientierung

Ziele

Herausforderungen beim Führen auf Distanz bewusst machen

Zeit

Insgesamt 15 Minuten

- 5 Minuten Brainstorming
- 5 Minuten Auswertung
- 5 Minuten Ergänzung der Ergebnisse durch die Trainerin

Rahmenbedingungen

Virtuelles Whiteboard

Material

- Vorbereitete PowerPoint-Folie
- Vorbereitete Post-it-Karten auf dem virtuellen Whiteboard

Ablauf

- Die Teilnehmenden halten die erlebten Herausforderungen beim Führen auf Distanz auf Post-its fest.
- Die Trainerin fasst die Herausforderungen der Teilnehmenden zusammen und fragt ggf. nach.
- Die Trainerin ergänzt im Anschluss.

Intro

„Schauen wir uns nun an, welche Herausforderungen und natürlich auch, welche Vorteile sich hieraus ergeben. Wir beginnen mit den Herausforderungen. Dazu möchte ich Sie nun bitten, zunächst einmal selbst nachzudenken, welche das aus Ihrer Sicht sind."

Durchführung

Die Trainerin zeigt die Folie „Herausforderungen" auf dem Whiteboard und erläutert die Aufgabe.

„Bitte überlegen Sie nun einmal jeder für sich, welche Herausforderungen Sie bei der Führung Ihrer virtuellen Teams sehen. Bitte benennen Sie diese möglichst konkret und halten Sie Ihre Ergebnisse auf dem Whiteboard fest. Sie haben hierfür fünf Minuten Zeit."

Abb.: Folie Herausforderungen,
Bildquelle: depositphotos © photobac

Hinweis ▶ Während des Brainstormings können Sie die virtuelle Stoppuhr anstellen und eine leise Musik spielen lassen (Achtung: Vorführrechte klären).

Herausforderungen
Abschalten
Verlust informeller Kommunikation/ "Zwischentöne" gehen verloren
Isolierung der MA
enge Führung
Meeting: Teilnehmer driften ab
Mitarbeiterwohl erkennen (wie geht es Mitarbeitenden wirklich?)
Corona: Unplanbarkeit der Verfügbarkeit, gerade mit Kindern
Kein Anfang/Ende Verschmelzung von privat und beruflich
Hybride Meetings: schwierige Durchführung
Ich muss meinen Kuchen selber backen
Feedbackgespräche führen
Künstlicher Spaß
Weniger Austausch über Persönliches
Man bekommt nicht mehr zufällig mit, was so passiert
Transparenz über Aufgaben und Workload ist schwieriger herzustellen
Stimmung des Mitarbeitenden wahrnehmen

Abb.: Beispielantworten der Teilnehmenden, Bildquelle: depositphotos © photobac

Auswertung

Die Trainerin liest die Ergebnisse der Teilnehmenden kurz vor und fragt ggf. nach, wenn eine Aussage unklar formuliert ist.

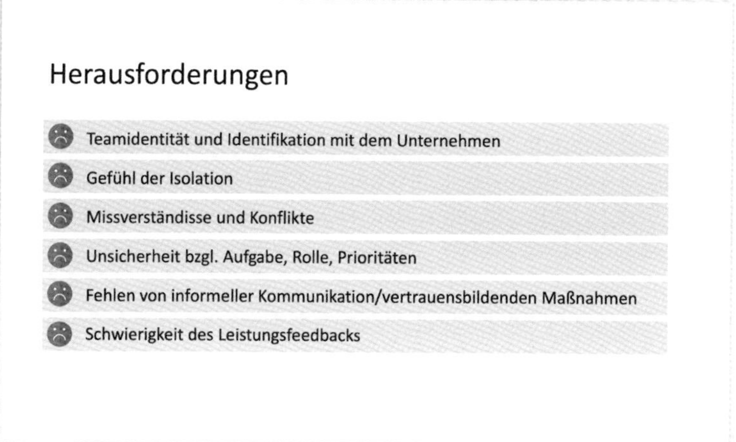

Im Anschluss ergänzt sie ggf. die Ergebnisse der Teilnehmenden um die auf der Folie abgebildeten Punkte.

Hier noch einmal die größten Herausforderungen im Überblick:

Die Schaffung einer Teamidentität und die Identifikation mit dem Unternehmen sind große Herausforderungen bei der Führung virtueller Teams. Warum ist das so? Menschen, die täglich in die Firma fahren, sind dort auch ständig von Symbolen und Statements umgeben, die sie mit dem Unternehmen verbinden. Das fängt bei dem Firmenlogo an und geht weiter bei aushängenden oder gelebten Mission Statements, Firmenwerten oder Werbeslogans. Auf der Teamebene ist das ähnlich. Täglich treffen alle auf ihre Teammitglieder, sehen, woran jeder gerade arbeitet, teilen Räume und werden dort vielleicht ebenfalls beispielsweise durch Aushänge von Teamzielen an ihre Zugehörigkeit erinnert. All diese Dinge fallen in der virtuellen Zusammenarbeit weg und müssen entsprechend kompensiert werden.

Eng damit verbunden ist das häufig von Teammitgliedern empfundene Gefühl der Isolation bei Distanzarbeit. Diese Isolation bezieht sich dabei nicht nur auf die anderen Teammitglieder, sondern auch auf viele weitere Faktoren, wie etwa tagesaktuelle Geschehnisse, andere Abteilungen und allgemeine Neuigkeiten und Informationen aus dem

Gesamtunternehmen, die sich häufig zuerst über den Flurfunk verbreiten.

Durch die erheblich eingeschränkte Kommunikation kommt es in virtuellen Teams deutlich häufiger zu Missverständnissen und Konflikten als bei einer Präsenz-Zusammenarbeit.

Diese Missverständnisse resultieren nicht selten in Unsicherheiten bezüglich der Aufgaben, der Prioritäten und der eigenen Rolle, was z.B. in den Teams überdurchschnittlich häufig zu Doppelarbeit führt.

Ein sehr wichtiger und häufig völlig unterschätzter Punkt ist das Fehlen von Gelegenheiten zur informellen Kommunikation, die sehr zur Entwicklung von gegenseitigem Vertrauen beiträgt. Momente also, in denen sich Teammitglieder in der Kaffeeküche treffen, zusammen über Wochenenderlebnisse sprechen oder den Geburtstag einer Kollegin feiern. Als Führungskraft könnte man nun vielleicht im ersten Moment denken: Das ist doch super, wenn nicht mehr so viel Zeit für private Gespräche verloren geht. Tatsächlich sind diese informellen Gespräche jedoch ein wichtiger Baustein für den Vertrauensaufbau im Team. An späterer Stelle wird dieser Aspekt noch einmal genauer betrachtet.

Auch das Leistungs-Feedback gestaltet sich für die Führungskraft schwieriger, da es auf die Entfernung schwieriger ist, zu beurteilen, was die Mitarbeitenden den ganzen Tag leisten.

Quellen

- Thomas, G. (2014): Die virtuelle Katastrophe: So führen Sie Teams über Distanz zur Spitzenleistung. assist Publishing Verlag.
- Kevin, E., Wayne, T. (2018): The Long-Distance Leader. Berrett-Koehler Publishers.

Brainstorming: Vorteile der virtuellen Zusammenarbeit

Orientierung

Ziele

Vorteile virtueller Teams bewusst machen

Zeit

Insgesamt 15 Minuten

- 5 Minuten Brainstorming
- 5 Minuten Auswertung
- 5 Minuten Ergänzung der Ergebnisse durch die Trainerin

Rahmenbedingungen

Virtuelles Whiteboard

Material

Vorbereitete PowerPoint-Folie „Vorteile virtueller Teams"

Ablauf

- Die Teilnehmenden listen gleichzeitig die Vorteile virtueller Teams auf.
- Die Trainerin liest die Ergebnisse vor und ergänzt im Anschluss.

Durchführung

„Weiter geht es mit den Vorteilen. Auch diesmal möchte ich Sie bitten, Ihre eigenen Gedanken hierzu festzuhalten."

Die Trainerin zeigt die Folie „Vorteile" auf dem Whiteboard.

„Bitte halten Sie die Vorteile, die Sie mit der Führung virtueller Teams verbinden, auf dem Whiteboard fest. Sie haben hierfür wieder fünf Minuten Zeit."

Abb.: Vorteile, Bildquelle: Depositphotos © 236481202

© managerSeminare

Nach Ablauf der Zeit lässt die Trainerin erneut die Ergebnisse vom jeweiligen Teilnehmenden vorstellen und ergänzt die Aspekte um weitere Punkte.

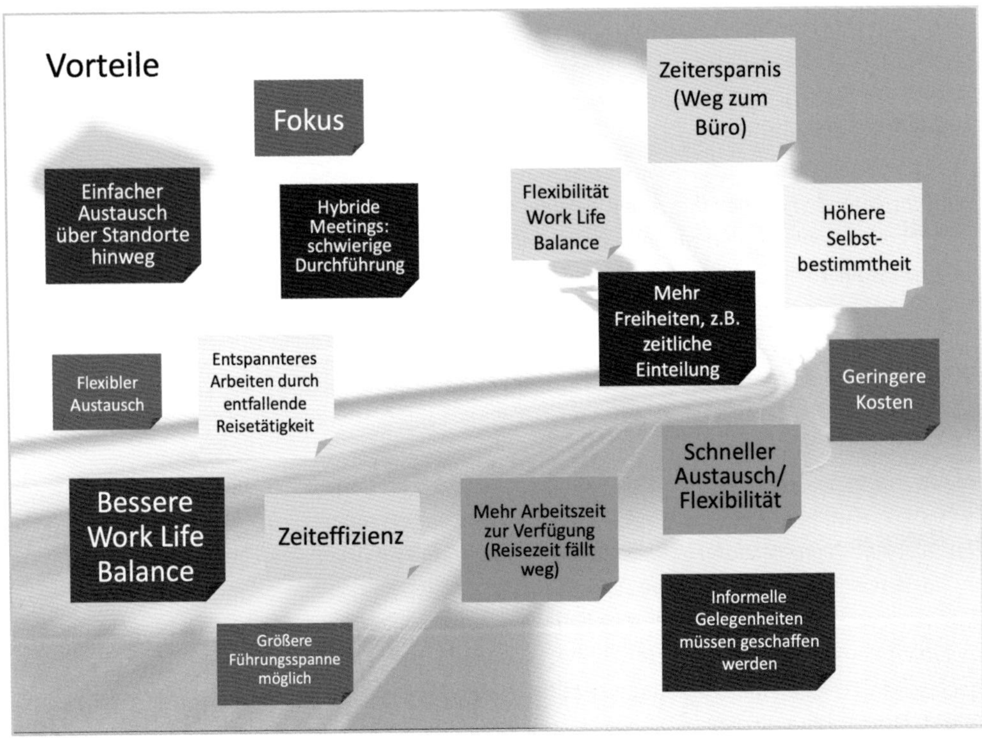

Abb.: Beispielantworten der Teilnehmenden, Bildquelle: Depositphotos © 236481202

Auswertung Die Trainerin liest die Aussagen vor und fragt bei Unklarheiten nach. Im Anschluss ergänzt sie ggf. die Ergebnisse der Teilnehmenden durch die Punkte der Folie „Vorteile".

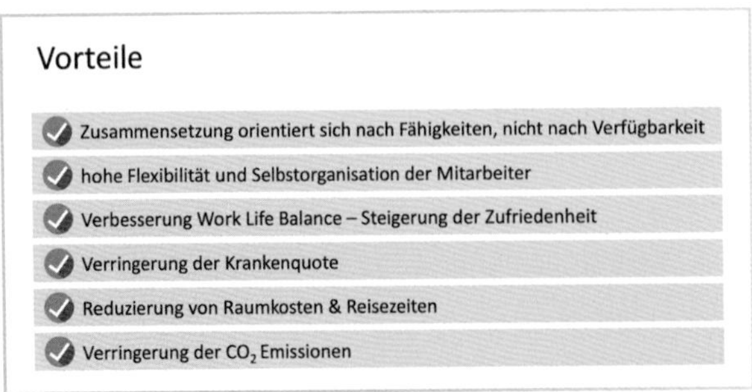

„Zu den von Ihnen erarbeiteten Vorteilen möchte ich noch einige Punkte hinzufügen. Ein weiterer Vorteil beim Führen auf Distanz oder besser der virtuellen Zusammenarbeit ist es, dass ich als Führungskraft eine größere Auswahl an Fachkräften habe, sofern ich z.B. eine Stelle in meinem Team neu

besetzen muss. Hier kann sich die Zusammensetzung nun nach den benötigten Fähigkeiten des Stelleninhabers orientieren und ist nicht abhängig von der Verfügbarkeit im näheren Umfeld. Gerade in Zeiten des Fachkräftemangels ist das ein bedeutender Vorteil. Auch ist es in einem virtuellen Team möglich, 24 Stunden am Tag zu arbeiten, und das ohne Schlafentzug. Das ist dann möglich, wenn Teammitglieder in unterschiedlichen Zeitzonen arbeiten, beispielsweise bei IT-Projekten mit hohem Zeitdruck. Oder wenn man etwa einen 24/7 erreichbaren Kundenservice garantieren möchte.

Die Mitarbeitenden können ihre Arbeit flexibler gestalten und auf diese Weise bessere Möglichkeiten zur Selbstorganisation nutzen. Menschen können wieder dort leben, wo sie gerne möchten, anstatt dorthin ziehen zu müssen, wo es eine ausreichende Anzahl an Arbeitsplätzen gibt. Für viele Menschen vor allem der jüngeren Generationen ist das ein wesentlicher Faktor in der Bewertung der Attraktivität eines potenziellen Arbeitgebers. Die damit verbundene Möglichkeit zur Verbesserung der Work-Life-Balance führt in aller Regel zu einer Steigerung der Zufriedenheit der Mitarbeitenden. Auch die Krankenquote lässt sich durch Distanzarbeit durchaus verbessern, da es einige Krankheiten gibt, mit denen zwar die Arbeit von zu Hause aus noch problemlos möglich ist, nicht aber der Weg zur Arbeit.

Einen weiteren wesentlichen Faktor stellen die geringeren Raumkosten und auch Reisezeiten dar. Für Mitarbeitende, die nicht mehr oder nur noch selten gleichzeitig im Büro anwesend sind, wird weniger Platz benötigt. Gerade in Großstädten können Büroräume abgemanaged werden und insbesondere können verringerte Raumkosten mit einer deutlichen Reduktion von Fixkosten einhergehen.

Durch den Wegfall von An- und Abfahrtszeiten steht den Mitarbeitenden faktisch mehr Tageszeit zum Arbeiten zur Verfügung. Vielen Menschen, die zeitlich sehr eingeschränkt sind, z.B. jungen Eltern oder Menschen, die Angehörige pflegen, wird so überhaupt erst der Zugang zu bestimmten Stellen ermöglicht."

Quellen

- Monitor Mobiles und entgrenztes Arbeiten (bmas.de)
- Neeley, T. (2021): Remote Work Revolution: Succeeding from Anywhere. Harper Collins Publishers.
- Bloom, N.: Go Ahead, Tell Your Boss You Are Working From Home. TEDxStanford. https://youtu.be/oiUyyZPIHyY; abgerufen am 25.03.2022.

© managerSeminare

Bewegungsübung: Erfolgsfaktoren beim Führen auf Distanz

Orientierung

Ziele

- Einen Überblick über die Erfolgsfaktoren geben
- Aktivieren der Teilnehmenden hinter der Kamera
- Festigen des Wissens

Zeit

Insgesamt 10 Minuten

- 5 Minuten Vortrag
- 5 Minuten Bewegungsübung

Rahmenbedingungen

- Virtuelles Whiteboard
- Galerieansicht für Bewegungsübung

Material

Vorbereitete PowerPoint-Folie

Ablauf

- Die Trainerin hält einen kurzen Vortrag über die Erfolgsfaktoren beim Führen auf Distanz.
- Die Teilnehmenden verbinden jeden Erfolgsfaktor mit einer Bewegung und wiederholen diese zur Festigung einige Male.

Intro

„Nachdem wir ausführlich über die Vorteile und Herausforderungen beim Führen auf Distanz gesprochen haben, werfen wir jetzt einen Blick auf die Erfolgsfaktoren. Die Erfolgsfaktoren bezeichnen jene Faktoren, mit denen Sie sich als Führungskraft besonders gut auskennen sollten. Viele Aspekte der Erfolgsfaktoren, die ich Ihnen gleich vorstellen werde, sind auch für ‚normale' Teams wichtig. In virtuellen Teams erhalten sie jedoch mehr Gewicht, sodass Sie als Führungskraft eine besondere Aufmerksamkeit dafür an den Tag legen sollten. Der Grund dafür ist, dass sie über Distanzen hinweg nicht von allein entstehen, so wie das bei standortgebundenen Teams der Fall ist."

Die Trainerin präsentiert die Folie mit den Erfolgsfaktoren und stellt diese als roten Faden für den weiteren Verlauf des Seminares vor, indem sie die Punkte in wenigen Sätzen erläutert.

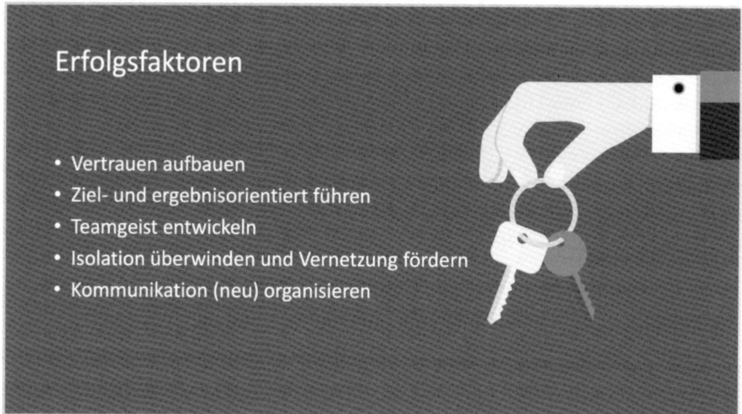

Durchführung

„Ich stelle Ihnen nun die fünf Erfolgsfaktoren vor. Nach jeder Vorstellung werde ich einen von Ihnen bitten, dazu eine Bewegung zu machen, die Ihnen dabei helfen soll, sich an die Erfolgsfaktoren zu erinnern.

Der erste wesentliche Faktor ist der ***Aufbau von Vertrauen*** *über Distanzen hinweg. Dabei gilt es einerseits, sicherzustellen, dass sich die Teammitglieder untereinander Vertrauen schenken und natürlich auch Ihnen als Führungskraft. Wer hat eine gute Idee für eine Geste, die zum Vertrauen passt?"*

Die Trainerin wartet ab, bis einer der Teilnehmenden eine Geste vor der Kamera zeigt (z.B. Hand aufs Herz) und bittet alle anderen Teilnehmenden, diese ebenfalls einmal auszuführen.

„Der zweite Erfolgsfaktor, ***ziel- und ergebnisorientiert führen****, ist eng mit dem Vertrauen verbunden. Hier geht es darum, dass Sie als Führungskraft Ihrem Team dahingehend vertrauen können, dass die geforderten Aufgaben auch ohne Ihre Anwesenheit erledigt werden."*

Die Trainerin bittet wieder um eine passende Geste (z.B. Daumen hoch) und bittet alle anderen Teilnehmenden, diese einmal auszuführen.

„Der dritte Faktor betrifft den ***Teamgeist beziehungsweise die Teamidentität.*** *Im virtuellen Raum ein Wir-Gefühl in einem neuen Team zu*

entwickeln und zu bewahren, stellt eine besondere Herausforderung dar. Welche Geste fällt Ihnen hierzu ein? …

Eng damit verbunden ist der nächste Erfolgsfaktor, **Isolation überwinden** *oder, positiv ausgedrückt,* **Vernetzung fördern**. *Teammitglieder, die isoliert voneinander arbeiten, laufen Gefahr, das große Ganze und die gemeinsamen Ziele aus den Augen zu verlieren. Wem fällt eine gute Geste hierzu ein? …*

Ein weiteres großes Arbeitsfeld ist das Thema **Kommunikation (neu) organisieren**. *Kommunikation muss in einem verteilten Team gut organisiert werden, was vor allen Dingen eine Frage der Auswahl der richtigen Medien und des professionellen Umgangs damit ist. Auch hierzu brauchen wir eine Geste. …*

Diese fünf Erfolgsfaktoren werden wir uns einen nach dem anderen genauer ansehen. Sie stellen den roten Faden für unser Training dar."

Abschluss

Damit die Teilnehmenden diese fünf Faktoren immer präsent haben, lädt die Trainerin die Gruppe zu einer kurzen Bewegungsübung ein. Sie fasst dazu noch einmal zusammen und zählt noch einmal die fünf Erfolgsfaktoren auf. Die Teilnehmenden machen alle gleichzeitig die gewählte Bewegung dazu.

Nun dreht die Gruppe das Ganze um. Die Trainerin ruft die Teilnehmenden nacheinander namentlich auf. Die aufgerufene Person ruft schnell einen der Erfolgsfaktoren und die anderen zeigen die dazugehörige Geste.

Quellen

- Thomas, G. (2014): Die virtuelle Katastrophe. So führen Sie Teams über Distanz zur Spitzenleistung. assist Publishing Verlag.
- Kopp, L. (2021): Leadership im Homeoffice. Der praktische Guide für die dezentrale Mitarbeitendenführung. LUVE Publishing.

Ausblick und Transferaufgabe: Mein persönliches Ziel für das Führen auf Distanz

Orientierung

Ziele

- Einen Ausblick auf die Themen des nächsten Moduls geben
- Das Wissen festigen und weiter ausbauen
- Die Teilnehmenden ermutigen, sich miteinander zu vernetzen
- Den Praxistransfer sichern

Zeit

Insgesamt 10 Minuten

Rahmenbedingungen

Virtuelles Whiteboard

Material

- Vorbereitete Beschreibung der Transferaufgabe
- Vorbereitete Templates zum Eintragen der Antworten auf die Fragen der Transferaufgabe

Ablauf

Die Trainerin gibt einen Ausblick auf die kommende Session und erläutert die Transferaufgabe.

Ausblick

„Bei unseren nächsten Treffen werden wir den Fokus auf die Erfolgsfaktoren legen. Am Vormittag erarbeiten wir gemeinsam, wie Vertrauen über Distanzen hinweg aufgebaut werden und Ziel- und Ergebnisorientierung gelingen kann.

Am Nachmittag steigen wir in das Thema virtuelle Teamentwicklung ein."

© managerSeminare

Transferaufgabe

Die Trainerin ruft die Folie „Transferaufgabe“ auf und erläutert, welche Aufgaben bis zum nächsten Treffen erledigt werden sollen.

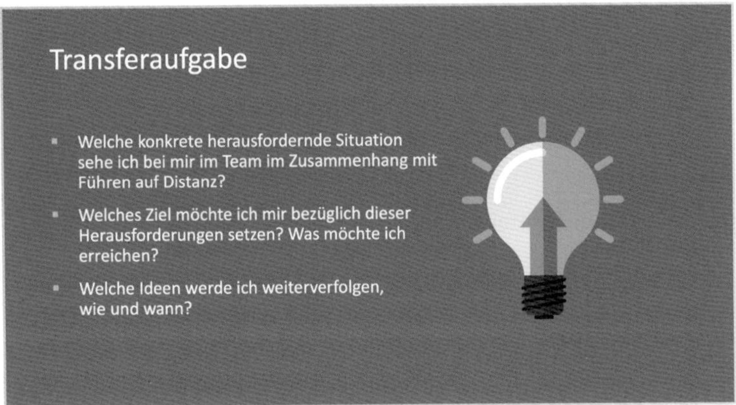

„Zum Abschluss möchte ich Ihnen nun Ihre erste Transferaufgabe erklären. Bis zu unserem nächsten Treffen möchte ich Sie bitten, eine konkrete herausfordernde Situation, die Sie im Zusammenhang mit Führen auf Distanz haben, zu beschreiben.

Überlegen Sie im nächsten Schritt, welches Ziel Sie sich bezüglich dieser Herausforderung setzen wollen und was Sie diesbezüglich erreichen wollten. Bitte tragen Sie diese ersten beiden Punkte in der Tabelle für alle sichtbar auf dem Whiteboard ein.“

Abb.: Vorbereitete Tabelle auf dem Whiteboard zum Eintragen der Herausforderungen durch die Teilnehmenden

Name	Welche Herausforderung sehe ich bei mir im Team im Zusammenhang mit Führen auf Distanz?	Welches Ziel setze ich mir diesbezüglich?	Woran erkenne ich, dass das Ziel erreicht wurde?	Wer kann mich dabei unterstützen?

Der Transferplan

Orientierung

Ziele

- Teilnehmende bilden ein konkretes Umsetzungsvorhaben
- Den Praxistransfer sichern

Zeit

Insgesamt 5 Minuten

Rahmenbedingungen

Virtuelles Whiteboard

Material

Vorbereitetes Template für den Transferplan

Ablauf

- Die Trainerin erklärt die Nutzungsweise des Transferplans und bittet die Teilnehmenden, sich diesen in einem eigenen Dokument anzulegen.
- Die Teilnehmenden gehen ihre Ideen, die sie aus dem Training mitnehmen, durch und übertragen diese in Form eines Umsetzungsvorhabens in ihren Transferplan.

Erläuterung

Der Transferplan wird von den Teilnehmenden jeweils zum Ende eines Moduls befüllt. Ziel ist es, die Ideen der Teilnehmenden in konkrete Umsetzungsvorhaben umzuwandeln, um so einen nachhaltigen Praxistransfer sicherzustellen. Es hat sich als praxistauglich erwiesen, jeweils zum Ende eines Moduls auf den Transferplan hinzuweisen und darum zu bitten, die besten Ideen in den Plan zu übertragen. Die konkrete Ausformulierung der einzelnen Spalten kann direkt im Nachgang an das Training erfolgen.

Intro

„Zuletzt möchte ich Sie heute bitten, sich einen Transferplan anzulegen. Der Transferplan dient dazu, die Ideen, die Sie aus den jeweiligen Modulen für sich mitnehmen, in konkrete Umsetzungvorhaben zu übersetzen. Bitte beschreiben Sie daher möglichst genau, welche Schritte Sie sich

vornehmen, um Ihre Ideen in die Tat umzusetzten. Überlegen Sie außerdem, wer Sie dabei unterstützen könnte und sprechen Sie die Person am besten gleich an. Dort werden Sie nach jedem Modul festhalten, welche Ihrer Ideen Sie weiterverfolgen wollen.

Als Vorlage für den Transferplan dient Ihnen die Tabelle, die ich Ihnen hier auf dem Whiteboard abgelegt habe. Bitte kopieren Sie sich diese in ein eigenes Dokument. Die Ideen entnehmen Sie Ihrem Ideenblatt, das Sie zu Beginn der Veranstaltung angelegt haben. Bitte gehen Sie nun Ihre Mitschriften noch einmal durch und übertragen Sie Ihre Ideen in den Transferplan."

		30	
Welche Idee werde ich weiterverfolgen?	Welche konkreten Schritte werde ich diesbezüglich umsetzen?	Bis wann?	Wer kann mich dabei unterstützen?

Abb.: Vorbereitete Tabelle auf dem Whiteboard zum Eintragen der Umsetzungsvorhaben durch die Teilnehmenden

„Bitte halten Sie Ihren Transferplan für jedes Modul griffbereit, da wir immer wieder darauf zurückkommen werden, um nachzuvollziehen, welche Dinge bereits erfolgreich umgesetzt wurden. Außerdem werden Sie ihn am Ende eines jeden Moduls brauchen, um die jeweils neuen Ideen dorthin zu übertragen."

Check-out: Römisches Feedback

Orientierung

Ziele

Feedback zum Seminar einholen

Zeit

Insgesamt 5 Minuten

Rahmenbedingungen

Virtuelles Whiteboard

Material

Vorbereitetes Template zum Eintragen des Feedbacks

Ablauf

Die Trainerin bittet die Teilnehmenden, zunächst per Handzeichen römisches Feedback zu geben und fordert sie dann auf, dieses auf der vorbereiteten Folie schriftlich zu konkretisieren.

Intro

Am Ende der Auftaktveranstaltung bittet die Trainerin um ein römisches Feedback.

„Zum Tagesabschluss möchte ich Sie um ein kurzes Feedback bitten, um herauszufinden, wie Ihnen unsere erste Veranstaltung gefallen hat. Ich werde gleich bis drei zählen und Sie dann bitten, Ihr Feedback zu zeigen. ‚Daumen hoch' bedeutet ‚Es hat mir gut gefallen und darf genau so weitergehen'. ‚Damen zur Seite' bedeutet ‚Ganz o.k., aber es fehlt noch etwas'. ‚Daumen nach unten' bedeutet ‚Es hat mir überhaupt nicht gefallen und sollte beim nächsten Mal grundsätzlich anders laufen'. Bitte geben Sie jetzt alle gleichzeitig Ihr Feedback."

Die Trainerin zählt bis drei und wartet dann die Handzeichen der Teilnehmenden ab.

© managerSeminare

Durchführung

Das Stimmungsbild wird unkommentiert aufgenommen. Die Trainerin bedankt sich für die Teilnahme und drückt ihre Freude aus, wenn es den Teilnehmenden gefallen hat. Sie bittet die Gruppe schließlich darum, dieses Feedback im Nachgang noch etwas zu konkretisieren. Dazu stellt sie auf dem Whiteboard die Folie „Feedback" zur Verfügung.

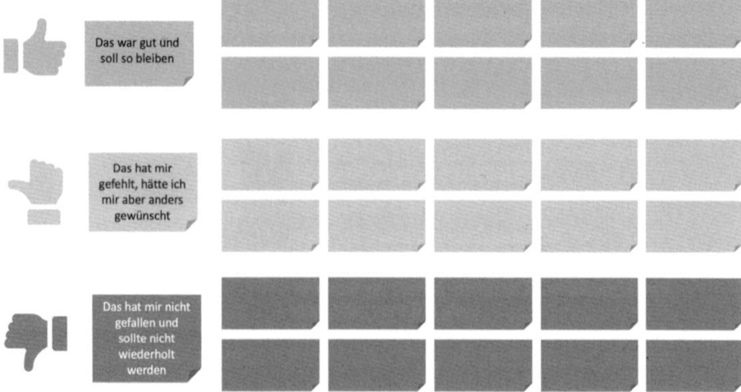

Modul 1

Vertrauen aufbauen in virtuellen Teams

Überblick und Zeitkalkulation

Thema/Übung	**Dauer**	**Seite**
Begrüßung Wiederholung der Erfolgsfaktoren Zeiten und Inhalte	5	68
Check-in: Persönlicher Wetterbericht	10	70
Was bisher geschah: Ergebnisse der letzten Transferaufgabe Austausch der Ziele und Vernetzung der Teilnehmenden	10	72
Erfolgsfaktor Vertrauen aufbauen Wem vertraue ich? Chat-Storm zum Einstieg in das Thema Vertrauen	 15	75 76
Vortrag: Vertrauen zahlt sich aus	10	80
Übung: Vertrauensskala im Team	25	82
Pause	10	
Reflexion und Praxistransfer: Vertrauen im virtuellen Team fördern	15	87
Transferaufgabe: Vertrauen aufbauen	10	89

Einstieg ins Seminar

Orientierung

Ziele

- Orientierung geben
- In den Tag einstimmen
- Kenntnisse über die Erfolgsfaktoren auffrischen
- Zeiten und Inhalte klären

Zeit

Insgesamt 5 Minuten

Rahmenbedingungen

Virtuelles Whiteboard

Material

Vorbereitetes digitales Whiteboard, Folie mit den Erfolgsfaktoren; Folie mit den Zeiten

Ablauf

- Die Trainerin begrüßt die Teilnehmenden.
- Sie arbeitet mit der Gruppe die fünf Erfolgsfaktoren noch einmal auf.
- Sie stimmt sich mit den Teilnehmenden über den Tagesablauf ab.

Intro *„Herzlich willkommen zu unserer gemeinsamen Veranstaltung. Wir werden heute die ersten drei Erfolgsfaktoren beim Führen auf Distanz vertiefen. Damit wir diese noch einmal alle vor Augen haben, beginnen wir mit einer kurzen Wiederholung der fünf wichtigsten Schlüsselfaktoren.“*

Wiederholung Erfolgsfaktoren

Durchführung *„Können Sie sich noch an die Erfolgsfaktoren und die dazugehörigen Bewegungen erinnern?“*

Die Trainerin bittet die Teilnehmenden, die Erfolgsfaktoren in Verbindung mit der dazugehörigen Bewegung einmal zu wiederholen und öffnet dann erneut die Folie mit der Übersicht der Erfolgsfaktoren.

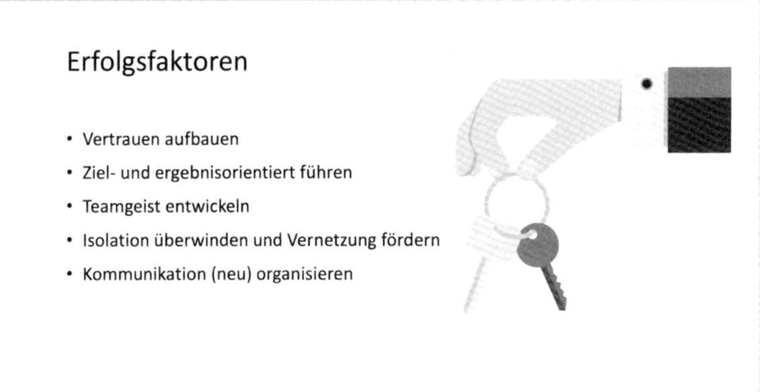

„Hier noch einmal die Erfolgsfaktoren im Überblick."

Klärung des Tagesablaufs

„Der zeitliche Ablauf unseres Tages, wird sich wie folgt gestalten:

Unsere Zeiten

8.30 – 11.30 Teil 1 – Live Online

- Vertrauen in virtuellen Teams aufbauen
- Ziel- und ergebnisorientiert führen

11.30 – 12.30 Transferaufgabe

12.30 – 13.30 Mittagspause

13.30 – 16.30 Teil 2 – Live Online

- Teamgeist entwickeln
- Transferaufgabe

„Wir werden uns bis 11.30 Uhr mit dem Erfolgsfaktor Vertrauen sowie mit der ziel- und ergebnisorientierten Führung beschäftigen. Für die Zeit von 11.30-12.30 Uhr erhalten Sie Transferaufgaben, die Sie in Eigenregie durchführen werden.

Nach der Mittagspause treffen wir uns um 13.30 Uhr wieder hier und machen weiter mit dem Erfolgsfaktor Teamgeist in virtuellen Teams. Zuletzt erhalten Sie wie gewohnt eine Transferaufgabe.

Doch nun starten wir zunächst mit einem persönlichen Check-in."

Check-in: Persönlicher Wetterbericht

Orientierung

Ziele

- Persönlicher, gemeinsamer Start in den Tag
- Aktivierung der Teilnehmenden
- Den Teilnehmenden eine Methode für den Start ihrer eigenen virtuellen Veranstaltungen an die Hand geben

Zeit

Insgesamt 10 Minuten

Rahmenbedingungen

- Galerieansicht
- Arbeit auf dem virtuellen Whiteboard

Material

Ggf. vorbereitete Folie auf dem Whiteboard

Ablauf

- Die Trainerin erklärt den Einstieg mit dem persönlichen Wetterbericht und gibt dazu ein Beispiel.
- Jede Person hat eine Minute Zeit, den eigenen Wetterbericht vorzutragen und dann den „Wetterfrosch" weiterzugeben.
- Die Trainerin erklärt den Nutzen eines solchen Einstiegs.

Erläuterung

Der persönliche Wetterbericht ist eine bei meinen Teilnehmenden sehr beliebte Methode, in Online-Seminaren gemeinsam in den Tag zu starten. Viele der Teilnehmenden nehmen sich im Anschluss vor, diese Methode für ihre Teams zu übernehmen.

Intro

„Wir starten mit einem kurzen Check-in, dem persönlichen Wetterbericht. Wie ist heute Ihr persönlicher Wetterbericht? Ich beginne gern mit meinem Wetterbericht, damit Sie eine Vorstellung davon bekommen, wie die Frage gemeint ist."

„Bei mir hat der Tag heute mit ein paar kleinen Schleierwolken begonnen, denn ich habe heute Morgen mit Erschrecken festgestellt, dass ich keinen Kaffee mehr im Hause habe. Zum Glück hat sich dann jedoch mein Partner bereit erklärt, schnell welchen vom Supermarkt nebenan holen zu gehen und die Wolken haben sich verzogen. Beim Blick auf unser gemeinsames Whiteboard habe ich dann gesehen, dass viele von Ihnen heute Morgen schon die Zeit genutzt haben, Ihre Eintragungen zu vervollständigen – und seitdem herrscht strahlender Sonnenschein und ich freue mich auf den heutigen Tag mit Ihnen.

Durchführung

Nun gebe ich den Wetterfrosch weiter und bin gespannt auf Ihre Wetterberichte."

Die Trainerin ruft nun einen Teilnehmenden namentlich auf, und bittet diesen, seinen persönlichen Wetterbericht zu teilen und im Anschluss den nächsten Wetterfrosch zu nominieren.

Abschluss

Am Ende weist sie noch einmal kurz darauf hin, dass dies nicht nur der Einstieg für dieses Modul ist, sondern gleichsam eine Möglichkeit, die die Teilnehmenden auch für ihre eigenen Meetings benutzen können.

Quelle

- Ich habe die Methode von meiner Trainerkollegin Daniela Englert in einem ihrer Workshops gelernt.

Was bisher geschah: Ergebnisse der letzten Transferaufgabe

Orientierung

Ziele

- Erinnerung an das Ziel
- Herausforderungen teilen
- Sichtbarmachen von Arbeitsprozessen
- Vernetzung schaffen und vernetztes Lernen ermöglichen

Zeit

Insgesamt 10 Minuten

Rahmenbedingungen

- Galerieansicht
- Virtuelles Whiteboard

Material

Die von den Teilnehmenden ausgefüllte Tabelle zu den Herausforderungen und Zielen aus der Auftaktveranstaltung wird auf dem Whiteboard abgelegt

Ablauf

- Die Trainerin öffnet die ausgefüllte Tabelle, alle Teilnehmenden lesen sich die Ziele aller Personen in der Tabelle durch.
- Die Teilnehmenden fügen dort, wo sie glauben, etwas zur Zielerreichung einer anderen Person beitragen zu können, ein Post-it mit ihrem Namen und einer kurzen Beschreibung des Hilfsangebotes in die Tabelle ein.
- Im Anschluss lesen sich alle ihre Hilfsangebote durch und machen sich hierzu eine kurze Notiz.

Intro *„Bevor wir in das erste Thema einsteigen, beginnen wir mit einem kurzen Rückblick."* – Die Trainerin zeigt auf dem Whiteboard die Ergebnisse der letzten Transferaufgabe.

Durchführung

„Bitte lesen Sie sich nun die Herausforderungen aller anderen Personen einmal durch. Dort, wo Sie das Gefühl haben, einen Schritt weiterhelfen zu können, hinterlassen Sie bitte ein Post-it mit Ihrem Namen und einer kurzen Beschreibung Ihres Angebotes. Das kann z.B. so lauten: Bettina: ‚Ich kann dir zeigen, wie wir im Team mit dem Tool XY arbeiten …'

Ihr Angebot muss nicht die vollständige Lösung des Problems, sondern kann vielmehr auch ein kleines Puzzleteil dazu sein. Sie haben dafür fünf Minuten Zeit."

Name	Welche Herausforderung sehe ich bei mir im Team im Zusammenhang mit Führen auf Distanz?	Welches Ziel setze ich mir diesbezüglich?	Woran erkenne ich, dass das Ziel erreicht wurde?	Wer kann mich dabei unterstützten?
Klaus **Anne:** Ich kann dir Tools zeigen, mit denen man Aufgaben sichtbar für alle machen kann.	Fehlender Austausch und unzureichende Kommunikation – Doppelarbeiten – Informationsdefizite – Fehler in der Bearbeitung	Regelmäßiger persönlicher Austausch, z.B. per Telefon oder Webkonferenz, um die Abstimmung zu verbessern.	Im Idealfall haben alle im Team das gleiche Verständnis zu der jeweiligen Aufgabe	Bereitschaft der Teammitglieder zur Zusammenarbeit und einem persönlichen Austausch ist erforderlich
Ursula **Matthias:** Ich habe eine tolle Struktur für ein regelmäßiges Teamtreffen, kann ich gerne teilen	Distanzierung der Menschen, verlorenes Teamgefühl, Interessen gehen verloren, Wir-Gefühl ist weg und damit einhergehend die Fehler der täglichen Arbeit	Menschen auch in der Distanz zeitweise punktuell zusammenbringen. Teambuilding, intensivere Abstimmung mit Kollegen.	Der Austausch unter den Mitgliedern funktioniert. WIR steht im Vodergrund, das ICH kommt danach	Alle am Prozess beteiligten. Verständnis haben/aufbringen. Mitmachen und offen sein. Austausch und Teambuilding annehmen.

Abb.: Von den Teilnehmenden ausgefüllte Tabelle auf dem Whiteboard mit Beispielantworten (siehe Transferaufgabe aus der Auftaktveranstaltung)

Nachdem die Teilnehmenden ihre Angebote in der Tabelle abgelegt haben, moderiert die Trainerin weiter:

„Ich danke Ihnen für Ihre großzügigen Angebote. Lesen Sie sich nun kurz Ihre Hilfsangebote durch und stellen Sie, wenn nötig, Verständnisfragen.

Bitte merken Sie sich die Namen der Personen gut, die Ihnen das Angebot gemacht haben und machen Sie sich gegebenenfalls eine Notiz auf Ihrem Ideenblatt. Nutzen Sie die Transferzeit bis zu unserem nächsten Treffen, um sich miteinander auszutauschen und Ihre Angebote einzulösen."

Hinweise

- Diese Übung soll die Vernetzung und das vernetzte Lernen innerhalb der Gruppe und auch außerhalb des virtuellen Klassenraums fördern.
- Das Sichtbarmachen, Verschriftlichen und die Kommunikation von Herausforderungen sollen zudem die Wahrscheinlichkeit für die Zielerreichung erhöhen.

Erfolgsfaktor Vertrauen aufbauen

Der erste Erfolgsfaktor, mit dem sich die Gruppe beschäftigen wird, ist „Vertrauen aufbauen". Vertrauen ist die Basis des Teamerfolgs. Insbesondere bestärkt es Menschen darin, Selbstverantwortung zu übernehmen und eigenständig Entscheidungen zu treffen. Es wirkt als Kitt in Teams, deren Mitglieder einander nur selten zu Gesicht bekommen. Nicht zuletzt stärkt es die Resilienz jedes Einzelnen und damit die Fähigkeit, mit besonderen Herausforderungen fertig zu werden. Es schafft somit dem Team Ressourcen, die für die Zusammenarbeit über Distanzen hinweg besonders wichtig sind.

Über Distanzen hinweg entsteht dieses Vertrauen allerdings nicht von allein. Vielmehr braucht es die besondere Aufmerksamkeit der Führenden, um zu wachsen und bewahrt werden zu können. Zu diesem Thema wird sich die Gruppe zwei verschiedene Aspekte dieses Erfolgsfaktors ansehen. Im ersten Schritt soll es um das Thema „Vertrauen allgemein und innerhalb des Teams" gehen. Im zweiten Schritt wird unter der Überschrift „Mikro- vs. Makromanagement" erörtert, was es braucht, um als Führungskraft das rechte Maß an Vertrauen und Kontrolle in einem verteilten Team zu finden.

Wem vertraue ich? Chat-Storm zum Einstieg in das Thema Vertrauen

Orientierung

Ziele

- Einstieg in das Thema Vertrauen
- Auswirkungen von Vertrauen und Misstrauen erkennen
- Die Bedeutung von Vertrauen als Basis des Teamerfolgs bewusst machen

Zeit

Insgesamt 15 Minuten

Rahmenbedingungen

- Galerieansicht
- Alle schreiben gleichzeitig in den Chat

Material

Dokument mit den vorbereiteten Fragen, die dann in den Chat kopiert werden können

Ablauf

- Die Trainerin stellt nacheinander drei Fragen:
  - Welchen Menschen in Ihrem Leben vertrauen Sie besonders?
  - Wie verhalten Sie sich Menschen gegenüber, denen Sie besonders vertrauen?
  - Wie verhalten Sie sich Menschen gegenüber, denen Sie misstrauen?
- Sie kopiert die jeweilige Frage in den Chat und bittet die Teilnehmenden, diese gleichzeitig im Chat zu beantworten.
- Nach jeder Frage fasst sie kurz die wesentlichen Botschaften zusammen und leitet zur nächsten Frage über.
- Im Anschluss reflektiert sie in einer kurzen Diskussion gemeinsam mit den Teilnehmenden, welche Auswirkungen Vertrauen bzw. mangelndes Vertrauen im Unternehmenskontext und innerhalb von Teams haben kann.

Durchführung

Die Trainerin lädt die vorbereitete Folie und erläutert die Reflexionsaufgabe zum Thema Vertrauen. Die drei Fragen sind am Anfang nicht zu sehen und werden nacheinander aufgeblendet.

Bildquelle: ©Depositphotos_336866692

„Zur Einstimmung auf das Thema werde ich Ihnen nun nacheinander drei Fragen stellen. Zur Beantwortung der Frage nutzen wir einen Chat-Storm. Dazu schreiben Sie einfach alles, was Ihnen zur Beantwortung der Frage durch den Kopf geht, in den Chat.

Die erste Frage lautet: Welchen Menschen in Ihrem Leben vertrauen Sie besonders?"

Nachdem die Teilnehmenden den Chat-Storm abgeschlossen haben, liest die Trainerin nach jeder Runde kurz alle Antworten vor und hinterfragt diese bei Bedarf.

Die meisten Aufzählungen beginnen mit Familienangehörigen, Kindern, Ehefrauen oder -männern und den Eltern. Darauf folgen dann häufig Personen aus dem engen Freundeskreis, gefolgt von Arbeitskollegen. Häufig werden auch hier schon Begründungen oder erste Hinweise zur Entstehung von Vertrauen genannt, wie z.B.: „Mit denen man besonders viel Zeit verbringt", „Die man schon sehr lange auch persönlich kennt" und so weiter.

Die Trainerin fasst kurz zusammen und leitet zur nächsten Frage über.

„Vielen Dank für Ihre Antworten. Wir können also feststellen, dass es im Leben der meisten Menschen eine Hierarchie des Vertrauens gibt, die

auch damit zusammenhängt, wie nah ihnen bestimmte Personen stehen, wie gut und wie lange diese persönlich bekannt sind.

In der zweiten Frage geht es darum, welche Auswirkungen das Vertrauen auf Ihre Interaktion mit diesen Menschen hat. Denken Sie dabei speziell über konkrete Beispiele Ihres Verhaltens im virtuellen Raum nach. Die Frage lautet: Wie verhalten Sie sich Menschen gegenüber, denen Sie besonders vertrauen?"

Häufige Antworten sind:

- Ich bin ehrlicher und direkter, greife eher einmal zum Telefonhörer.
- Ich sage frei heraus, was ich denke.
- Ich teile insgesamt gern und viele Informationen, schicke auch schon einmal vertrauliche Informationen per Mail.
- Ich gebe ihnen einen Vertrauensvorschuss, zeige mich z.B. auch mal ungeschminkt und ohne virtuellen Hintergrund.
- Ich helfe gerne in prekären Situationen.
- Die Kommunikation wird unkomplizierter, ich schreibe auch schon einmal schnell eine WhatsApp anstelle einer formellen E-Mail.

„Zuletzt überlegen Sie bitte noch, wie Sie sich im Gegensatz dazu gegenüber Menschen verhalten, denen Sie misstrauen. Denken Sie auch hier wieder an Verhaltensweisen in der virtuellen Zusammenarbeit nach."

Häufige Antworten sind hier:

- Ich werde vorsichtiger.
- Die Kommunikation wird formaler, ich schreibe eher E-Mails und nehme sicherheitshalber weitere Beteiligte in CC.
- Ich mache Dienst nach Vorschrift, ich benutze keine informellen Kommunikationswege.
- Ich versuche den Kontakt auf das Nötigste zu beschränken, melde mich wenig und gebe alle Anweisungen schriftlich.
- Ich sage nicht immer, was ich denke.
- Ich behalte mein Wissen eher für mich.
- Ich erzähle nichts, was mir schaden könnte.
- Ich kontrolliere mehr, lasse mir Ergebnisse schriftlich melden.
- Ich bin kritischer und hinterfrage mehr.

Zusammenfassung

Im Anschluss fasst die Trainerin die wichtigsten Nennungen noch einmal zusammen und formuliert die Auswirkungen, die ein hohes Misstrauen innerhalb eines Teams oder Unternehmens auf dieses haben kann.

„Halten wir uns nun also diese Punkte noch einmal vor Augen und stellen uns die Frage, welche Auswirkungen mangelndes Vertrauen im Unternehmenskontext hat oder, noch konkreter gefragt, in Ihrem Team?

Was passiert, wenn Menschen Informationen nicht teilen, mehr Zeit für Kontrolle investieren oder Dienst nach Vorschrift machen?

Die Antwort darauf lässt sich in drei Worten zusammenfassen: Es wird teuer, langwierig und unangenehm. Bei der Zusammenarbeit über Distanzen hinweg potenzieren sich diese Effekte, da die Kommunikation und Kontrolle schon aufgrund der Entfernungen aufwendiger sind.

Dort, wo Vertrauen fehlt, steigen die Transaktionskosten. Das bedeutet auch: Wenn Sie bewusst in den Aufbau einer Vertrauenskultur innerhalb Ihres Teams und Ihres Unternehmens investieren, so zahlt sich das aus."

Vortrag: Vertrauen zahlt sich aus

Orientierung

Ziele

Verdeutlichen, warum es sich lohnt, in eine Vertrauenskultur zu investieren

Zeit

Insgesamt 10 Minuten oder weniger

Rahmenbedingungen

Bildschirm teilen oder Präsentation auf dem Whiteboard zeigen

Material

Vorbereitete Folien

Ablauf

Die Trainerin hält den Vortrag „Vertrauen zahlt sich aus".

Durchführung

Die Trainerin hält einen kurzen Vortrag zum Thema Vertrauen und blendet dabei ihre vorbereiteten Sheets ein.

„Dass sich Vertrauen auszahlt, zeigen neben vielen anderen auch die wissenschaftlichen Studien von Prof. Dr. Antoinette Weibel. Sie forscht an der Universität St. Gallen zu diesem Thema. Ihren Studien zufolge beeinflusst Vertrauen die Leistungen von Mitarbeitenden in Unternehmen äußerst positiv. Man könnte auch sagen, es weckt Superheldenkräfte in Ihren Mitarbeitenden.

Es ermöglicht persönliches Wachstum, weil es zur Selbstständigkeit ermutigt und Raum für persönliche Entwicklung gibt. Vertrauen hilft Ihren Mitarbeitenden dabei, sich frei entfalten zu können, genau wie die Äste dieses beeindruckenden Baumes.

Es minimiert Komplexität, weil Absprachen auf dem kurzen Dienstweg getroffen werden können. Unnötige Kontrollmechanismen fallen weg.

Mitarbeitenden, denen Vertrauen entgegengebracht wird, gehen gern auch einmal die ‚Extrameile' oder anders ausgedrückt: Vertrauen schafft freiwilliges Arbeitsengagement, da Menschen, die einander vertrauen, sich in besonders herausfordernden Situationen auch über das ‚übliche' Maß hinaus unterstützen.

Es schafft Ressourcenzufluss, weil Informationen frei fließen können und großzügiger miteinander geteilt werden."

Quellen

- In Anlehnung an den Vortrag „Vertrauen performt" von Prof. Dr. Antoinette Weibel auf den PTT 2017 am 31.03.2017.

Bildquellen:
- 1. © Depositphotos_28423541
- 2. © Depositphotos_118608562
- 3. © Depositphotos_442509548
- 4. © Depositphotos_77528856
- 5. © Depositphotos_34635755

Übung: Vertrauensskala im Team

Orientierung

Ziele

- Reflexion der eigenen Vertrauensneigung
- Teilnehmende erkennen, welche Verhaltensweisen sie selbst brauchen, um Vertrauen aufzubauen
- Erleben, wie stark sich die Vertrauensneigung von Menschen unterscheiden kann
- Benennen von ersten konkreten vertrauensfördernden Verhaltensweisen

Zeit

Insgesamt 25 Minuten

Rahmenbedingungen

- Galerieansicht
- Virtuelles Whiteboard

Material

- Vorbereitete PowerPoint-Folie mit abgebildeter Vertrauensskala
- Folie „Vertrauensfördernde Verhaltensweisen"

Ablauf

- Die Trainerin führt in das Prinzip der Vertrauensneigung ein.
- Die Teilnehmenden bewerten ihre eigene Vertrauensneigung auf einer Skala von 1-10
- Die Trainerin befragt die beiden Teilnehmenden, die sich auf dem niedrigsten und auf dem höchsten Skalenwert positioniert haben, ...
  - nach Gründen für die Positionierung,
  - was sie in der virtuellen Zusammenarbeit benötigen, um Vertrauen aufzubauen bzw. nicht zu verlieren.

Intro Die Trainerin moderiert eine Übung an, um die Teilnehmenden für vertrauensfördernde Verhaltensweisen in der virtuellen Zusammenarbeit zu sensibilisieren.

„Wenn also der Aufbau von Vertrauen in der virtuellen Zusammenarbeit einen so hohen Stellenwert einnimmt, ist es wichtig, Zeit und Mühe in den bewussten Aufbau von Vertrauen in Ihrem Team zu investieren. Dazu sehen wir uns zunächst an, wie Vertrauen entsteht. Ich möchte Sie nun zu einer kleinen Übung einladen."

Durchführung

Zur Vorbereitung dieser Übung bereitet die Trainerin eine Folie mit einer Vertrauensskala auf dem Whiteboard oder der Pinnwand vor.

„Zunächst geht es um die grundsätzliche Vertrauensneigung, die wir im Laufe der Jahre entwickeln. Wie Sie sich vielleicht vorstellen können, ist sie nicht bei jedem gleich ausgeprägt, und das wiederum hat Auswirkungen darauf, wie gegenseitiges Vertrauen aufgebaut werden kann.

Ich möchte Sie daher in dieser Übung dazu einladen, einmal Ihre persönliche Vertrauensneigung auf einer Skala von 1-10 einzuschätzen. Die Zahlen von 1-10 kennzeichnen die Ausprägung Ihrer Vertrauensneigung. Die Zahl 10 steht für eine hohe Vertrauensneigung. Aussagen einer Führungskraft auf diesem Wert könnten z.B. sein: ‚Ich gebe grundsätzlich jedem Mitarbeitenden erst mal einen Vertrauensvorschuss.' Die Zahl 1 steht für eine geringe Vertrauensneigung und beschreibt eine Führungskraft, zu der Sätze wie ‚Vertrauen ist gut, Kontrolle ist besser' oder ‚Vertrauen muss man sich bei mir erst erarbeiten' passen könnten.

Bitte überlegen Sie kurz, wo Sie sich selbst sehen, und dann platzieren Sie ein Post-it mit Ihrem Namen an der entsprechenden Stelle."

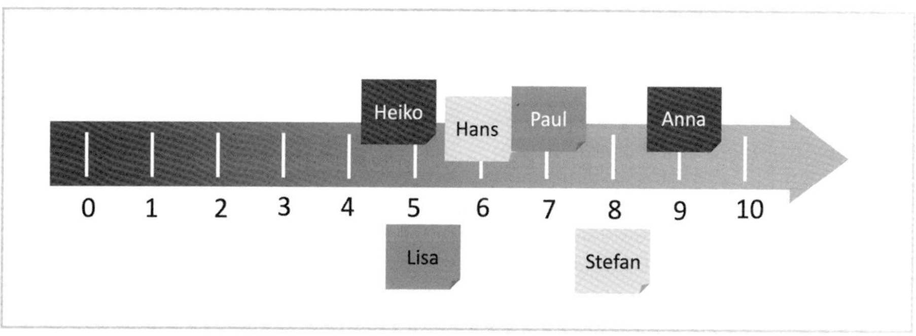

Abb.: Beispielantworten der Teilnehmenden auf der Vertrauensskala

Die Trainerin wartet nun ab, bis alle Teilnehmenden ihre Wahl getroffen haben. Meist gibt es eine recht hohe Bandbreite von Menschen mit einer sehr hohen Vertrauensneigung bis zu Menschen mit einer eher niedrigen Vertrauensneigung. Die Erkenntnis, dass es hier deutliche Unterschiede gibt, ist für die meisten Beteiligten der erste Aha-Moment.

Nachdem die Gruppe ihre Wahl getroffen hat, spricht die Trainerin die Teilnehmenden auf den Außenpositionen an, um zu ergründen, was es auf der jeweiligen Position braucht, um vertrauen zu können. Sie beginnt mit der Person mit der geringsten Vertrauensneigung. Beiden Personen stellt sie die folgenden Fragen:

- *Aus welchem Grund haben Sie sich hier positioniert?*
- *Wie äußert sich diese Vertrauensneigung in der virtuellen Zusammenarbeit?*
- *Wenn ich Ihre Mitarbeiterin wäre, was müsste ich tun, um mir Ihr Vertrauen zu verdienen (auf den niedrigen Skalenwerten)?*
- *Was müsste ich unterlassen, um Ihr Vertrauen nicht zu verlieren (auf den hohen Skalenwerten)?*
- *Woran würden Sie in der virtuellen Zusammenarbeit erkennen, dass …?*
- *Was noch …?*

Typische Antworten der Teilnehmenden sind:

Mir ist wichtig, dass …

- ich mich auf meinen Mitarbeitenden verlassen kann. Ich erkenne das daran, dass er mich bei wichtigen Dingen in CC nimmt und mir regelmäßig Updates per E-Mail gibt.
- Aufgaben rechtzeitig erledigt werden und im Projektmanagement-Tool zur vereinbarten Zeit die Erledigung der Aufgabe markiert wird, ohne dass ich daran erinnern muss.
- man mir ehrlich sagt, wenn etwas schiefgelaufen ist, und der Mitarbeitende den Telefonhörer in die Hand nimmt, um mich persönlich anzusprechen.
- mein Mitarbeitender mir im persönlichen Telefonat oder einer Videokonferenz unter vier Augen offen die Meinung sagt.
- die Mitarbeitende mich wissen lässt, wenn sie eine Aufgabe nicht rechtzeitig oder in der nötigen Qualität erledigen kann.
- der Kollege sich in schwierigen Situationen flexibel zeigt und beispielsweise auch einmal außerhalb der üblichen Arbeitszeit eine Aufgabe erledigt.
- die Mitarbeitende sich über einen langen Zeitraum als vertrauenswürdig erwiesen hat.

Hinweise

- Anders als bei der im Präsenzformat dargestellten Verfahrensweise, befrage ich hier nur die beiden Personen, die sich auf den niedrigsten und höchsten Skalenwerten platziert haben. Dies geschieht aus Zeitgründen.
- Sollten Sie mehr Zeit zur Verfügung haben, ist es sehr wertvoll, auch die Stimmen der anderen Teilnehmenden zu hören und kurze Diskussionen zu dem Thema zuzulassen.

Abschlussvortrag

Die Trainerin fasst die wichtigsten Aussagen der Teilnehmenden nochmals zusammen und leitet über zum interaktiven Vortrag zum Thema vertrauensfördernde Verhaltensweisen.

„Wie in der Übung gerade deutlich geworden ist, gibt es bestimmte Verhaltensweisen, die das gegenseitige Vertrauen fördern. Selbstverständlich ist es hilfreich, dies innerhalb eines Teams voneinander zu wissen und miteinander zu diskutieren. Hier sehen Sie noch einmal die wichtigsten dieser Verhaltensweisen im Überblick.

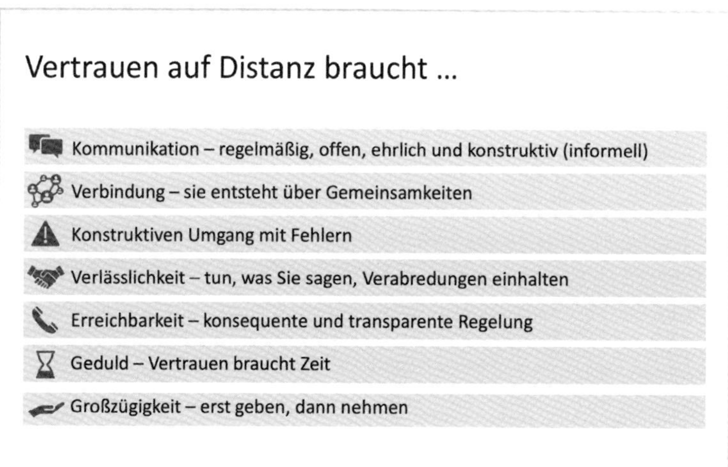

Wie aus vielen Ihrer Äußerungen hervorgegangen ist, nimmt die Kommunikation einen wichtigen Stellenwert ein. Regelmäßige Kommunikation ist insbesondere in verteilten Teams oft eine Herausforderung, da zuweilen alle zu unterschiedlichen Zeiten und natürlich an unterschiedlichen Orten arbeiten. Offenheit haben ebenfalls einige von Ihnen im Zusammenhang mit dem Wunsch nach einer ehrlichen Meinung des Ge-

genübers genannt. Außerdem ist es sehr wichtig, dass es einen Raum für informelle Kommunikation gibt, da auch diese in virtuellen Teams nicht von allein entsteht, sondern bewusst initiiert werden muss.

Verbindung schafft Vertrauen, sie entsteht über Gemeinsamkeiten, die Menschen miteinander teilen. Als Führungskraft haben Sie also die Aufgabe, Gelegenheiten für das Entdecken und die Pflege von Gemeinsamkeiten zu schaffen. Erinnern Sie sich bitte in diesem Zusammenhang an unsere allererste Übung - Geheime Drillinge. Sie war bewusst gewählt, um Vertrauen innerhalb dieser Gruppe aufzubauen.

Der offene Umgang mit Fehlern war von Ihnen ebenfalls angesprochen worden. Gerade in der virtuellen Zusammenarbeit können Fehler leicht unbemerkt bleiben oder vertuscht werden, sofern keine gute Fehlerkultur im Team besteht. Gehen Sie also konstruktiv und offen mit Fehlern um – auch mit den eigenen.

Auch das Thema Verlässlichkeit haben viele von Ihnen angesprochen. Hier gilt es, zuallererst als gutes Beispiel voranzugehen und im Gegenzug auch gegenseitige Verlässlichkeit innerhalb des Teams einzufordern.

Fehlende Erreichbarkeit ist ein Vertrauenskiller. Stellen Sie also klare Regeln für Ihre eigene Erreichbarkeit und die des Teams auf. Konsequente Erreichbarkeit bedeutet dabei nicht, dass Sie oder Ihre Teammitglieder ständig erreichbar sein müssen. Es bedeutet lediglich, dass es eine transparente Regelung dafür geben sollte.

Nicht zuletzt braucht Vertrauen insbesondere für diejenigen mit einer eher geringen Vertrauensneigung auch Geduld. Es kann nicht eingefordert oder angeordnet werden. Es kann jedoch aufgebaut und gepflegt werden.

Großzügigkeit hilft Ihnen dabei, wie diejenigen unter Ihnen mit einer hohen Vertrauensneigung sicher bestätigen können. Viele Führungskräfte, die ihren Mitarbeitenden gern einen Vertrauensvorschuss geben, haben mir bestätigt, dass dieses Verhalten häufiger belohnt, als enttäuscht wurde. Vertrauen Sie also ruhig darauf, dass Ihre Mitarbeitenden auch ohne Ihre ständige Anwesenheit ihre Aufgaben gut erledigen werden."

Quelle ▶ In Anlehnung an den Vortrag „Vertrauen performt" von Prof. Dr. Antoinette Weibel auf den PTT 2017 am 31.03.2017.

Reflexion und Praxistransfer: Vertrauen im virtuellen Team fördern

Orientierung

Ziele

- Die vertrauensfördernden Maßnahmen in konkrete Verhaltensweisen in der virtuellen Zusammenarbeit übersetzen
- Umsetzungsvorhaben für das eigene Team bilden

Zeit

Insgesamt 15 Minuten

Rahmenbedingungen

- Galerieansicht
- Virtuelles Whiteboard

Material

Vorbereitete PowerPoint-Folie mit vertrauensfördernden Verhaltensweisen

Ablauf

- Die Trainerin fordert die Teilnehmenden auf, für jede vertrauensfördernde Verhaltensweise konkrete Beispiele aus der virtuellen Zusammenarbeit zu nennen.
- Alle finden in einem stillen, fünfminütigen Brainstorming gleichzeitig Antworten und halten diese auf dem Whiteboard fest.

Durchführung

Die Trainerin zeigt die vorbereitete Folie und leitet zum Praxistransfer über.

„Jetzt gilt es, das Gelernte in die Praxis zu übersetzten. Mit Blick auf die vertrauensfördernden Verhaltensweisen und dem Wissen darüber, was Sie selbst brauchen, um Vertrauen aufzubauen, möchte ich Sie nun bitten, einmal zu überlegen, was Sie ganz konkret tun können, um das Vertrauen in Ihrem virtuellen Team zu stärken oder zu bewahren.

© managerSeminare

Abb.: Folie Vertrauensbildende Maßnahmen auf dem Whiteboard

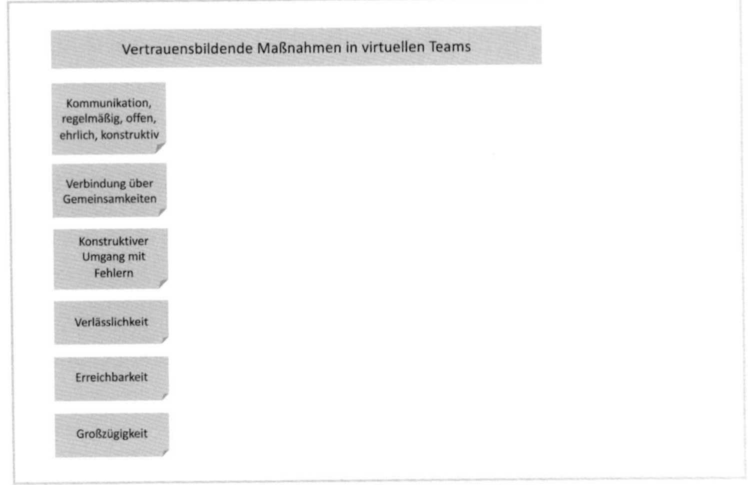

Ich habe Ihnen hierzu eine Folie vorbereitet und möchte Sie nun bitten, jeder für sich zu überlegen, was das sein könnte und Ihre Antworten auf die Frage auf einem virtuellen Kärtchen festzuhalten.

Bitte halten Sie Ihre Gedanken hierzu auf dem Whiteboard fest. Sie haben 10 Minuten Zeit dazu."

Abb.: Die Teilnehmenden schreiben ihre Gedanken auf

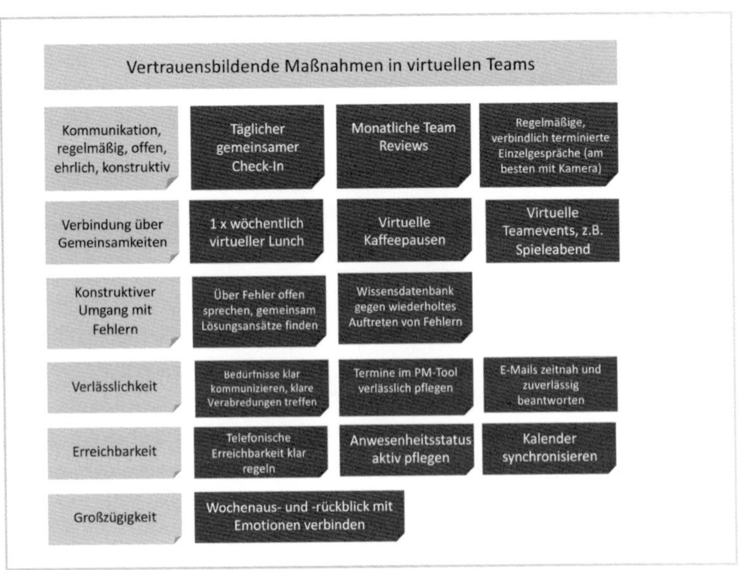

Nach Abschluss des Brainstormings gehen die Teilnehmenden alle Antworten nochmals durch.

Transferaufgabe: Vertrauen aufbauen

Orientierung

Ziele

- Den Praxistransfer sicherstellen
- Konkrete Umsetzungsvorhaben für das eigene Team formulieren

Zeit

Insgesamt 10 Minuten während des Trainings und 20 Minuten während der Transferzeit

- 10 Minuten Input
- 10 Minuten für den Transferplan
- 10 Minuten Kollegialer Austausch

Rahmenbedingungen

- Transferaufgabe in Einzelarbeit
- Virtuelles Whiteboard

Material

- Vorbereitete PowerPoint-Folie mit vertrauensfördernden Verhaltensweisen
- Vorbereiteter Umsetzungsplan

Ablauf

- Die Teilnehmenden suchen sich maximal drei vertrauensfördernde Maßnahmen aus, die sie in ihrem Team einführen oder intensivieren wollen.
- Die Trainerin erläutert, wie Maßnahmen zu Umsetzungsvorhaben umformuliert werden.
- Die Teilnehmenden nutzen die Transferzeit, um in Einzelarbeit eigene Umsetzungsvorhaben zu bilden.

Erläuterung

Die Transferaufgabe wird während der Transferzeit umgesetzt. Ich stelle sie in meinem üblichen Trainingsdesign erst nach Abschluss des zweiten Moduls. Hier im Buch stelle ich sie dennoch an dieser Stelle vor, falls Sie eine andere Abfolge oder zeitliche Aufteilung der Module wählen sollten.

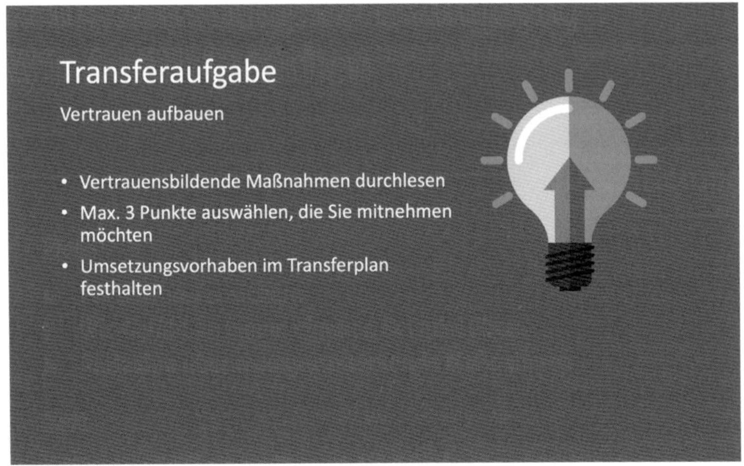

Input *„Bitte lesen Sie sich die vertrauensbildenden Maßnahmen in virtuellen Teams in Ruhe durch. Stellen Sie sich beim Durchlesen die Frage: ‚Was könnte ich in meinem virtuellen Team noch einführen oder intensivieren?' Bitte wählen Sie maximal drei Punkte aus, die Sie im Nachgang in Ihrem Team angehen wollen. Übertragen Sie sich die Inhalte der jeweiligen Karte in Ihren Transferplan und definieren Sie erste Umsetzungsschritte."*

Die Trainerin lädt den Umsetzungsplan und erklärt das Beispiel.

Abb.: Tabelle mit einem Beispiel für Eintragungen im Umsetzungsplan auf dem Whiteboard

Namen	Maßnahmen	Vorhaben	Bis wann?
Beispiel: Max Mustermann	Telefonische Erreichbarkeit klar regeln	Einheitliche Regeln für die telefonische Erreichbarkeit mit dem Team diskutieren und vereinbaren.	Nächstes Meeting am Montag
	Regelmäßige, verbindlich terminierte Einzelgespräche (am besten mit Kamera)	Zwei Stunden in der Woche reservieren, die für Einzelgespräche bei Bedarf zur Verfügung stehen. Kommunikation an das Team.	Immer Freitags 13-15 Uhr. Kommunikation an das Team im Meeting am Montag.

Ein Beispiel: Max Mustermann hat sich z.B. überlegt, dass es bei ihm im Team wichtig ist, die Erreichbarkeit klar zu regeln. Bisher ist es nämlich so, dass bestimmte Personen immer zu erreichen sind und andere nur sehr selten ans Telefon gehen. Er nimmt sich daher vor, das Thema beim nächsten Meeting auf die Agenda zu nehmen und gemeinsam mit seinem Team einheitlich zu regeln.

Außerdem gibt es derzeit bei ihm im Team wenig Raum für Einzelgespräche. Er wird daher in seinem Kalender künftig zwei Stunden in der Woche für Einzelgespräche reservieren. Diese wird er in seinem geteilten Kalender kennzeichnen, sodass seine Teammitglieder sich bei Gesprächsbedarf einfach in diese Zeiten einbuchen können.

Durchführung

Die Trainerin formuliert die Transferaufgaben:

- *„Bitte nehmen Sie sich während der Transferzeit etwa 10 Minuten Zeit, ein eigenes Umsetzungsvorhaben zu bilden.*
- *Suchen Sie sich im nächsten Schritt einen anderen Teilnehmenden, mit dem Sie sich zu Ihrem Vorhaben austauschen können. Planen Sie für diesen Austausch etwa 15 Minuten ein."*

Modul 2

Ziel- und ergebnisorientiert führen

Überblick und Zeitkalkulation

Thema/Übung	Dauer	Seite
Erfolgsfaktor Ziel- und ergebnisorientiert führen Einstieg und Bewegungsübung: Ziel- und ergebnisorientiert führen	 15	93 94
Vortrag: Ziel- und ergebnisorientiert führen & Brainstorming: Ergebnisse sichtbar machen	30	97
Transferaufgabe: Ziel- und ergebnisorientierte Führung einüben und Arbeitsprozesse sichtbar machen	5	102
Puffer	5	
Transferzeit	90	

Erfolgsfaktor Ziel- und ergebnis-orientiert führen

Bei der Einführung von mobilem Arbeiten stellen Führungskräfte sich häufig die Frage, wie sie sicher sein können, dass außerhalb des Büros auch alle Arbeit erledigt wird, die erledigt werden soll. Hierzu vermitteln verschiedene Stundenergebnisse, dass Mitarbeitende im Homeoffice eher mehr Zeit als weniger mit der Arbeit verbringen. Ausnahmen kann es natürlich geben, jedoch ist die reine Anwesenheit einer Person im Büro ja kein Garant für eine gute Arbeitsleistung.

Eng mit diesem Thema verbunden ist die Frage, was das rechte Maß zwischen Vertrauen und Kontrolle ist. Dieses zu finden, ist gar nicht so leicht, vor allem deswegen, weil es einerseits Aufgabe von Führung ist, ein gewisses Maß von Kontrolle auszuüben und andererseits das gegenseitige Vertrauen durch bestimmte Formen von Kontrolle geschwächt werden kann. Im Kern geht es hierbei um die Frage, ob sich die Mitarbeitenden von den Kontrollmaßnahmen durch die Führungskraft eher unterstützt oder überwacht fühlen. Letzteres führt zu einem Verlust von Vertrauen und einer Verringerung der Motivation der Mitarbeitenden.

Der Schlüssel dafür, ein gutes Maß zu finden, liegt in der ziel und ergebnisorientierten Führung, bei der es die Aufgabe der Führungskraft ist, gemeinsam mit dem Team Ziele zu definieren und Ergebnisse sichtbar zu machen.

Einstieg und Bewegungsübung: Ziel- und ergebnisorientiert führen

Orientierung

Ziele

- Die Bedeutung der zielorientierten Führung verdeutlichen
- Teilnehmende aktivieren

Zeit

Insgesamt 15 Minuten

- 5 Minuten Bewegungsübung
- 10 Minuten Reflexion

Rahmenbedingungen

- Galerieansicht
- Virtuelles Whiteboard

Material

Vorbereitete PowerPoint-Folie für Brainstorming der Teilnehmenden

Ablauf

- Die Teilnehmenden stehen auf, strecken den linken Arm aus und drehen sich, so weit sie können, über die linke Schulter nach hinten.
- Nun merken sie sich den Punkt, den sie maximal erreichen konnten und drehen sich wieder zurück.
- Die Trainerin fordert dazu auf, die Übung zu wiederholen und dabei zu versuchen, sich noch etwas weiter zu drehen. Wie viel weiter, legt jeder Teilnehmende vorher für sich fest.
- Die Trainerin leitet in das Thema ziel- und ergebnisorientierte Führung ein.

Intro *„Im Zusammenhang mit der Führung virtueller Teams stellen Führungskräfte sich häufig die Frage, was das rechte Maß zwischen Vertrauen und Kontrolle ist. Dieses zu finden, ist gar nicht so leicht, vor allem deswegen, weil es einerseits Aufgabe von Führung ist, ein gewisses Maß an*

Kontrolle auszuüben und andererseits das gegenseitige Vertrauen durch bestimmte Formen von Kontrolle geschwächt werden kann. Im Kern geht es hierbei um die Frage, ob sich der Mitarbeitende von den Kontrollmaßnahmen durch die Führungskraft eher unterstützt oder überwacht fühlt. Letzteres führt zu einem Verlust von Vertrauen und einer Verringerung der Motivation von Menschen.

Der Schlüssel dafür, ein gutes Maß zu finden, liegt in der ziel- und ergebnisorientierten Führung, bei der es die Aufgabe der Führungskraft ist, gemeinsam mit dem Team Ziele zu definieren und damit zusammenhängende Erwartungen an Ergebnisse klar zu formulieren. Um noch etwas deutlicher zu machen, was genau ich damit meine, möchte ich Sie zu einer kleinen Übung einladen."

Bewegungsübung Ziel- und ergebnisorientiert führen

Durchführung

Die Trainerin bittet nun die Gruppe, einmal vom Stuhl aufzustehen. Alle stellen die Füße schulterbreit auf, sodass ein sicherer Stand gewährleistet ist. Dann moderiert sie die Übung:

„Wir machen nun eine Übung, die Ihnen etwas Bewegung verschaffen soll, um der einseitigen Sitzhaltung entgegenzuwirken. Strecken Sie nun Ihren linken Arm nach vorn aus. Als Nächstes drehen Sie sich über die linke Schulter nach hinten, wobei die Hüfte sich nicht mitdreht, sondern nach vorn ausgerichtet bleibt. Drehen Sie sich so weit nach hinten, wie es für Sie möglich ist, ohne dabei Verletzungen zu riskieren. Wenn Sie die maximale Drehung erreicht haben, merken Sie sich bitte den Punkt, auf den Ihr Zeigefinger nun zeigt und drehen sich dann wieder nach vorne."

Nachdem alle Teilnehmenden sich wieder in Richtung Kamera gedreht haben, fährt die Trainerin fort.

„Wir wiederholen nun gleich die Übung mit dem Ziel, diesmal einen Punkt zu treffen, der noch etwas weiter links liegt. Bevor Sie damit beginnen, können Sie sich dafür selbst ein konkretes Ziel setzen."

Die Trainerin spricht nun einzelne Teilnehmende an und fragt, wie viele zusätzliche Zentimeter sie sich bei dieser Runde zutrauen. Dann wiederholen alle Teilnehmenden die Übung mit ihrem individuellen Ziel.

Nachdem alle Teilnehmende sich wieder in Richtung Kamera gedreht haben, fragt die Trainerin in die Runde, wer es geschafft hat, in dieser Runde noch weiterzukommen. Meistens trifft das auf die gesamte Gruppe zu.

Auswertung

Was können wir daraus über die ziel- und ergebnisorientierte Führung lernen? Die Trainerin stellt die Frage in die Runde und holt ein bis zwei Wortmeldungen der Teilnehmenden ein.

Im Kern geht es darum, Ziele, gemeinsam klar zu formulieren, da dies dazu führt, dass der Erfolg und die Zielerreichung größer sind als bei unklarer Zielformulierung. Die gemeinsame Formulierung erhöht zudem die Beteiligung und somit auch die Motivation.

Vortrag: Ziel- und ergebnisorientiert führen & Brainstorming: Ergebnisse sichtbar machen

Orientierung

Ziele

- Die Bedeutung der ziel- und ergebnisorientierten Führung verdeutlichen
- Ziele und gewünschte Ergebnisse klar formulieren können
- Die Bedeutung der Sichtbarkeit von Ergebnissen erkennen
- Im Unternehmen vorhandene Tools in den Überblick bringen und neue Umsetzungsideen entwickeln

Zeit

Insgesamt 30 Minuten

- 10 Minuten Vortrag Zielorientierung
- 5 Minuten Vortrag Ergebnisse sichtbar machen
- 5 Minuten Brainstorming Ergebnisse sichtbar machen
- 10 Minuten Auswertung

Rahmenbedingungen

- Galerieansicht
- Virtuelles Whiteboard

Material

- Vorbereitete PowerPoint-Folie mit hilfreichen Fragen für das Formulieren gewünschter Ziele und Ergebnisse
- Vorbereitete Beispielformulierungen
- Vorbereitete Folie „Ergebnisse sichtbar machen"
- Vorbereitete Folie für das Brainstorming

Ablauf

- Die Trainerin führt in das Thema Ziel- und ergebnisorientierte Führung ein.
- Sie erklärt wichtige Aspekte zur zielorientierten Steuerung eines Arbeitsprozesses anhand eines praktischen Beispiels.

© managerSeminare

- Im Anschluss erfolgt ein kurzer Input zur Bedeutung der Sichtbarkeit von Arbeitsprozessen und Ergebnissen in virtuellen Teams.
- Die Teilnehmenden listen Möglichkeiten des Sichtbarmachens von Arbeitsprozessen im virtuellen Raum auf.

Vortrag: Ziel- und ergebnisorientiert führen

Durchführung

„Wir werfen nun einen Blick auf den nächsten Erfolgsfaktor, die ziel- und ergebnisorientierte Führung. Auch dieser Faktor ist in jeder Form der Zusammenarbeit wünschenswert, gewinnt jedoch in der Zusammenarbeit über Distanzen hinweg eine besondere Bedeutung, weil Teammitglieder sich nicht ständig sehen und nur schwer mitbekommen, wer gerade woran arbeitet.

Daher ist es eine wichtige Aufgabe der Führungskraft, Ziele und Erwartungen klar und gemeinsam mit dem Team zu formulieren und außerdem Arbeitsfortschritte sichtbar zu machen.

Für die klare Formulierung Ihrer Ziele und Erwartungen habe ich Ihnen einige hilfreiche Fragen mitgebracht, die Ihnen dabei helfen können, gemeinsame Arbeitsprozesse optimal gestalten zu können."

Die Trainerin zeigt die Folie „Hilfreiche Fragen" und erläutert die einzelnen Punkte.

Hilfreiche Fragen

- Was erwarten Sie quantitativ und qualitativ von der Arbeit Ihrer Mitarbeitenden?
- Wie können Sie ein gemeinsames Verständnis dieser Kriterien sicherstellen?
- Wie soll das Ergebnis vorliegen und bis wann?
- Welchen Gestaltungsspielraum hat der Mitarbeitende?
- Was soll geschehen, wenn es Abweichungen auf dem Weg zum Ziel gibt?

„Ich werde Ihnen nun die wichtigsten Punkte anhand eines Beispiels erklären. Nehmen wir einmal an, es ist kurz vor Weihnachten. Ihr Team wünscht sich auch in diesem Jahr eine gemeinsame Weihnachtsfeier. Sie übergeben die Planung der Weihnachtsfeier an Ihren Mitarbeitenden, Herrn Müller. Im ersten Schritt wollen Sie sich einen Überblick über mögliche Optionen verschaffen.

Zunächst ist es wichtig, dass Sie präzise definieren, was genau Sie von Herrn Müller erwarten. Dabei hilft es Ihnen, Qualität und Quantität so genau wie möglich zu beschreiben bzw. gemeinsam zu definieren.

Die Weihnachtsfeier

- Drei Angebote für eine Weihnachtsfeier einholen
- Vorherige virtuelle Absprache über wesentliche Rahmenbedingungen: z.B. Budget, Location, Ablauf der Veranstaltung. Punkte, die das Angebot enthalten soll
- Datum XY
- Innerhalb der folgenden Rahmenbedingungen kann frei entschieden werden: ...
- Kurzer Anruf, falls Zeitrahmen nicht eingehalten werden kann oder Budget nicht ausreicht.

Für unser Beispiel könnte das bedeuten, dass Sie zunächst zusammen mit Herrn Müller die Arbeitsschritte definieren. Im ersten Schritt kann es z.B. darum gehen, mögliche Optionen zu recherchieren und drei konkrete Angebote einzuholen, die ein gewisses Budget nicht überschreiten.

Die Angebote sollen in schriftlicher Form vorliegen und wesentliche Rahmenbedingungen, wie z.B. den Ort der Veranstaltung, den Preis, die Dauer und den Ablauf, enthalten.

Innerhalb dieser Rahmenbedingungen hat Ihr Mitarbeitender freie Entscheidungsgewalt. Falls es Probleme geben sollte, soll sich Ihr Mitarbeitender kurz telefonisch bei Ihnen melden, damit Sie die weitere Vorgehensweise miteinander abstimmen können.

© managerSeminare

Das Ergebnis soll bis spätestens zum Datum XY im Projektmanagement-Tool Asana hochgeladen werden.

Um ein gemeinsames Verständnis der Aufgabe sicherzustellen, terminieren Sie ein kurzes Online-Meeting, in dem Sie Ihre Wünsche äußern und Herr Müller Zeit hat, seine Fragen zu stellen."

Brainstorming: Ergebnisse sichtbar machen

Für die ergebnisorientierte Führung ist es wichtig, dass Arbeitsprozesse und Arbeitsergebnisse für das Team sichtbar und transparent sind. Ist das nicht der Fall, hat das zur Folge, dass es Doppelarbeiten, Dokumenten-Pingpong und andere Ineffizienzen in der Teamarbeit gibt. Zu diesem Zwecke sind virtuelle Tools wie beispielsweise virtuelle Kanban Boards oder Trello geeignet. Aus dem Grund verschafft sich jeder Teilnehmende einen Überblick darüber, wie er/sie das derzeit in seinem/ihrem Team organisiert.

„Bitte nehmen Sie sich nun fünf Minuten Zeit, die wichtigsten Dinge und Tools auf Post-its zu notieren, die Sie für das Sichtbarmachen von Arbeitsprozessen und Ergebnissen nutzen. Bitte legen Sie die Antworten auf dem vorbereiteten Feld ab."

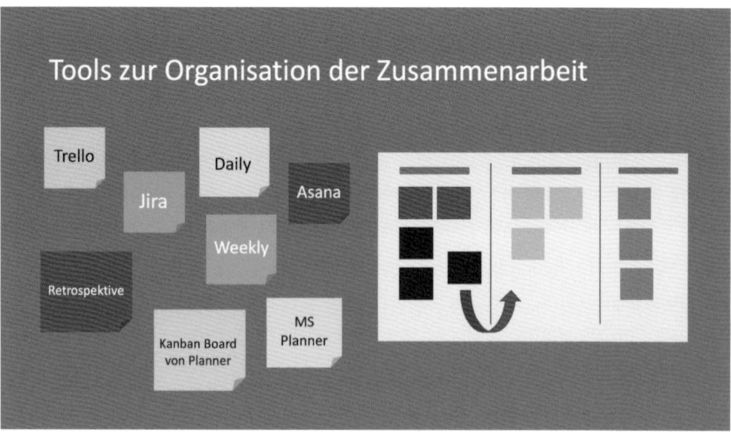

Abb.: Tools zur Organisation der Zusammenarbeit. Beispielantworten der Teilnehmenden zu den vorhandenen Tools im eigenen Unternehmen.

Auswertung

In der Auswertung bittet die Trainerin alle Teilnehmenden, sich alle Ergebnisse einmal durchzulesen und ggf. Fragen zu stellen, wenn ihnen ein Tool oder dessen Nutzung unbekannt ist.

Hinweise

- Es passiert öfters, dass es in Unternehmen viele Tools gibt, deren Existenz oder Funktionalität nicht allen Teilnehmenden bekannt ist. Insbesondere dann ist diese Übung besonders hilfreich.
- Sollte eine Person in der Gruppe ein Tool besonders intensiv nutzen und eine andere Person großes Interesse signalisieren, kann die Trainerin an dieser Stelle dazu ermutigen, sich außerhalb der Trainingszeiten zum gegenseitigen Austausch zu verabreden.

Quelle

- Vortragsinhalt in Anlehnung an:
  Herrmann, D., Hüneke, K., Rohrberg, A. (2012): Führung auf Distanz. Mit virtuellen Teams zum Erfolg. Springer Gabler Verlag, 2. Aufl.

Transferaufgabe: Ziel- und ergebnisorientiere Führung einüben und Arbeitsprozesse sichtbar machen

Orientierung

Ziele

- Praxistransfer sichern
- Zielorientierte Formulierungen an einem eigenen Beispiel üben
- Reflexion über die Sichtbarkeit von Arbeitsprozessen

Zeit

5 Minuten Erklärung während des Trainings und 25 Minuten während der Transferzeit

- 10 Minuten eigenes Beispiel vorbereiten
- 15 Minuten Austausch und Feedback mit einem Kollegen

Rahmenbedingungen

- Galerieansicht
- Virtuelles Whiteboard

Material

Vorbereitete PowerPoint-Folie für Transferaufgabe

Ablauf

- Die Teilnehmenden erhalten die Aufgabe, die „hilfreichen Fragen“ aus dem Vortrag Ziel- und ergebnisorientiert führen auf ein eigenes Praxisbeispiel anzuwenden.
- Im nächsten Schritt tauscht sich jede Person mit einem weiteren Teilnehmenden aus und holt sich Feedback zur eigenen Formulierung ein.

Intro

„Während der Transferzeit möchte ich Sie bitten, das Beispiel ‚Die Weihnachtsfeier' auf Ihre Praxis zu übertragen. Überlegen Sie sich hierzu eine passende Situation, bei der sich das für Sie lohnen könnte. Das kann sowohl ein bestimmtes Projekt sein, wie im Fall unserer Weihnachtsfeier, als auch eine bestimmte Aufgabe, mit deren Umsetzung Sie aktuell noch nicht ganz zufrieden sind. Nehmen Sie sich hierfür etwa 10 Minuten Zeit.

Überlegen Sie außerdem, welche Arbeitsprozesse und Ergebnisse in Ihrem Team noch zu wenig sichtbar sind. Fragen Sie, wenn möglich, auch in Ihrem Team nach. Halten Sie auch Ihre Gedanken hierzu in Form von Umsetzungsvorhaben im Transferplan fest."

Transferaufgabe

Ziel- und ergebnisorientiertes Führen

- Führen Sie die Ziel- und Erwartungsklärung mithilfe der hilfreichen Fragen für einen eigenen Praxisfall durch.
- Überlegen Sie außerdem: Welche Arbeitsprozesse und Ergebnisse sind in Ihrem Team noch zu wenig sichtbar?
- Bilden Sie ein Umsetzungsvorhaben.
- Tauschen Sie sich zu zweit über die Ergebnisse aus.

Durchführung

Die Trainerin fordert die Gruppe auf, ihre Ergebnisse jeweils einer anderen Person aus der Runde vorzustellen und sich gegenseitig Feedback zu geben, nachdem sie alle Transferaufgaben erledigt haben. Hierfür sollen weitere 15 Minuten eingeplant werden.

Im Anschluss teilt sie die Paare ein und stellt sicher, dass die Partner über die gegenseitigen Kontaktdaten verfügen, z.B. indem sie diese auf dem Whiteboard ablegen.

Nun beginnt im hier dargestellten Format die Transferzeit.

Hinweise

- Für das Formulieren von Zielen nutze ich unterschiedliche Modelle, um Doppelungen in diesem Buch zu vermeiden, habe ich unterschiedliche Modelle pro Trainingsformat beschrieben.
- Sie finden ein weiteres Modell im Präsenztraining, welches Sie nach Bedarf auch im Online-Training einsetzen können.
- Genau so, wie auch die Transferaufgabe zum Thema Vertrauen, bitte ich die Teilnehmenden, diese Aufgabe während der Transferzeit zwischen den beiden Live-Online-Sessions zu erledigen.

Modul 3

Teamgeist und Teamidentität in virtuellen Teams entwickeln

Überblick und Zeitkalkulation

Thema/Übung	Dauer	Seite
Check-in: Energielevel Austausch der Ergebnisse der Transferaufgaben	5 15	106
Erfolgsfaktor Teamgeist und Teamidentität entwickeln Übersicht der Inhalte	 5	 108
Zutatenliste für ein starkes Wir-Gefühl	15	109
Teamidentität – Phasen der virtuellen Teamentwicklung Vortrag To-do-Liste für die virtuelle Führungskraft Pause Kleingruppenarbeit zur Entwicklung von konkreten Maßnahmen in den einzelnen Phasen an einem Praxisbeispiel Austausch und Präsentation Abschlussvortrag	 10 15 15 20 30 10	112
Zusammenfassung und Transferplan vervollständigen	10	
Reflexionsaufgabe Teamgeist/Wir-Gefühl schaffen Ausblick und Transferaufgabe	5	122
Feedback mit der DAKI-Methode	20	124

Check-in: Energielevel und Austausch der Ergebnisse der Transferaufgaben

Orientierung

Ziele

- Die Teilnehmenden aktivieren
- Ggf. Bedürfnisse der Teilnehmenden erkennen

Zeit

Insgesamt 20 Minuten

- 5 Minuten Check-in
- 15 Minuten Austausch der Ergebnisse

Rahmenbedingungen

Galerieansicht

Ablauf

- Die Trainerin legt beide Arme, vor der Kamera für alle sichtbar, übereinander und bittet die Teilnehmenden, dies ebenfalls zu tun.
- Sie bittet die Teilnehmenden, mithilfe der Arme ihr Energielevel anzuzeigen, indem sie ihren rechten Arm so weit nach oben heben, wie es ihr Energielevel möglich macht.
- Ggf. fragt die Trainerin nach, was es braucht, um das Energielevel anzuheben.
- Schließlich moderiert die Trainerin einen Austausch über die Erkenntnisse aus den Transferaufgaben

Check-in

Erläuterung

Der Check-in „Energielevel" sorgt für einen kurzen und aktivierenden Einstieg in die zweite Session des Tages. Ich habe ihn bei meiner Kollegin Daniela Englert kennengelernt.

„Willkommen zurück! Wir starten mit einer kurzen Abfrage Ihres Energielevels in den zweiten Teil unseres Trainings. Dazu möchte ich Sie nun bitten, es mir gleichzutun und Ihre beiden Arme vor der Kamera sichtbar übereinander zu falten. Bitte zeigen Sie nun mithilfe Ihrer Arme an, wie hoch Ihr Energielevel im Moment ist, indem Sie den rechten Arm nach oben bewegen. Stellen Sie sich dabei wieder eine Skala von 1-10 vor. Wobei die 10 das höchstmögliche Energielevel darstellt." Intro

Je nachdem, wie hoch die Energie bei den Teilnehmenden ist, leitet die Trainerin nun zum nächsten Thema über oder fragt ggf. noch einmal nach, was es braucht, um das Energielevel wieder anzuheben. *Durchführung*

Ergebnisse der Transferaufgaben austauschen

Vor dem Einstieg in das neue Thema gibt die Trainerin der Gruppe noch einmal Zeit, sich über die Ergebnisse und ggf. Erkenntnisse der Transferaufgaben auszutauschen.

„Bevor wir zum nächsten Erfolgsfaktor kommen, interessiert mich, wie es Ihnen mit den Transferaufgaben ergangen ist." Intro

Die Trainerin stellt nacheinander die folgenden Fragen und holt jeweils ein kurzes Blitzlicht dazu ein: *Durchführung*

- *Welche Erkenntnisse haben Sie durch die konkrete Formulierung der Ziel- und Erwartungsklärung erlangt?*
- *Was ist Ihr wichtigstes Vorhaben für den Ausbau von Vertrauen?*
- *Welche Arbeitsprozesse wollen Sie in der Zukunft sichtbarer machen und wie?*
- *Was ist durch den Austausch Ihrer Ergebnisse noch klarer oder erst bewusst geworden?*

Erfolgsfaktor Teamgeist und Teamidentität entwickeln

Wir blicken nun auf den Erfolgsfaktor „Teamgeist entwickeln". Warum ist es so wichtig, dieses Thema im Fokus zu haben? Teamgeist, Wir-Gefühl und Teamidentität entstehen über Distanzen hinweg nicht von allein. Sie sind jedoch ein wesentlicher Erfolgsfaktor für die gute Zusammenarbeit.

Fehlt das Teamgefühl, hat das jede Menge negative Effekte, wie z.B. Doppelarbeit, Konflikte, endlose Bearbeitungszeiten und unzufriedene Mitarbeitende, die das Unternehmen schnell wieder verlassen oder lediglich Dienst nach Vorschrift machen. Auch bei diesem Thema ist die Distanz ein wesentlicher Stolperstein. In standortgebundenen Teams sehen sich die Teammitglieder regelmäßig, arbeiten in denselben Räumen. Sie tauschen sich auch informell aus, entwickeln Rituale, wie die gemeinsame Kaffeepause, oder gehen mittags zusammen essen. So entsteht ein Zugehörigkeitsgefühl, auch ohne dass die Führungskräfte bewusst etwas dafür tun müssen.

Damit Teamgeist entstehen kann, braucht es ein Wir-Gefühl und eine Teamidentität. In diesem Modul wird eine Zutatenliste für ein starkes Wir-Gefühl in einem virtuellen Team erstellt. Die Gruppe erarbeitet dann gemeinsam, wie Teamidentität in einem virtuellen Team überhaupt erst entstehen kann.

Zutatenliste für ein starkes Wir-Gefühl

Orientierung

Ziele

- Eine Übersicht schaffen über wichtige Faktoren für den Aufbau eines Wir-Gefühls in virtuellen Teams
- Im Team vorhandene Kompetenzen für die gesamte Gruppe sichtbar und nutzbar machen

Zeit

Insgesamt 15 Minuten

Rahmenbedingungen

- Galerieansicht
- Virtuelles Whiteboard

Material

Template „Rezept für ein Wir-Gefühl" auf dem Whiteboard ablegen

Ablauf

- Die Teilnehmenden sammeln drei bekannte und bewährte Zutaten für den Aufbau bzw. Erhalt eines Wir-Gefühls in einem virtuellen Team in Form eines stillen Brainstormings.
- Sie hinterlassen ihre Zutaten per Post-it auf dem Whiteboard.
- Die Trainerin liest die Punkte vor und ergänzt ggf.
- Sie fasst die wesentlichen Faktoren nochmals zusammen.

Intro

„Die erste gemeinsame Aufgabe in diesem Modul wird es sein, einen Überblick darüber zu schaffen, was es braucht, um einen Teamgeist bzw. ein Wir-Gefühl innerhalb eines virtuellen Teams zu erschaffen bzw. es zu bewahren. Bitte beantworten Sie dazu die folgende Frage: Wenn es ein Rezept für ein starkes Wir-Gefühl innerhalb eines virtuellen Teams gäbe, was sind die bewährtesten Zutaten, die Sie bereits kennen und innerhalb Ihres Teams nutzen? Bitte benennen Sie pro Person maximal drei Zutaten. Achten Sie darauf, sehr konkret zu werden.

© managerSeminare

Ich habe Ihnen zur Beantwortung dieser Frage ein Template auf dem Whiteboard vorbereitet. Bitte halten Sie hier Ihre Rezeptideen auf Post-its fest. Schreiben Sie auf jedes Post-it zuerst Ihren Namen, damit alle Personen wissen, wen sie ansprechen können, um mehr über diese Zutat zu erfahren. Sie haben dafür fünf Minuten Zeit."

Abb.: Zutaten für ein starkes Wir-Gefühl. Beispielantworten der Teilnehmenden auf dem Whiteboard. Bildquelle: © Depositphotos_52160321

Durchführung

Während die Zutatenliste vervollständigt wird, fordert die Trainerin die Teilnehmenden auf, die Punkte zu konkretisieren. Wenn z.B. eine Person „Verständnis" aufschreibt, dann fragt sie nach, wie genau dieses gezeigt wird.

Nach dem Ablauf der Zeit liest die Trainerin die Antworten der Teilnehmenden vor und fragt ggf. kurz nach, wie ein Punkt gemeint ist, sofern dies nicht aus der Beschreibung hervorgeht.

Zusammenfassung

„Ich danke Ihnen für das Teilen Ihrer Rezeptideen. Bitte denken Sie daran, Ziel dieser Veranstaltung ist es auch immer, sich miteinander zu vernetzen und voneinander zu lernen. Wenn Sie also eine Zutat entdeckt haben, die Sie spannend finden und über die Sie gern mehr erfahren möchten, dann zögern Sie nicht, die Person anzusprechen, die die Zutat

vorgeschlagen hat. Sie können sich hierzu eine Notiz auf Ihrem Ideenblatt machen oder die Person direkt im persönlichen Chat ansprechen.

Ich fasse nun noch einmal zusammen. Ein wesentlicher Bestandteil für ein gutes Wir-Gefühl ist ein gemeinsames Ziel, das jeder im Team kennt und über das ein gemeinsames Verständnis herrscht. Stellen Sie sicher, dass jedes Teammitglied weiß, was Sie gemeinsam als Team erreichen wollen.

Ein Wir-Gefühl kann nur dann entstehen, wenn es regelmäßige Tätigkeiten gibt, für die eine Kooperation notwendig ist. Ihre Aufgabe als Führungskraft ist es, hierfür die Rahmenbedingungen zu schaffen.

Rezepte für ein starkes Wir-Gefühl

- Gemeinsames Ziel
- Kooperation/Erfolge favorisieren und feiern
- Sichtbare Zeichen der Zugehörigkeit
- Rituale, die zusammenschweißen
- Wahrnehmung durch die Öffentlichkeit

Nichts ist schöner, als gemeinsam im Team erfolgreich zu sein. Denken Sie daran, nicht nur Herausforderungen zu diskutieren, sondern regelmäßig auch die Erfolge zu feiern, die es im Team gab. Sie können dies z.B. sehr einfach mit einem virtuellen Wochenabschluss verbinden, indem Sie explizit nach den gemeinsamen Erfolgen dieser Woche fragen.

Ein Team braucht Rituale, die zusammenschweißen, wie z.B. virtuelle Kaffeepausen, Geburtstags- und Weihnachtsfeiern.

Auch die Wahrnehmung von außen spielt eine wichtige Rolle. Sorgen Sie dafür, dass auch für Außenstehende erkennbar ist, was für ein tolles Team Sie sind. Besprechen Sie dazu in Ihrem Team, was Sie aktiv dafür tun können, dass Ihre gemeinsamen Erfolge auch im Außen sichtbar werden."

Quelle

▶ Thomas, G. (2014): Die virtuelle Katastrophe. So führen Sie Teams über Distanz zur Spitzenleistung. assist Publishing Verlag.

Teamidentität – Phasen der virtuellen Teamentwicklung

Orientierung

Ziele

- Reflektieren des eigenen Teams vor dem Hintergrund der Phasen
- Konkrete Maßnahmen je nach Phase der Teamentwicklung erarbeiten

Zeit

Insgesamt 90 Minuten

- 10 Minuten Vortrag Phasen der virtuellen Teamentwicklung
- 15 Minuten gemeinsames Entwickeln der To-dos für die virtuelle Führung je nach Phase
- 20 Minuten Kleingruppenarbeit zur Entwicklung von Maßnahmen nach Phase an einem Praxisbeispiel
- 30 Minuten Austausch und Präsentation
- 10 Minuten Abschlussvortrag

Rahmenbedingungen

- Kleingruppenarbeitsräume
- Kleingruppen von 2-4 Personen

Material

- Vorbereitete Templates auf dem Whiteboard mit den wichtigsten Punkten in den einzelnen Phasen zum Ergänzen der Maßnahmen
- Time Timer

Ablauf

- Die Trainerin erläutert die Phasen der virtuellen Teamentwicklung am Modell von Tuckman.
- Gemeinsam mit den Teilnehmenden entwickelt die Trainerin eine To-do-Liste für die virtuelle Führungskraft für den Einsatz in jeder Phase.
- Die Führungskräfte entwickeln in Kleingruppen konkrete Umsetzungsvorschläge für ihren Praxisalltag.

Intro

Ein weiterer, wesentlicher Erfolgsfaktor beim Führen auf Distanz ist die Fähigkeit, über Distanzen hinweg ein Wir-Gefühl oder, anders ausgedrückt, eine Teamidentität aufzubauen. Auch das gilt ebenso für Teams, die an einem Standort zusammenarbeiten. Bei diesen entsteht der Prozess jedoch von allein und ohne dass sich die Führungskraft und die Teammitglieder besonders gut damit auskennen müssen, welche Prozesse dabei ablaufen.

In der virtuellen Zusammenarbeit ist das anders. Hier braucht es eine besondere Achtsamkeit für das Thema und konkrete Maßnahmen, die dazu beitragen, dass ein Teamgefühl und eine vertrauensvolle und effektive Zusammenarbeit entstehen können.

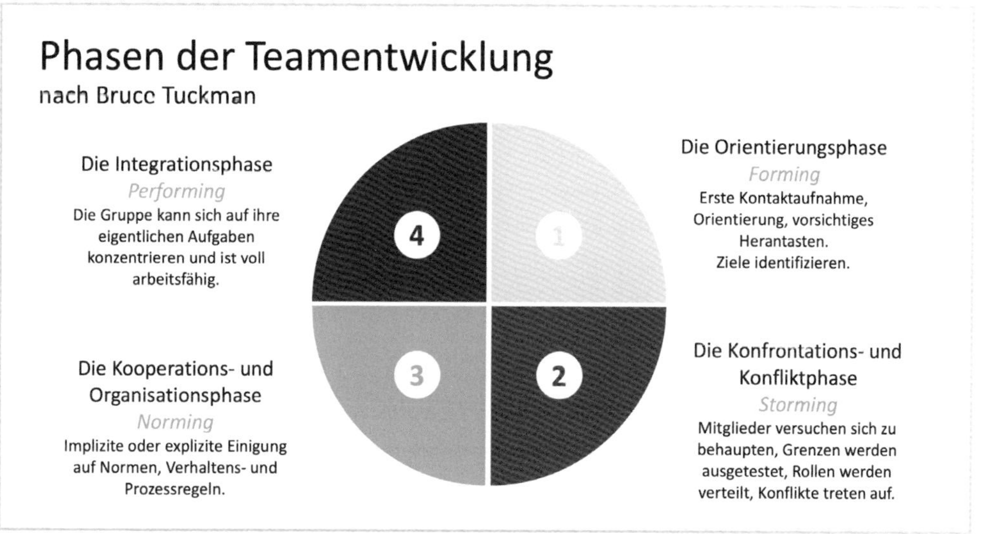

Dazu ist es hilfreich, zu verstehen, wie Teamidentität entsteht, um im zweiten Schritt das Team aktiv dabei unterstützen zu können, sich zu einem echten Team zu entwickeln. Um das zu verstehen, schauen wir uns nun gemeinsam ein sehr bekanntes Modell an. Die Phasen der Teamentwicklung von Tuckman, auch bekannt als Teamentwicklungsuhr. Das Modell beschreibt die typischen Entwicklungsphasen des Teambuildings. Jede Phase hat ihre eigenen Herausforderungen. Ziel der virtuellen Führungskraft sollte es sein, das eigene Team gut durch die jeweiligen Phasen zu begleiten, und diese aktiv mitzugestalten.

Vortrag Phasen der virtuellen Teamentwicklung

Durchführung

„Schauen wir uns zunächst die Phasen der virtuellen Teamentwicklung gemeinsam an. Ich erkläre die Phasen gern an einem ganz einfachen Beispiel, der Paarbeziehung. Sozusagen als kleinste Form eines Teams. Und da wir uns ja mit der virtuellen Teamentwicklung beschäftigen, wird sich das Paar in unserem Beispiel natürlich auch online kennenlernen …"

Forming

Stellen wir uns also ein Paar vor, nennen wir die beiden einfach einmal Paul und Klara, das auf der Suche nach einer Beziehung ist. Wo sucht man da heute? Natürlich online. Als erste Kontaktaufnahme sendet Paul Klara ein virtuelles Zwinkern, das signalisieren soll, „Ich habe Interesse an dir". Sie findet ihn zumindest optisch auch schon einmal ganz ansprechend und möchte nun herausfinden, ob und was aus den beiden werden kann.

Je nach Zielstellung der beiden werden ein paar Nachrichten ausgetauscht und die beiden tasten sich vorsichtig zum ersten Date vor.

Diese Phase ist zumeist von großer Unsicherheit und Vorsicht geprägt. Keiner weiß so recht, wo die Reise hingehen soll und wie der andere so tickt. Beide wünschen sich ein „Happy End" möglicherweise mit unterschiedlichen Vorstellungen davon, was das sein kann und wollen sich daher von ihrer besten Seite zeigen.

Ein ganz ähnlicher Prozess läuft auch in Teams ab, die neu gegründet werden und natürlich auch dann, wenn neue Teammitglieder zum Team hinzukommen.

Storming

Kommen wir zur nächsten Phase, dem Storming. Unser Paar hat sich inzwischen besser kennengelernt. Da die beiden eine Fernbeziehung haben, verbringen sie nur die Wochenenden miteinander – und das meist in Klaras Wohnung. Paul ist die ganze Woche über unterwegs und fährt am Wochenende 500 Kilometer zu Klara. Er findet das ganz schön einseitig, da immer er fahren muss und Klara scheinbar weniger für die Beziehung tut.

Klara hingegen sorgt die ganze Woche über dafür, dass die Wohnung schön ordentlich ist und der Einkauf erledigt ist, bevor Paul am Wochenende kommt. Manchmal würde sie sich allerdings schon auch wünschen, dass er auch einmal den Müll mit nach draußen nimmt und nicht automatisch davon ausgeht, dass sie das schon tun wird.

Über diese und andere Themen geraten die beiden nun öfter einmal in Streit miteinander.

Das es stürmisch wird, ist ja schon im Namen dieser Phase enthalten und auch für virtuelle Teams typisch. Genau wie in unserer Paarbeziehung geht es in dieser Phase darum, Rollen zu verteilen und Grenzen gemeinsam auszuloten. Zusätzlich zur Distanz kommt noch hinzu, dass jedes der Teammitglieder sich nur in seiner eigenen Arbeitswirklichkeit gut auskennt und dem jeweils anderen schnell unterstellt, er würde nicht genügend zum Teamerfolg beitragen.

Norming

Zurück zu unserem Paar Paul und Klara und zu unserer nächsten Phase. Paul und Klara wünschen sich eine harmonische Beziehung, und so setzen sie sich zusammen, um über ihre Empfindungen und Bedürfnisse zu sprechen. Klara schlägt vor, einmal im Monat auch mal zu Paul zu fahren. Damit sie das gut mit ihren übrigen Terminen vereinbaren können, tragen die beiden sich die Termine in einem geteilten virtuellen Kalender ein. Paul bittet außerdem Klara darum, die Hausarbeiten, die er am Wochenende übernehmen soll, in einer App zu notieren. So wird er daran erinnert und kann diese dann zu seiner Zeit erledigen.

Genau wie im Beispiel unseres Paares, einigen sich virtuelle Teams in dieser Phase auf Normen, Verhaltens- und Prozessregeln, die die Zusammenarbeit leichter machen. Eine besondere Rolle spielt hierbei oft auch das Sichtbarmachen von Arbeitsprozessen, z.B. über virtuelle Kanban Boards oder das Teilen von Kalendern.

Performing

Nachdem die beiden die für sie jeweils wichtigsten Themen besprochen und einen guten Umgang mit den Konflikten und auch miteinander gefunden haben, kommen sie in die nächste Phase. In dieser

Phase meistert unser Paar alltägliche Hürden beinahe problemlos. Sie verstehen sich sozusagen blind und sind ein tolles Team.

Virtuelle Teams können in dieser Phase sehr produktiv arbeiten, weil sie endlich nicht mehr nur mit sich selbst beschäftigt sind. Jeder weiß, was er vom anderen erwarten kann, wo er welche Informationen findet, wo welche Informationen geteilt, Dokumente abgelegt werden und so weiter.

Wer nun denkt, dass er sich zurücklehnen kann, wenn er diese Phase gemeinsam mit seinem Partner oder Team erreicht hat, sollte sich bewusst machen, dass dem natürlich nicht so ist. Die hier genannten Phasen sind in der Realität nicht ganz so klar voneinander abzugrenzen, wie in dieser modellhaften Darstellung. Dazu kommt, dass immer dann, wenn sich die Rahmenbedingungen ändern, bestimmte Entwicklungsschritte wieder von vorn beginnen. Das ist etwa dann der Fall, wenn ein Teammitglied das Team verlässt, ein neues hinzukommt oder sich bestimmte Aufgabenbereiche des Teams ändern.

Es handelt sich also mehr um einen fortwährenden Prozess, der immer wieder unsere Achtsamkeit und Intervention benötigt. Wie eine Führungskraft in der jeweiligen Phase interveniert und ihr Team bei der Teamentwicklung unterstürzen kann, wird sich die Gruppe nun gemeinsam erarbeiten.

To-do-Liste für die virtuelle Führungskraft

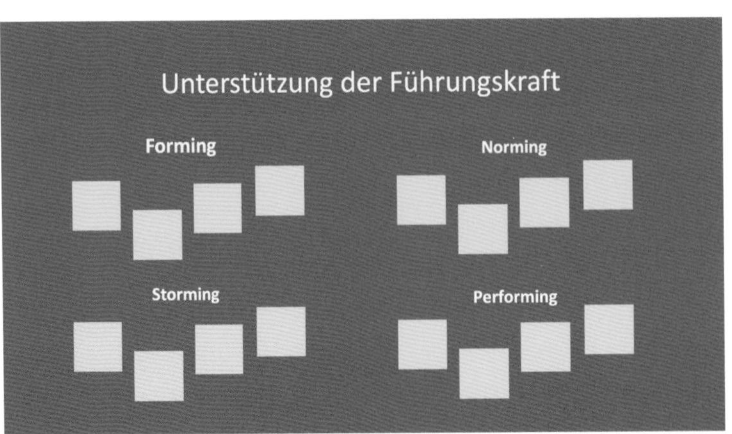

„Was können Sie als Führungskraft nun mit diesem Wissen anfangen? Die Antwort auf diese Frage werden wir in Form einer To-do-Liste gemeinsam erstellen."

Die Trainerin bittet die Teilnehmenden, entlang der Teamphasen nach Tuckman einmal zu überlegen, was die wichtigsten To-dos für die virtuelle Führungskraft sind.

„In der Phase ‚Forming' ist Ihr Team besonders stark von Ihnen als Führungskraft abhängig. Bitte rufen Sie sich die Phase nochmals vor Augen und überlegen Sie, was das Team hier von Ihnen besonders braucht. Bitte führen Sie hierzu einen Chat Storm durch."

Im Chat Storm schreiben alle Teilnehmenden gleichzeitig ihre Gedanken zu der Frage in den Chat der Videokonferenz. Die Trainerin liest alle Antworten kurz vor und überträgt die wichtigsten drei Punkte in die Übersicht „Unterstützung durch die Führungskraft" auf dem Whiteboard. Sie wiederholt diese Verfahrensweise für jede Phase.

„Was es in der Phase Forming braucht, sind …
- *Struktur und Richtung,*
- *klare Arbeitsaufträge,*
- *vertrauensbildende Maßnahmen,*
- *Kenntnis der gegenseitigen Erwartungen und Bedürfnisse.*

In der Phase des ‚Storming' braucht Ihr virtuelles Team Ihre Fähigkeiten der Konfliktmoderation. Dazu müssen Sie …
- *Unstimmigkeiten im Team erkennen,*
- *Konflikte moderieren und Lösungen finden,*
- *dem Team Zeit geben, die Zusammenarbeit zu reflektieren.*

In der Phase des ‚Norming' gilt es, die Eigenverantwortung des Teams zu fördern. Dazu kann ist es hilfreich, gemeinsam …
- *Teamziele zu entwickeln,*
- *Teamwerte zu formulieren,*
- *Prozessregeln und*
- *Verhaltensnormen festzulegen.*

In der Phase ‚Performing' konzentrieren Sie sich darauf, den Überblick zu wahren. Außerdem ist es wichtig …
- *Erfolge zu feiern,*
- *den Blick nach außen zu wenden, strategische Überlegungen anzustellen,*
- *die Weiterentwicklung des Teams und seiner einzelnen Mitglieder in den Fokus zu nehmen."*

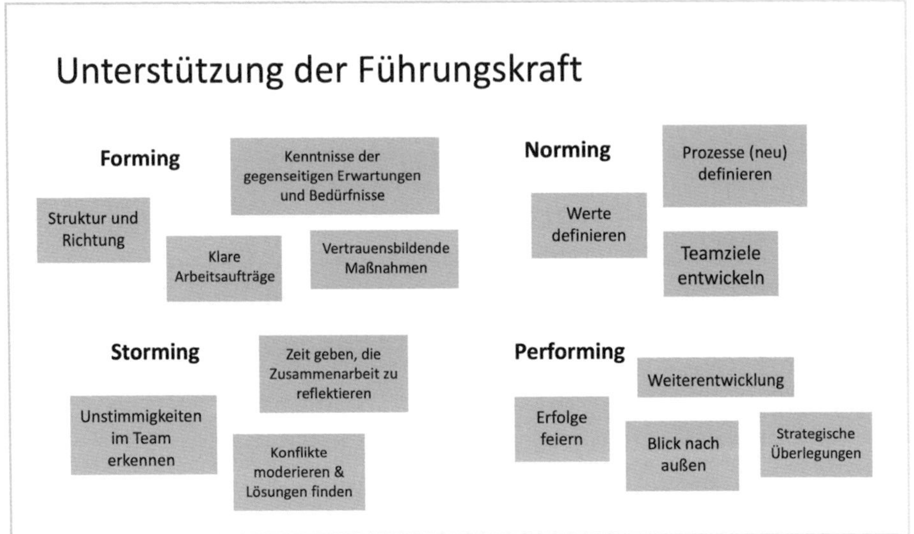

Kleingruppenarbeit: Virtuelle Teamentwicklung

„Zuletzt möchte ich Ihnen Zeit geben, das geteilte Wissen in Ihren Arbeitsalltag zu übertragen. Überlegen Sie zuerst einmal, in welcher Teamphase Ihr eigenes Team zurzeit steckt. Für eben diese Phase werden Sie im nächsten Schritt in Kleingruppenarbeitsräumen konkrete Maßnahmen erarbeiten, die Ihr Team in der jeweiligen Phase optimal unterstützen sollen. Bitte entscheiden Sie sich nun für eine Phase."

Die Trainerin bittet die Teilnehmenden, durch Handzeichen anzuzeigen, für welche Phase sie Maßnahmen entwickeln wollen. Getrennt nach Phasen werden alle in Kleingruppenarbeitsräume aufgeteilt.

„In der Kleingruppe besprechen Sie die Maßnahmen anhand eines konkreten Beispiels aus der Gruppe und beantworten hiernach die folgenden Fragen:

- *Welche Merkmale der Phase konnten Sie in Ihrem Team beobachten?*
- *Mit welchen konkreten Maßnahmen können Sie Ihr Team in dieser Phase unterstützen?*

Hierbei geht es vor allem darum, praktische, virtuell umsetzbare Möglichkeiten zu finden und diese so genau wie möglich zu beschreiben. Wenn etwa Ihr Team bald wieder Teile der Phase ‚Forming' durchleben wird, weil eine neue Kollegin hinzukommt, überlegen, Sie, welche Maßnahmen Ih-

nen dabei helfen, das Teammitglied bestmöglich an Bord Ihres virtuellen Teams zu bringen. Das kann beispielsweise so etwas sein wie einen Buddy festzulegen, der dem Teammitglied den Einstieg erleichtert. Dieser könnte zum Beispiel am ersten Arbeitstag des neuen Mitglieds ein virtuelles Kennenlernen mit allen Teammitgliedern organisieren.

Sie haben 15 Minuten Zeit für die Bearbeitung dieser Aufgabe. Bitte halten Sie Ihre Ergebnisse auf dem Whiteboard fest."

Nach dem Ende der Gruppenarbeitszeit lässt die Trainerin die Gruppen ihre Ergebnisse präsentieren. Beispiele für erarbeitete Ergebnisse:

Forming

Situation:

- Neuprojekt, Kennenlernen beim Kunden
- Sie/Du-Thema klären
- Persönliches Kennenlernen am Anfang – schnell ein Wir-Gefühl entwickeln
- Präferenzen der einzelnen Teilnehmenden definieren
- Team-Charta formulieren
  - Werte
  - Rollen/Verantwortlichkeit
  - Arten der Zusammenarbeit
- Anfängliches Teambuilding, um sich kennenzulernen und etwas Gemeinsames zu machen
  - z.B. Projektnamen entwickeln
  - Projektessen

Norming

- Mediennutzungsplan erstellen
- Tool-Nutzungsplan, Kommunikationsmedien im Team (Teams, E-Mail etc.)
- Kürzere Meetings (statt 30/60 Min. hin zu 25/55 Min.)
- Nach Möglichkeit darauf achten, nur relevante Personen in Mailverteiler (in Kopie) zu nehmen

Storming

Konkreter Case:
Reorganisation des Projektteams (Wechsel der Struktur und Rollen werden neu verteilt – Großteil bleibt bestehen, jedoch werden Normen neu definiert und wenige Personen kommen neu dazu.

Maßnahmen, um das Team zu unterstützen:

- Mehr On-side Meetings als in der kürzeren Vergangenheit, um Onboarding zu vereinfachen und Normen gemeinsam auf Gültigkeit zu prüfen.
- Teambuilding und Gruppenübungen
- Stärkerer Fokus auf persönlichen Austausch
- Online-Events – Escape room, XX-tasting etc.
- Rollendefinition neu aufschreiben und Teamstrukturen gemeinsam erarbeiten und festhalten
- Zu Beginn der Stormingphase öfter Retrospektiven und Feedback einbauen (www.retrotool.io)
- Als Führungskraft stärker tätig werden und Einzelgespräche einstellen – mehr Präsenz

Performing

Case: Lang laufende Kundenprojekte

- Spannungskurve hochhalten/Routine verhindern
- Motivation aufrecht erhalten
- Teamregeln sollten bekannt sein
- Individuelle Ziele werden wichtiger (Persönliches Zielsetzung mit Projektziel in Einklang bringen)
  - Transparente, ggf. auch „aufgeschriebene Zielsetzung zwischen Projektverantwortlichem und Mitarbeitendem
  - Zuordnung neuer Aufgaben nach Interesse und Zielsetzung
- Regelmäßige Retrospektiven im Team (z.B. alle 4 Wochen)
- Gelegentlich gemeinsam beim Kunden physisch anwesend sein

- Meist geht die Aufteilung nach Phasen gut auf und alle Phasen sind abgedeckt.
- Wenn sehr viele Personen an einer Phase arbeiten wollen, werden diese in zwei Gruppen aufgeteilt.
- Wenn eine Phase nicht vorhanden ist, werden mögliche Maßnahmen im Anschluss durch die Trainerin ergänzt.

Abschlussvortrag zur virtuellen Teamentwicklung

„Vielen Dank für Ihre Ausarbeitungen. Ich fasse nun die wesentlichen Punkte nochmals zusammen:

*In der Phase ‚**Forming**' ist es wichtig, Struktur und Richtung vorzugeben. Alle Teammitglieder müssen wissen, was der Auftrag des Teams ist, welche Ziele verfolgt werden, wer welche Rolle hat und was die wichtigsten Bedürfnisse der Einzelnen und die Regeln der virtuellen Zusammenarbeit sind. Diese und andere wichtige Punkte können Sie im Rahmen eines virtuellen Meetings gemeinsam mit Ihrem Team erarbeiten. Das kann etwa in Form eines Team Canvas (siehe Deep Dive ab Seite 316) geschehen.*

Des Weiteren ist es in dieser Phase wichtig, den Teammitgliedern Raum zu geben, sich auch persönlich kennenzulernen. Dazu helfen Ihnen virtuelle Teamtreffen, an denen Sie beispielsweise Übungen einsetzen, wie die ‚5 Fakten über mich' oder die ‚Geheimen Zwillinge', die wir zu Beginn des Seminars durchgeführt haben. Besonders wertvoll ist es, wenn Sie die Möglichkeit haben, all diese Punkte in einem Präsenztreffen zu bearbeiten.

*In der folgenden Phase, dem ‚**Storming**', ist es zunächst wichtig, Unstimmigkeiten im Team zu erkennen. Dazu braucht es im virtuellen Raum eine besondere Sensibilität. Sie merken es beispielsweise daran, dass sich Teammitglieder ständig übereinander beschweren, die Stimmung in virtuellen Meetings spürbar schlechter wird oder deutlich mehr und auf formellere Weise in schriftlicher Form kommuniziert wird. Hier gilt: Sprechen Sie Konflikte mutig an und bringen Sie die beteiligten Parteien an einen Tisch. Damit das Team regelmäßig die Zusammenarbeit reflektieren kann, braucht es vor allem Zeit dazu und Feedback-Regeln.*

Es empfiehlt sich daher, in dieser Phase insbesondere darauf zu achten, dass es Feedback-Regeln gibt, und dass diese auch eingehalten werden. Außerdem ist es hilfreich, sehr regelmäßig virtuelle Feedback-Runden und Retrospektiven mit dem Team durchzuführen. Eine gute Form der

Retrospektive bietet die beispielsweise die DAKI-Methode (ab Seite 124), von der wir uns heute noch eine Kurzform ansehen werden.

*In der Phase des ‚**Norming**' gilt es, die Eigenverantwortung des Teams zu fördern. Halten Sie regelmäßig Teammeetings ab, um Regeln der Zusammenarbeit auszuhandeln und um bestehende Regeln und Verhaltensnormen zu überprüfen und ggf. zu verändern oder zu ergänzen.*

*In der Phase ‚**Performing**' konzentrieren Sie sich darauf, den Überblick zu behalten. Achten Sie darauf, die gute Performance Ihres Teams nicht als selbstverständlich zu betrachten, sondern zeigen Sie Ihre Wertschätzung, indem Sie Erfolge feiern, etwa indem Sie in virtuellen Konferenzen regelmäßig über Erfolge sprechen. Das kann schon damit beginnen, dass Sie ein wöchentliches Meeting immer mit einem Erfolgs-Check-in beginnen, indem Sie beispielsweise fragen, was in dieser Woche der größte Erfolg eines jeden Einzelnen gewesen ist, und diesen entsprechend wertschätzen.*

Auch die Weiterentwicklung der Teammitglieder sollte hier Raum finden. Fragen Sie am besten einfach nach, was die Entwicklungswünsche Ihrer Teammitglieder sind."

Hinweise

Bei diesem Thema kommt es hin und wieder vor, dass die Beschreibungen der Teilnehmenden die Auswahl eines Vertiefungsthemas nahelegen. Hier finden Sie eine Liste der passenden Vertiefungsthemen:

- Beschreibungen und Übungen für verschiedene virtuelle Feedback-Formate finden Sie in den Download-Ressourcen.
- Eine Beschreibung und Übungen zum Team Canvas finden Sie ab Seite 316.

- Eine Beschreibung und Übung zur DAKI-Methode finden Sie ab Seite 124 und in den Download-Ressourcen.

Reflexionsaufgabe Teamgeist/ Wir-Gefühl stärken

Orientierung

Ziele

- Praxistransfer sichern
- Wir-Gefühl an einem eigenen Beispiel üben
- Reflexion über teamgeiststärkende Maßnahmen

Zeit

5 Minuten Erklärung während des Trainings und 25 Minuten während der Transferzeit

Rahmenbedingungen

- Galerieansicht
- Virtuelles Whiteboard

Material

Vorbereitete PowerPoint-Folie für Transferaufgabe

Ablauf

- Die Teilnehmenden erhalten die Aufgabe, in ihrem Team eine Diskussion über die Stärkung des Wir-Gefühls anzuleiten.
- Der Transferplan kann um weitere Vorhaben, die die Teilnehmenden umsetzen möchten, ergänzt werden.

Intro *„Wie kann in Ihrem Team das Wir-Gefühl noch gestärkt werden? Führen Sie zu dieser oder einer leicht abgewandelten Fragestellung eine Diskussion in Ihrem Team durch. Stimmen Sie eine konkrete Maßnahme ab, die Sie in der Zukunft umsetzen wollen, um den Teamgeist zu stärken.*

Bitte ergänzen Sie außerdem den Transferplan um weitere Vorhaben, die Sie in Ihrem Team umsetzen wollen."

Reflexionsaufgabe Wir-Gefühl

- Gehen Sie die Inhalte zu diesem Thema nochmals durch.
- Diskutieren Sie in einer Teamsitzung: Wie kann das Wir-Gefühl bei Ihnen im Team gestärkt/bewahrt werden?
- Stimmen Sie gemeinsam im Team eine konkrete Maßnahme zur Stärkung des Wir-Gefühls ab.

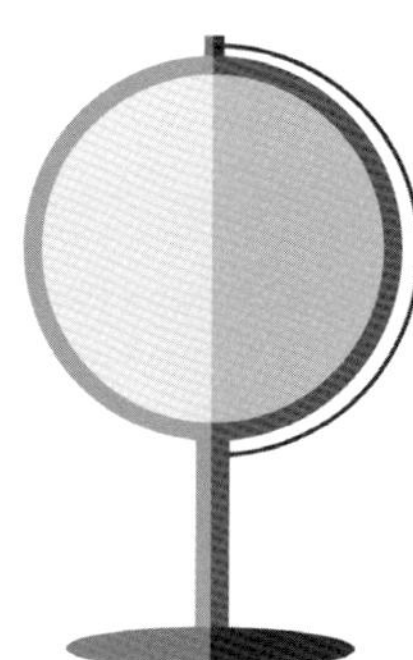

© managerSeminare

Feedback mit der DAKI-Methode

Orientierung

Ziele

- Die Führungskräfte lernen eine Feedback-Methode für ein regelmäßiges Feedback zur Verbesserung der Zusammenarbeit im Team kennen
- Sie erhalten ein Handwerkszeug zur Förderung des Teamgeistes in der virtuellen Zusammenarbeit
- Sie sammeln erste Erfahrungen mit der Methode

Zeit

Insgesamt 20 Minuten

- 5 Minuten Vorstellung der Methode
- 8 Minuten Befüllen der Felder
- 7 Minuten Fragen zur Methode und Abschluss

Rahmenbedingungen

- Galerieansicht
- Virtuelles Whiteboard

Material

- Übersichtsfolie DAKI
- Ablaufbeschreibung DAKI auf Whiteboard ablegen

Ablauf

- Die Trainerin stellt die DAKI-Methode vor.
- Die Teilnehmenden geben anhand der DAKI-Methode Feedback zum Seminartag.

Die DAKI-Methode

Erläuterung

Die DAKI-Methode eignet sich hervorragend als Handwerkszeug für die Förderung des virtuellen Teamgeistes. Sie kann zu diesem Zwecke für ein Feedback oder eine Retrospektive zur Zusammenarbeit im Team angewendet werden.

Mit ihrer Hilfe stellt jedes Teammitglied, z.B. in einem monatlichen Meeting, schriftlich und in einem geteilten Dokument seine Ideen zur Verbesserung der Zusammenarbeit im Team zur Verfügung. Die Gedanken hierzu werden in einer Matrix festgehalten.

Die Methode wird hier nur kurz vorgestellt. Falls die Teilnehmenden die Methode in ihrem Team durchführen möchten, sollten sie für den Workshop etwa eine Stunde Zeit einplanen.

Im Feld *Drop*, zu Deutsch „fallen lassen", halten alle Teammitglieder die Dinge fest, von denen sie glauben, dass das Team damit aufhören sollte, weil sie keinen Sinn ergeben. Es kann z.B. sein, dass bestimmte Meetings unnötig sind und die Zeit besser investiert werden könnte.

Im Feld *Add*, also „hinzufügen", wird alles eingetragen, was das Team neu ausprobieren möchte, um den Prozess zu verbessern. Das können z.B. neue Technologien sein oder neue Formen von Absprachen innerhalb des Teams.

Im Feld *Keep*, zu Deutsch „behalten", wird alles eingetragen, was schon gut ist und genau so bleiben sollte. Hier geht es darum, das Bewusstsein für die Dinge zu schärfen, die schon gut laufen.

Im Feld *Improve*, also „verbessern", werden die Dinge aufgelistet, die im Ansatz bereits gut sind, aber noch Verbesserung brauchen. Das können etwa Meeting-Strukturen sein, die noch effizienter gestaltet werden können.

Hier eine Übersicht der DAKI-Methode:

Die Trainerin zeigt den Ablaufplan, der für die Orientierung der Teilnehmenden auf dem Whiteboard abgelegt ist.

Der Ablauf für jedes der Felder gestaltet sich wie folgt:

- *Ideen sammeln*: Jedes Teammitglied erhält je Feld fünf Minuten Zeit, alle wichtigen Kommentare in der Matrix abzulegen.
- *Clustern*: Das Team clustert die Antworten und verdichtet die Informationen. Zeit: 3 Minuten.
- *Priorisieren*: Jedes Teammitglied erhält fünf Bewertungspunkte, mit denen es die Themen auswählen kann, die unbedingt weiterverfolgt werden sollten. Zeit: 3 Minuten.

Nachdem alle DAKI-Felder ausgefüllt sind, erfolgt der letzte Schritt:

- *Maßnahmen planen*: Im letzten Schritt werden die Punkte, die die höchsten Bewertungen erhalten haben, in Maßnahmen umgewandelt. Dabei ist es wichtig, klar die Punkte zu definieren, wer was bis wann macht.

Die Matrix wird auf einem virtuellen Whiteboard gemeinsam befüllt. Die sich hieraus ergebenden Aufgaben werden bestimmten Personen zugeordnet.

Übung

Durchführung

„Damit Sie eine erste kurze Erfahrung mit der DAKI-Methode machen können, werden wir DAKI heute im Schnelldurchlauf für ein Feedback zu unserem gemeinsamen Seminartag benutzen. Betrachten Sie uns zu diesem Zwecke bitte als Team, dessen Ziel es ist, möglichst viel über Führen auf Distanz zu lernen und dabei maximale Lernerfolge zu erzielen. Beantworten Sie nun bitte als Erstes das Feld KEEP. Was sollten wir in dieser Runde unbedingt beibehalten? Sie haben eine Minute Zeit, diese Frage zu beantworten …"

Hinweis: Bei Teams, in denen wenig Nähe herrscht, kann alternativ auch die Aufgabe sein, die Felder lediglich für die eigene Person zu beantworten. Die Felder werden dann vor dem Hintergrund der Frage befüllt: Was möchte ich nach diesem Seminar aufhören zu tun, was möchte ich fortführen? Usw.

Die Trainerin wartet ab, bis die Zeit abgelaufen ist. Sie liest in jeder Runde die Antworten kurz vor, clustert, fragt ggf. nach und moderiert Runde für Runde dann weiter:

- DROP: Womit sollten wir in diesem Team aufhören?
- ADD: Womit sollten wir in diesem Team anfangen, um unsere Erfolgschancen zu verbessern?
- IMPROVE: Was machen wir im Ansatz zwar schon gut, könnten es aber noch verbessern?

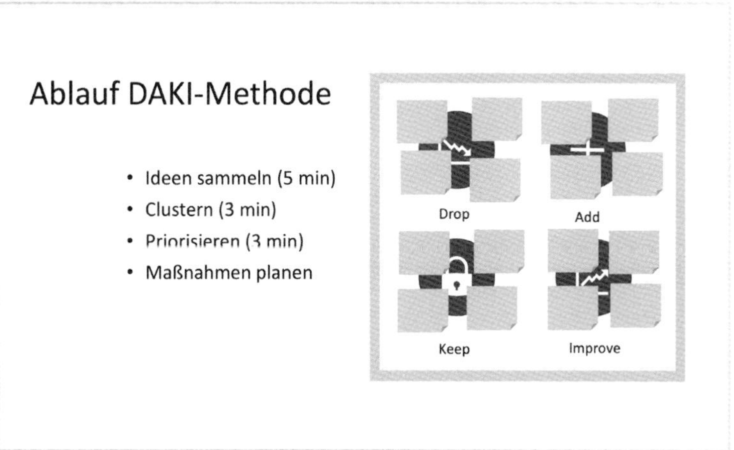

Zuletzt weist die Trainerin die Teilnehmenden noch darauf hin, dass nun in der ausführlichen Variante noch die Priorisierung und die Maßnahmenplanung erfolgen würden. Zudem können die Teilnehmenden noch offene Fragen zur Methode stellen.

Abschluss

„Mit diesen Anregungen möchte ich mich heute von Ihnen verabschieden. Vielleicht hat Ihnen diese letzte Übung nicht nur Anregungen für die weitere Zusammenarbeit in dieser Gruppe vermittelt, sondern auch noch eine schöne Methode für die nächste Retrospektive in Ihrem Team gegeben."

Hinweis

- Eine weitere, etwas ausführlichere Anwendung der DAKI-Methode finden Sie im Deep Dive (Download-Ressource).

Modul 4

Isolation überwinden und Vernetzung fördern

Überblick und Zeitkalkulation

Thema/Übung	**Dauer**	**Seite**
Begrüßung und Einstieg	5	129
Persönlicher Check-in, selbstständig moderiert durch die Teilnehmenden	25	130
Ergebnisse der Transferaufgaben austauschen	25	134
Erfolgsfaktor Isolation überwinden und Vernetzung fördern	5	137
Gruppenübung: Rot oder Blau – Das Gefangenendilemma online erleben	40	138
Pause	15	
Expertendialog: Virtuelle Teams aus der Isolation befreien	15	144
Vortrag: Working Out Loud Übung: Die Kraft von Netzwerken nutzen	10 35	148 151
Transferaufgabe: Vernetzung im eigenen Team fördern Experten-Lernspaziergang	10 30	154

Begrüßung und Einstieg

Orientierung

Ziele

- Teilnehmende willkommen heißen
- Überblick über den Tag bieten

Zeit

Insgesamt 5 Minuten

Rahmenbedingungen

Galerieansicht

Material

Keines

Ablauf

Trainerin stellt die Tagesagenda vor.

Intro

„Herzlich willkommen zu unserer heutigen Veranstaltung. Genau wie in der letzten Veranstaltung ist der heutige Tag wieder in zwei Teile aufgeteilt. Am Vormittag werden wir uns mit dem Thema ‚Isolation in virtuellen Teams' beschäftigen und gemeinsam erarbeiten, wie Vernetzung in virtuellen Teams hergestellt werden kann. Wie gewohnt, erhalten Sie dann eine Transferaufgabe, die Sie in Eigenarbeit erledigen können.

Am Nachmittag beschäftigen wir uns damit, wie die ‚Kommunikation in virtuellen Teams' optimal organisiert werden kann."

Roadmap

Heute Vormittag:

- Isolation überwinden und Vernetzung fördern in virtuellen Teams

Heute Nachmittag:

- Kommunikation (neu) organisieren

© managerSeminare

Persönlicher Check-in in Online-Konferenzen

Orientierung

Ziele

- Den persönlichen virtuellen Check-in üben
- Teilnehmende aktivieren
- Handwerkszeug in Form einer neue Variation für den Start des nächsten Teammeetings erhalten

Zeit

Insgesamt 25 Minuten

- 2 Minuten Aufgabenstellung erklären
- 3 Minuten Frage auswählen und Anmoderation für das nächste Teammeeting überlegen
- 10 Minuten Übung in Kleingruppen in Breakout Sessions
- 10 Minuten Auswertung der Übung im Hauptraum

Rahmenbedingungen

- Virtuelles Tool
- Kleingruppenarbeitsräume

Material

- Folie mit Arbeitsauftrag auf dem Whiteboard ablegen
- Ggf. Folie mit verschiedenen Check-in-Varianten auf dem Whiteboard ablegen
- Link zum Check-in-Generator

Ablauf

- Die Trainerin bittet die Teilnehmenden, sich für ihr nächstes Meeting einen persönlichen Check-in zu überlegen.
- Die Teilnehmenden üben in Dreiergruppen den Einstieg in das nächste Meeting.
- Jede Person moderiert kurz das Meeting an und stellt eine Einstiegsfrage.
- Die anderen Personen beantworten die Frage.
- Die Rollen werden getauscht, bis jeder einmal dran war.
- Es folgt ein kurzer Austausch zur Übung.

Intro

„Wir starten wie gewohnt interaktiv und mit einem persönlichen Check-in in den Tag. Anders ist heute nur, dass Sie diesen selbst moderieren werden. In unseren bisherigen Modulen und Übungen haben wir an verschiedenen Stellen schon darüber gesprochen, dass der fehlende informelle Austausch in virtuellen Teams zum Problem werden kann.

Eine einfache Möglichkeit, regelmäßig Raum für einen informellen Austausch zu geben, ist der persönliche Check-in in virtuellen Meetings. Eine kleine Methode, die wenig Zeit kostet und große Wirkung zeigt.

Einige Möglichkeiten für persönliche Check-in-Methoden haben Sie hier im Training bereits kennengelernt. Vielleicht erinnern Sie sich noch an den persönlichen Wetterbericht, die Check-in-Frage zum Energielevel oder auch die Kennenlernrunde ‚Geheime Drillinge', mit der wir in unserer ersten Veranstaltung gestartet sind.

Den heutigen Check-in werden Sie nun selbstständig gestalten, um sich mit diesem neuen Handwerkszeug vertraut zu machen."

Durchführung

Für die folgende Übung überlegen sich die Teilnehmenden eine persönliche Check-in-Frage, mit der sie in den heutigen Tag starten wollen. Bei der Auswahl sollen sie an ihr nächstes eigenes Online-Meeting denken, das sie mit ihrem Team durchführen werden. Die Teilnehmenden werden aufgefordert, eine Frage zu wählen, die sie in der Übung gleich wieder verwenden können.

Die Trainerin teilt im Chat einen Link, der sie zu dem Online-Check-in-Generator von DARESAY führt. DARESAY ist eine Agentur für das Design digitaler Produkte. Das Team von DARESAY beginnt jedes Meeting mit einer persönlichen Check-in-Frage. Ziel ist es, einander daran zu erinnern, dass es Menschen sind, die hier zusammenarbeiten – und aus diesem Grund für gute Stimmung und Aufmerksamkeit zu sorgen.

Dowlnoad-Ressource: Liste mit möglichen Fragen in deutscher Sprache

Hier der Link zum Check-in-Generator: http://checkin.daresay.io/

Die Teilnehmenden sollen eine Check-in-Frage aus dem Generator aussuchen, mit der sie ihr nächstes Meeting beginnen wollen. Alle haben drei Minuten Zeit, um die Fragen durchzublättern und sich eine passende herauszusuchen.

© managerSeminare

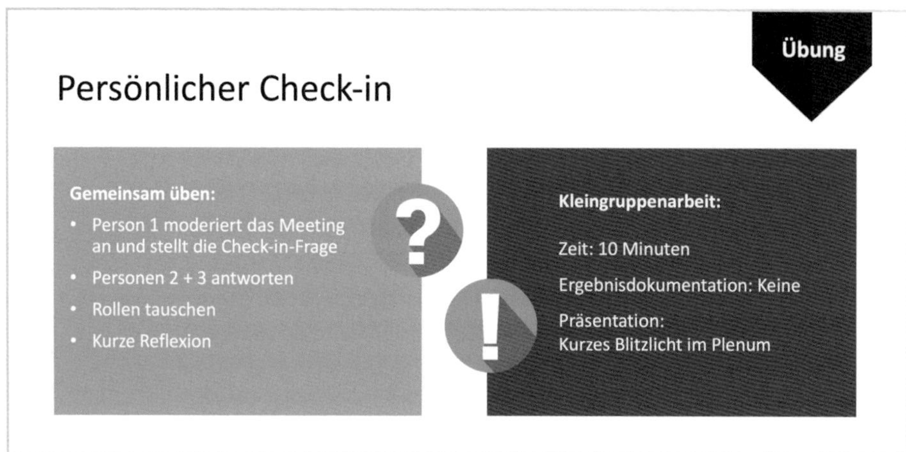

In Kleingruppen können jetzt alle üben, den persönlichen Check-in sinnvoll in eine Anmoderation zu integrieren.

Dazu sendet die Trainerin die Teilnehmenden zu dritt in eine Breakout Session. Dort verfahren alle wie folgt:

Eine Person moderiert ein Meeting an und stellt die Check-in-Frage. Die anderen beiden Personen beantworten die Frage, dann wechselt die Rolle des Fragenden reihum zur nächsten Person und die Übung wiederholt sich, bis alle Personen einmal dran waren.

Für diese Aufgabe gibt es 10 Minuten Zeit. Die Aufgabenstellung hat die Trainerin zur Erinnerung auf dem Whiteboard abgelegt.

Auswertung

Zurück im Hauptraum holt die Trainerin ein kurzes Feedback aus den Einzelgruppen ein. Hilfreiche Fragen können hier sein:

- Wie hat es sich angefühlt, den Beginn auf diese Weise zu gestalten?
- Welche Frage hat Ihnen besonders gut gefallen?
- Welche Gedanken, Erkenntnisse wollen Sie sonst noch mit der gesamten Gruppe teilen?

Hinweise

- Der Check-in-Generator ist in englischer Sprache verfasst, für die Übersetzung können die Teilnehmenden die Google-Übersetzung einschalten.
- Eine Alternative für den Check-in-Generator in deutscher Sprache finden Sie unter: https://www.checkin-generator.de/
- Für den Fall, dass für einen der Teilnehmenden die Seite aus dem Unternehmensnetzwerk gesperrt ist, habe ich eine Liste mit Beispielfragen aus dem Check-in-Generator auf meinem PC gespeichert, die ich für diesen Fall auf das Whiteboard kopieren kann.

- Sie finden diese Liste in den Online-Ressourcen zu diesem Buch. Einige dort abgebildete Beispielfragen sind:
  - Wende dich einer Person zu und nenne eine Sache, die du gern über diese Person erfahren würdest.
  - Worauf freust du dich in dieser Woche besonders?
  - Wenn du heute einen bezahlten freien Tag hättest, was würdest du am liebsten tun?
  - Wofür bist du in dieser Woche besonders dankbar?
  - Bist du Frühling, Sommer, Herbst oder Winter? Bitte erkläre auch, warum.
  - Was war dein schönstes Erlebnis in der letzten Woche?
  - Was ist der schönste Ort, an dem du je gewesen bist?
  - Greife dir einen Gegenstand in deiner Umgebung, der wichtig für dich ist. Halte ihn in die Kamera und erzähle uns, warum er wichtig ist.

Quellen

- Camino Organisationsentwicklung: Check-in-Generator, Check-in-Generator – Fragen für bessere Meetings & Workshops (checkin-generator.de), abgerufen am 25.03.2022.
- Daresay: Check-in Generator, Check-in Generator - Hej.Today (daresay.io), abgerufen am 25.03.2022.

Ergebnisse der Transferaufgaben austauschen

Orientierung

Ziele

- Austausch von Erfahrungen
- Sichtbarmachen von Arbeitsprozessen
- Vernetzung schaffen und vernetztes Lernen ermöglichen

Zeit

Insgesamt 25 Minuten

- 5 Minuten Themen wählen und Gruppen zusammenstellen
- 15 Minuten Austausch in Kleingruppen
- 5 Minuten Blitzlicht im Plenum

Rahmenbedingungen

- Galerieansicht
- Virtuelles Whiteboard

Material

Die von den Teilnehmenden ausgefüllte Tabelle zu den Umsetzungsvorhaben aus der vorherigen Veranstaltung wird auf dem Whiteboard abgelegt

Ablauf

- Die Trainerin öffnet die ausgefüllte Tabelle und bittet alle Teilnehmenden, sich die Umsetzungsvorhaben aller anderen durchzulesen.
- Die Teilnehmenden fügen bei den Themen, über die sie gern mehr wissen würden, ein Post-it mit ihrem Namen in die Tabelle ein.
- Die Trainerin teilt Kleingruppen nach den Interessenfeldern ein.
- Im Anschluss bildet die Trainerin Kleingruppen, in denen sich die Teilnehmenden über die bisherigen Entwicklungen austauschen können.

Intro

„Beim letzten Mal hatten Sie die Transferaufgabe erhalten, mit Ihrem Team eine Diskussion über das Thema Teamgeist zu führen. Außerdem haben Sie verschiedene Umsetzungsvorhaben formuliert.

Vielleicht haben Sie sich gefragt, warum ich Sie darum bitte, Ihre Vorhaben für alle sichtbar auf dem Whiteboard einzutragen. Der Hintergrund für diese Verfahrensweise ist, dass das Sichtbarmachen, Verschriftlichen und die Kommunikation von Arbeitsprozessen und Herausforderungen sowohl die Wahrscheinlichkeit für die Zielerreichung als auch das gegenseitige Verständnis erhöhen. Das gilt im Übrigen nicht nur für die Zusammenarbeit in unserer Trainingsgruppe, sondern auch für Ihr virtuelles Team. Auch dort ist es von Vorteil, wenn Arbeitsprozesse sichtbar gemacht werden. Dazu später mehr.

Jetzt haben Sie die Möglichkeit, sich zu den Fortschritten, die Sie bereits gemacht haben, in kleinen Gruppen auszutauschen. Nutzen Sie diese Übung auch, um sich über die heutige Veranstaltung hinaus zu vernetzen.

Bitte lesen Sie sich die Umsetzungsvorhaben aller anderen Personen einmal durch. Hinter den Themen, die Sie interessant finden, hinterlassen Sie bitte ein Post-it mit Ihrem Namen.

Sie haben dafür fünf Minuten Zeit."

Durchführung

Nachdem die Teilnehmenden ihre Namen in der Tabelle abgelegt haben, moderiert die Trainerin weiter:

			30	
Name	Welche Ideen werde ich weiterverfolgen?	Welche konkreten Schritte werde ich diesbezüglich umsetzen?	Bis wann?	Wer kann mich dabei unterstützten?
Klaus	Förderung des Teamgedankens zur Erreichen der vereinbarten Ziele Marie Robert	Um den Teamzusammenhalt zu stärken und die Teamleistung zu fördern, werde ich, um möglichst zeitnah zu agieren, häufiger Telefonkontakte zur Erfragung der persönlichen Situation und des persönlichen Empfindens pflegen und Teambesprechungen möglichst als Videokonferenz durchführen.	Ab 1.6., da ab diesem Zeitpunkt eine Umsetzung der neuen Teamstruktur erfolgen soll.	Alle Teammitglieder und Kollege XY
Robert	Ausprobieren Kanban im Team (Montag-Check-in)	Laufend Themen in die Struktur des Tools bringen und im nächsten Online-Meeting ausprobieren	30.04.	Mein Kollege XY

Abb.: Beispielantworten der Teilnehmenden im Umsetzungsplan

„Ich werde Sie nun, soweit machbar, nach Ihren Interessengebieten in Kleingruppen einteilen. Bitte tauschen Sie sich innerhalb der Kleingruppen über die Entwicklungen und Erfolge aus, die Sie bezüglich Ihrer Umsetzungsvorhaben gemacht haben. Sie haben hierfür 15 Minuten Zeit."

Die Trainerin entsendet die Teilnehmenden in Kleingruppenarbeitsräume.

Hinweise

- Bei dieser Art der Gruppeneinteilung wird nicht jede Person in ihrer Wunschgruppe landen.
- Es geht im Kern darum, eine Grundtendenz der Interessen abzuschätzen und die Gruppen möglichst interessengerecht einzuteilen.
- Die Zuordnung der Namen ermöglicht es auch, im Nachgang noch einmal in den Austausch zu gehen, falls das Wunschthema in der eigenen Gruppe nicht besprochen wurde.

Abschluss

Nachdem die Teilnehmenden wieder zurück im Plenum sind, holt die Trainerin ein kurzes Blitzlicht zu den

- Aha-Momenten oder den
- Erkenntnissen, die durch den Austausch gewonnen wurden,

aus den einzelnen Gruppen ein und leitet dann in das nächste Thema über.

Erfolgsfaktor Isolation überwinden und Vernetzung fördern

Der nächste Erfolgsfaktor, mit dem sich die Gruppe beschäftigen wird, lautet „Isolation überwinden und Vernetzung fördern". Als Führungskraft sollten sich die Teilnehmenden mit diesem Thema deshalb so gut auskennen, weil die Mitglieder virtueller Teams häufig in einer Art Gefangenendilemma feststecken, was verschiedene negative Auswirkungen auf die Zusammenarbeit haben kann. Die Isolation, in der sich verteilte Teams befinden, führt oft dazu, dass Entscheidungen getroffen werden, die vor allem zum Vorteil einzelner Personen sind, nicht aber im Sinne des gesamten Teams oder der Organisation. Eine zentrale Aufgabe als Führungskraft ist es hier, insbesondere in digitalen Umgebungen aktiv für Vernetzung zu sorgen.

In der Führung von verteilten Teams ist es wichtig, dass Ziele klar formuliert sind und es ein einheitliches Verständnis aller Beteiligten über das Ziel gibt. Wichtig ist zudem, nicht nur Einzelziele zu verfolgen, sondern immer auch das große Ganze, also das Unternehmen, im Blick zu behalten und zu kommunizieren. Nicht immer sind die Erfolge einer einzelnen Person auch gut für das gesamte Unternehmen. Mitarbeitende, die sich nur sehr selten in den Geschäftsräumen des Unternehmens befinden, bekommen oft gar nicht mit, was aktuelle Unternehmensziele oder die Vision des Unternehmens sind.

© managerSeminare

Gruppenübung: Rot oder Blau – Das Gefangenendilemma online erleben

Orientierung

Ziele

- Die Herausforderungen erleben, die durch die Isolation in verteilten Teams entstehen
- Reflexion der Erlebnisse

Zeit

Insgesamt 40 Minuten
- 15 Minuten für 6 Runden
- 5 Minuten Reflexion der Zusammenarbeit nach Runde 4
- 20 Minuten Abschlussdiskussion

Rahmenbedingungen

- Virtuelles Tool mit Kleingruppenarbeitsräumen
- Virtuelles Whiteboard
- Time Timer

Material

- Folie mit Arbeitsauftrag auf dem Whiteboard ablegen
- Template zur Dokumentation der Ergebnisse auf dem Whiteboard ablegen

Ablauf

- Die Trainerin bildet zwei Gruppen und legt Beobachter fest.
- Sie erläutert die Regeln des „Experiments“.
- Fragen zur Spezifizierung des Ziels werden nicht beantwortet.
- Die Gruppen werden in unterschiedliche Räume geschickt.
- Durchführung der Runden 1-4, nach jeder Runde holt sich die Trainerin das Ergebnis ab und teilt es der jeweils anderen Gruppe mit.
- Das Ergebnis wird auf dem Whiteboard festgehalten.
- Die Gruppen zusammenholen und 5 Minuten Austausch zur weiteren Verfahrensweise ermöglichen.
- Die Runden 5-6 werden durchgeführt.
- Die Trainerin leitet die Reflexion an und fasst zusammen.

Erläuterung

Das „Rot-Blau-Spiel" ist sehr bekannt und wird in verschiedensten Trainingssettings eingesetzt. Es bezieht sich auf das aus der Spieltheorie bekannte Gefangenendilemma. Die Einzelteams haben die Wahl, entweder zu ihrem eigenen größten Nutzen zu entscheiden oder das Beste für die gesamte Gruppe zu tun. Durch die Isolation, in der die beiden Entscheidungen getroffen werden, eignet es sich auch hervorragend, um die Herausforderungen, die dadurch in verteilten Teams entstehen, spürbar zu machen. Die hier dargestellte Version ist etwas verkürzt und daher für ein Live-Online-Format besonders gut geeignet.

Intro

„Um das Problem mit der Isolation in verteilten Teams live zu erleben, möchte ich Sie nun zu einem Experiment einladen. Es trägt den Namen ‚Rot oder Blau'. Zuerst werde ich Sie dazu in zwei Gruppen einteilen."

Die Trainerin teilt die Gruppe in zwei gleich große Teilgruppen ein. Pro Team gibt es eine Person, die eine Beobachterrolle übernimmt. Diese Person schaltet, wenn es losgeht, die Kamera aus, ist also für die anderen nicht mehr sichtbar. Sie beobachtet still den Prozess und macht sich Notizen zu den eigenen Beobachtungen.

Die Trainerin legt für jedes Team eine Person fest, die die Beobachterrolle übernimmt. Sie bittet beide Personen, die Kameras gleich auszuschalten.

Durchführung

Die Trainerin erklärt zunächst die Aufgabe.

„Es geht darum, sich als Team entweder für die Farbe Rot oder die Farbe Blau zu entscheiden. Das Experiment läuft insgesamt über sechs Runden. In jeder Runde entscheiden Sie sich für eine der beiden Farben und teilen mir diese Entscheidung mit, indem Sie mir die entsprechende Farbe nennen. Beide Teams treffen die Entscheidungen isoliert voneinander, das bedeutet, sie wissen im Moment der Entscheidung nicht, wie das andere Team entscheiden wird. Ziel für jedes Team ist es, über sechs Runden hinweg einen positiven Punktestand zu halten, also möglichst viele positive Punkte zu erlangen.

Dabei gelten folgende Regeln: Wählen beide Teams die Farbe Blau, erhalten beide Teams jeweils 4 Punkte. Wählen beide Teams die Farbe Rot, verlieren beide Teams 4 Punkte. Wählt ein Team Rot und das andere

© managerSeminare

Team Blau, erhält das Team, welches Rot gewählt hat, 8 Punkte und das andere Team verliert 8 Punkte.

Alles klar? Gut, dann kann es losgehen. Ich werde Sie nun in Kleingruppenarbeitsräume senden. Sie haben in der ersten Runde fünf Minuten Zeit, Ihre Entscheidung für die erste Runde zu treffen. Ich stelle den Time Timer auf dem Whiteboard ein und komme nach Ablauf der Zeit zu Ihnen in den Raum, um das Ergebnis abzufragen."

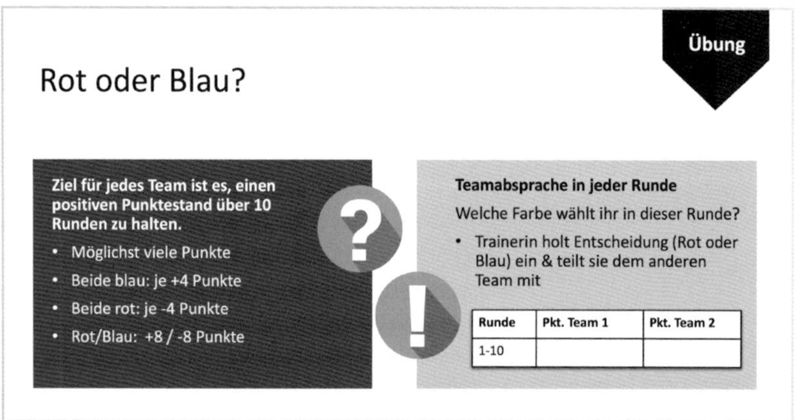

Runden 1-4

Die Trainerin wartet nun ab, bis beide Teams in den unterschiedlichen Räumen ihre erste Entscheidung getroffen haben.

Dann betritt sie den Raum des ersten Teams und fragt dort die Entscheidung ab. Daraufhin geht sie in den Raum des nächsten Teams und fragt hier ebenfalls die erste Entscheidung ab. Im Anschluss teilt sie die Entscheidung der ersten Gruppe mit. Vor dem Verlassen des Raumes bittet die Trainerin die Gruppe, nun ihre Entscheidung für die zweite Runde zu treffen. Der Punktestand wird in einer Tabelle auf dem Whiteboard für alle sichtbar festgehalten.

Sie begibt sich kurz darauf wieder in den Raum des ersten Teams, teilt dort die Entscheidung von Team zwei mit und bittet um erneute Entscheidung für eine der Farben. Diese Verfahrensweise behält sie für die Runden 1-4 bei.

Am Ende der vierten Runde stehen in der Regel beide Teams tief in den roten Zahlen und merken, dass sie das Ziel nicht erreichen werden.

Zudem tauchen erste Diskussionen darüber auf, was jetzt eigentlich das Ziel war.

Nach der vierten Runde

Die Trainerin bringt nun alle Teilnehmenden zurück in den Hauptraum der Konferenz und gibt den Teilnehmenden fünf Minuten Zeit, die Situation zu reflektieren und ggf. eine neue Verfahrensweise abzusprechen. In aller Regel einigen sich die Teams in dieser Zeit darauf, nun gemeinsam immer Blau zu wählen.

Im Anschluss sendet die Trainerin die Gruppen zurück in die Breakout-Räume und führt das Experiment bis zur Runde sechs fort. Wichtig ist, dass die Vereinbarung zwischen den beiden Teams nicht bindend ist. Es kann also auch entschieden werden, dagegen zu verstoßen.

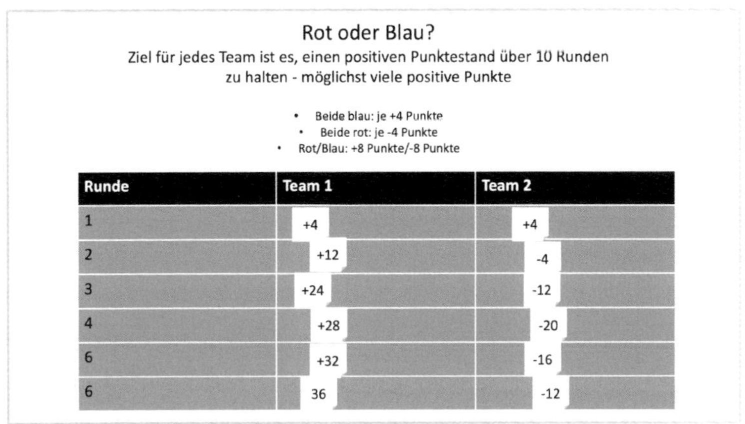
Rot oder Blau?

Ziel für jedes Team ist es, einen positiven Punktestand über 10 Runden zu halten - möglichst viele positive Punkte

- Beide blau: je +4 Punkte
- Beide rot: je -4 Punkte
- Rot/Blau: +8 Punkte/-8 Punkte

Runde	Team 1	Team 2
1	+4	+4
2	+12	-4
3	+24	-12
4	+28	-20
6	+32	-16
6	36	-12

Abb.: Tabelle mit dem Punktestand der Teilnehmenden auf dem Whiteboard

Abschlussdiskussion

Die Abschlussdiskussion ist der wichtigste Teil des Experimentes. Hier reflektiert die Trainerin das Geschehen gemeinsam mit den Teilnehmenden. Dazu stellt sie verschiedene Fragen, wobei sie jeweils zuerst die Personen in den Beobachterrollen bittet, den Verlauf aus ihrer Perspektive zu schildern.

Hier einige hilfreiche Fragen sowie die häufigsten Antworten darauf:

„Lassen Sie uns nun gemeinsam reflektieren, was wir aus diesem Experiment lernen können. Denken Sie dazu zunächst an den Beginn des Experimentes. Wie wurde in der ersten Runde die Entscheidung getroffen?"

Häufig geben die Teilnehmenden hier an, dass sie automatisch gedacht haben, dass es sich um ein Spiel handelt und folglich darum, als Team gegen die anderen zu gewinnen. Es lohnt sich, hier zu erwähnen, dass der Begriff „Spiel" zu keiner Zeit verwendet wurde, sondern immer von einem „Experiment" die Rede war. Es kann auch wertvoll sein, hier einmal nachzufragen, ob die Teilnehmenden solche Situationen auch aus ihrer Praxis kennen. Hier gibt es in der Regel viele bekannte Situationen, die nach demselben Muster ablaufen.

„Was hat dazu geführt, dass sich die Einschätzung verändert hat?"

Hier geben die Teilnehmenden oft an, dass sie gemerkt haben, dass das Ziel nicht erreicht werden kann, wenn eine oder beide Gruppen Rot wählen. Außerdem wird beschrieben, dass Zweifel darüber aufgekommen sind, was das Ziel ist und ob dieses richtig verstanden wurde.

- *„Wie konnten Sie sich sicher sein, dass sich das andere Team an die gemeinsame Vereinbarung halten wird?*
- *Was hat Sie davon abgehalten, die Vereinbarung selbst nicht zu verletzen?*
- *Wie hat es sich angefühlt, wenn die Vereinbarung verletzt wurde?"*

Die Antworten an dieser Stelle stehen oft im Zusammenhang mit dem Thema Vertrauen.

„Was können wir von diesem Experiment über das Führen auf Distanz lernen?"

Hier werden vor allem Erkenntnisse geäußert, die sich um das Vernetzen von Teammitgliedern, um klare Zielformulierungen und um die Förderung des Kooperationsgedankens drehen.

Abschlussvortrag

„Ich fasse also noch einmal zusammen:

Die Isolation, in der sich verteilte Teams befinden, führt oft dazu, dass Entscheidungen getroffen werden, die vor allem zum Vorteil einzelner Personen sind, nicht aber im Sinne des gesamten Teams oder der Organisation. Ihre Aufgabe als Führungskraft ist es also, aktiv für Vernetzung zu sorgen.

In der Führung von verteilten Teams ist es wichtig, dass Ziele klar formuliert sind und es ein einheitliches Verständnis aller Beteiligten über das Ziel gibt. Wichtig ist zudem, nicht nur Einzelziele zu verfolgen, sondern immer auch das große Ganze, also das Unternehmen, im Blick zu behalten. Nicht immer sind die Erfolge einer einzelnen Person auch gut für das gesamte Unternehmen. Mitarbeitende, die sich nur sehr selten in den Geschäftsräumen des Unternehmens befinden, bekommen oft gar nicht mit, was aktuelle Unternehmensziele oder die Vision des Unternehmens sind. Denken Sie also auch an die regelmäßige Kommunikation von Unternehmenszielen, wenn Sie Teammeetings abhalten.

Was hier in unserem Experiment zu diesem Verständnis beigetragen hat, funktioniert auch in virtuellen Teams. Ein regelmäßiger Reflexionsprozess über die Art und Weise, wie wir zusammenarbeiten und was das jeweilige Handeln für Folgen für den jeweils anderen hat, ist hier gefragt.

Das Thema Vertrauen spielt auch hier wieder eine wichtige Rolle. Gegenseitiges Vertrauen hilft uns dabei, bessere Entscheidungen zu treffen.“

Hinweise

- Um das für alle beste Ergebnis zu erreichen, müssen beide Teams während des gesamten Experimentes Blau wählen.
- In der Regel entscheidet sich mindestens eines der Teams bereits in der ersten Runde für Rot.
- Das hat häufig zur Folge, dass das andere Team ebenfalls Rot wählt und beide Teams immer tiefer in die roten Zahlen rutschen.
- Oft entstehen hierbei negative Gefühle gegenüber dem anderen Team.

Expertendialog: Virtuelle Teams aus der Isolation befreien

Orientierung

Ziele

- Reflexion des Problems mit der Isolation in virtuellen Teams
- Gemeinsames Erarbeiten von Lösungen zur besseren Vernetzung

Zeit

Insgesamt 15 Minuten

- 2 Minuten Aufgabenstellung erklären und Rollen zuweisen
- 8 Minuten Diskussion & Festhalten der Ergebnisse
- 5 Minuten Auswertung und Zusammenfassung

Rahmenbedingungen

- Virtuelles Tool
- Virtuelles Whiteboard
- Time Timer

Material

- Folie mit Arbeitsauftrag auf dem Whiteboard ablegen
- Folie zur Dokumentation der Ergebnisse auf dem Whiteboard ablegen

Ablauf

- Die Trainerin erläutert die Fragestellung.
- Es wird die Teilgruppe festgelegt, welche die Fragestellung diskutieren soll.
- Außerdem wird ein Protokollschreiber festgelegt.
- Die übrigen Teilnehmenden bleiben in der Beobachterrolle.
- Die Trainerin erklärt die Regeln der Methode.
- Das Team geht in die Diskussion.
- Ergebnisse zusammenfassen und ergänzen.
- Abschlussvortrag halten.

Intro

In der letzten gemeinsamen Übung sind die Probleme der Isolation in virtuellen Teams und deren Auswirkungen sehr deutlich geworden. Als virtuelle Führungskraft ist es wichtig, sich dieses Problems bewusst zu sein. Der nächste Schritt lautet, Wege zu finden, die eine Vernetzung der Teammitglieder innerhalb des Teams und über Abteilungsgrenzen hinweg auch in der virtuellen Zusammenarbeit sicherstellt.

Die Gruppe soll in der folgenden Arbeit nach Handwerkszeug bzw. konkreten Methoden suchen, mit deren Hilfe sie die Herausforderung der Vernetzung meistern kann.

Zu diesem Zwecke arbeitet sie mit einem Expertendialog an der folgenden Fragestellung:

„Was kann ich als Führungskraft tun, um mein virtuelles Team aus der Isolation zu befreien und für eine gute Vernetzung innerhalb des Teams zu sorgen?"

Regeln der Methode

„Ich werde gleich in meiner Rolle als Moderatorin beginnen, eine Expertendiskussion zu verschiedenen hilfreichen Vernetzungsmöglichkeiten mit Ihnen zu führen. Sie schalten zunächst alle Ihre Videos aus. Ich werfe im Zusammenhang mit unserer Fragestellung verschiedene generelle Möglichkeiten zur Förderung der Vernetzung in den Raum. Wer ein Beispiel für eine Umsetzung aus seinem Team hat, schaltet seine Kamera an und erklärt die praktische Umsetzung. Wer seinen Beitrag beendet hat, schaltet die Kamera wieder aus und der Nächste von Ihnen, der eine weitere Idee hat, darf diese zum Besten geben. Es sollten nicht mehr als zwei von Ihnen gleichzeitig ihre Kamera anhaben. Schön wäre es, wenn jede Person in der Gruppe einen Beitrag leistet."

Eine Person dokumentiert die Lösungsvorschläge. Die Trainerin hat hierfür eine Folie auf dem Whiteboard vorbereitet, auf dem die Person die Beispiele auf Post-its festhalten kann. Alle, die in der Rolle der Beobachtenden sind, können hier auch zusätzliche Ideen oder Ergänzungen zu den vorgebrachten Ideen aufschreiben.

Ziel ist es, möglichst viele praktische Umsetzungsideen zu sammeln, die alle nach dem Seminar anwenden können.

© managerSeminare

Durchführung

Vernetzung in virtuellen Teams managen

- Gemeinsame Rituale
- Möglichkeiten der Zusammenarbeit finden
- Kooperation fördern
- Verbindungen in andere Unternehmensbereiche herstellen

Die Trainerin beginnt mit der Moderation.

„Eine Möglichkeit, virtuelle Teammitglieder aus der Isolation zu lösen, sind gemeinsame regelmäßige Rituale, wie etwa das Feiern von Geburtstagen im Team. Wer von Ihnen hat weitere Beispiele für gemeinsame Rituale im Team? Bitte schalten Sie jetzt die Kamera an und erzählen uns davon."

Die Trainerin nimmt zwei bis drei konkrete Beispiele auf, welche durch den Protokollanten auf dem Whiteboard festgehalten werden. Und leitet dann zum nächsten Punkt über, bei dem sie analog verfährt.

„Außerdem kann es helfen, wenn Sie, wo möglich, die überfachliche Zusammenarbeit zwischen den Teammitgliedern oder auch über die Grenzen des Teams hinaus fördern. Das können Sie beispielsweise tun, indem Sie Teammitglieder gemeinsam ein Projekt erarbeiten lassen. Wer kann hierzu eine Umsetzungsidee beisteuern? …

Wie in unserem Experiment deutlich wurde, ist es außerdem wichtig, Möglichkeiten zu finden, die Kooperation zu fördern. Dazu gehört es auch, gemeinsame Ziele regelmäßig zu kommunizieren und Kooperation statt Wettbewerb zu vermitteln. Welche konkreten Umsetzungsbeispiele fallen Ihnen hierzu ein? …

Zuletzt braucht es auch Verbindungen in andere Unternehmensbereiche außerhalb des eigenen Teams. Manche Unternehmen bieten zu diesem Zwecke digitale Veranstaltungen unter der Überschrift ‚Virtual Mystery Coffee' an. Bei diesem Format kommen Menschen unterschiedlichster

Hierarchiestufen und Unternehmensbereiche in einer Art professionellen Blind Dates für 15 Minuten im virtuellen Raum zusammen. Die Auslosung und der Versand der Einladungen erfolgt mithilfe einer Software mit dem Namen Mystery Coffee. Welche Methoden nutzen Sie, um ihr virtuelles Team auch bereichsübergreifend zu vernetzen?" ...

Abb.: Beispielantworten der Teilnehmenden im Expertendialog „Vernetzung fördern"
Bildquelle: © Depositphotos_256732362

Abschluss

„Ich bedanke mich bei allen, die ihr Expertenwissen mit der Gruppe geteilt haben. Lesen Sie sich nun die entstandene Übersicht nochmals durch und machen sich eine Notiz auf Ihrem Ideenblatt für die Punkte, die Sie selbst gern in Ihren Alltag übernehmen möchten."

Quellen

- Thomas, G. (2014): Die virtuelle Katastrophe. So führen Sie Teams über Distanz zur Spitzenleistung. assist Publishing Verlag.
- Mystery Minds GmbH: Mystery Coffee: https://www.mysterycoffee.com/; abgerufen am 25.03.2022.

Vortrag: Working Out Loud & Übung: Die Kraft von Netzwerken nutzen

Orientierung

Ziele

- Die Teilnehmenden erleben, wie sie die Kraft von teamübergreifenden Netzwerken auch über Distanzen hinweg nutzen können
- Sie lernen eine Methode kennen, die sie gemeinsam mit ihrem Team oder anderen Einheiten aus dem Unternehmen durchführen können, um die Vernetzung zu fördern

Zeit

Insgesamt 45 Minuten

- 10 Minuten Vorstellung der Methode Working Out Loud
- 2 Minuten Einleitung
- 3 Minuten ein Thema finden
- 20 Minuten Netzwerkpartner finden
- 5 Minuten Abschlussdiskussion
- 5 Minuten Puffer

Rahmenbedingungen

- Virtuelles Tool mit Kleingruppenarbeitsräumen
- Virtuelles Whiteboard

Material

- Folie mit Aufgabenstellung vorbereiten
- Templates für das Festhalten von Netzwerkpartnern
- Time Timer

Ablauf

- Die Trainerin führt in die Methode Working Out Loud ein, danach geht es in die Übung.
- Die Teilnehmenden notieren sich ein Lernziel, an dem gerade gearbeitet wird und für das Netzwerk-Power erwünscht ist.
- Die Teilnehmenden notieren sich, warum das Ziel erreicht werden soll.

- Die Trainerin erklärt die Aufgabe und fragt, wer sein Thema vorstellen möchte.
- Eine Person erzählt drei Minuten lang, was sie erreichen möchte und warum.
- Die anderen Teilnehmenden hören zu und fragen ggf. kurz nach.
- Im Anschluss überlegt jeder in der Gruppe, mit welcher Person aus dem eigenen Netzwerk diese Person verbunden werden könnte, um in diesem Thema weiter voranzukommen.
- Die Namen werden auf ein Post-it geschrieben und auf dem Whiteboard abgelegt.
- Zum Abschluss reflektiert die Trainerin mit der Gruppe kurz den Prozess.

Vortrag: Working Out Loud – eine Methode der bereichsübergreifenden Vernetzung

Intro

„Hier werden wir eine Methode behandeln, die sich besonders gut zur Vernetzung innerhalb von virtuellen Teams über Abteilungs- und Unternehmensgrenzen hinweg eignet. Die Methode heißt Working Out Loud.

Working Out Loud oder kurz WOL ist eine Methode der kollaborativen Zusammenarbeit, die von John Stepper entwickelt wurde. Im Zusammenhang mit Führen auf Distanz stellt sie eine wunderbare Möglichkeit dar, um die bereichsübergreifende Zusammenarbeit zu fördern, tragfähige Beziehungen aufzubauen und erfolgreich Netzwerke zu etablieren …"

Wie funktioniert WOL?

Erläuterung

Eine kleine Gruppe von 3-5 Menschen macht sich 12 Wochen lang auf eine selbst organisierte Lernreise. Dabei hat jede Person ein persönliches Wunschziel, worüber sie sich vertrauensvoll mit der Gruppe austauscht.

Sie treffen sich jeweils für eine Stunde in der Woche und arbeiten mithilfe sogenannter Circle Guides an ihren individuellen Themen. Die Circle Guides geben die Struktur vor, mithilfe derer die Gruppe an den Themen der einzelnen Personen in der Gruppe arbeitet.

© managerSeminare

Diese Zusammenarbeit basiert auf den folgenden fünf Kernelementen:

- Beziehungen pflegen
  Beziehungen sind das Herzstück dieser Methode. Alles dreht sich darum, tragfähige Beziehungen aufzubauen, um gemeinsam neues Wissen zu erlangen.

- Großzügigkeit
  Großzügigkeit innerhalb eines Netzwerkes walten zu lassen, meint, Wissen frei und großzügig miteinander zu teilen. Das bedeutet auch, sich von dem Gedanken der Wissenshoheit zu verabschieden oder von dem Bedürfnis, sich dadurch einen Vorteil zu verschaffen, Wissen für sich zu behalten.

- Sichtbare Arbeit
  Die eigene Arbeit und die damit zusammenhängenden Erfolge im Netzwerk sichtbar zu machen, ist ein weiterer Faktor. Nach dem Motto „Tu Gutes und sprich darüber" geht es darum, mit dem, was ich tue, in meinem Netzwerk sichtbar zu werden und damit wieder auch einen Mehrwert für andere zu schaffen.

- Zielgerichtetes Verhalten
  Die Fokussierung auf ein selbst gewähltes Lernziel sorgt für Orientierung innerhalb des Prozesses.

- Wachstumsorientiertes Denken
  Hier geht es darum, Offenheit zu entwickeln, lebenslang dazuzulernen, Veränderung zu begrüßen und immer wieder neue Wege zu gehen.

Die Prinzipien von WOL haben auch in diesem Seminarkonzept einen festen Platz: Das Thema „Ziele" hat ein eigenes Modul und die Transferpläne mit den Eintragungen der Umsetzungsvorhaben machen „Arbeitsprozesse sichtbar". Der Austausch über Umsetzungsvorhaben, wie z.B. in der Übung zu Beginn der Veranstaltung dieses Moduls, macht die Erkenntnisse Einzelner für alle nutzbar. Die persönlichen Einstiege zahlen auf das Prinzip der „Beziehungen" ein.

Übung: Die Kraft von Netzwerken nutzen

Die folgende Übung ist inspiriert von der Methode Working Out Loud und meiner geschätzten Kollegin Nele Kreyßig.

Intro

„Wir haben bereits über verschiedene Möglichkeiten und die Notwendigkeit der internen Vernetzung gesprochen. Ebenso wichtig wie die interne Vernetzung, ist auch die Vernetzung in andere Unternehmensbereiche und darüber hinaus. Die bereichsübergreifende Vernetzung zu fördern, ist eine weitere wesentliche Aufgabe der virtuellen Führungskraft. Ich möchte Sie nun zu einer Übung einladen, die deutlich machen soll, welcher ungeahnte Reichtum sich im Netzwerk dieser Gruppe verbirgt. Gleichzeitig ist die Übung ein Werkzeug, das Sie auch in Ihrem eigenen Unternehmen anwenden können."

Durchführung

Im ersten Schritt überlegt sich jede Person ein persönliches Lernziel. Es sollte etwas sein, das man gern erreichen möchte oder in dem man gerade besser werden möchte. Etwas, für das man Netzwerk-Power benötigen könnte, aber noch nicht hat. Alles ist möglich. Es kann ein persönliches Ziel sein, wie z.B. eine neue Sportart zu lernen, oder auch mit dem Seminarthema zu tun haben, wie z.B. ein bestimmtes virtuelles Tool besser nutzen zu lernen. Einfach etwas, dass einem momentan wichtig ist. Die Teilnehmenden machen sich nun eine persönliche Notiz zu diesem Thema. Sie notieren nun dazu, warum sie dieses Ziel erreichen möchten. Warum wollen sie Lebenszeit dafür aufbringen, das formulierte Ziel zu erreichen? Auch hierzu machen sich alle eine Notiz.

„Wir werden nun die Netzwerk-Power dieses Teams nutzen, um drei Personen aus der Gruppe beim Erreichen des Ziels zu unterstützen. Wer möchte eine dieser glücklichen Personen sein?"

Die Trainerin wartet, bis sich eine Person gemeldet hat, und moderiert dann die folgenden Schritte:

1. *Bitte erzählen Sie uns zuerst drei Minuten lang von Ihrem Ziel, und erklären das persönliche Warum dahinter.*
2. *Haben alle das Ziel und das Warum verstanden? Welche Fragen gibt es noch?*

© managerSeminare

3. *Nun bitte ich alle Anwesenden zu überlegen, mit welcher Person aus Ihrem Netzwerk Sie die Person verbinden könnten, um der Zielerreichung einen Schritt näher zu kommen. Das kann auch ein sehr kleiner Schritt sein. Bitte schreiben Sie dann Ihren eigenen Namen und den Namen dieser Person auf ein Post-it. Dafür haben Sie drei Minuten Zeit.*
4. *Erklären Sie in einem kurzen Satz und in maximal einer Minute, warum diese Verbindung hilfreich sein könnte.*
5. *Dann geht es weiter mit dem nächsten Thema.*

Die Moderation wird für drei Personen mit ihren jeweiligen Zielen wiederholt. Die Trainerin hat für jede der drei freiwilligen Personen einen Arbeitsbereich vorbereitet. Hier können diese ihr Ziel ablegen und ihre Kontakte sammeln.

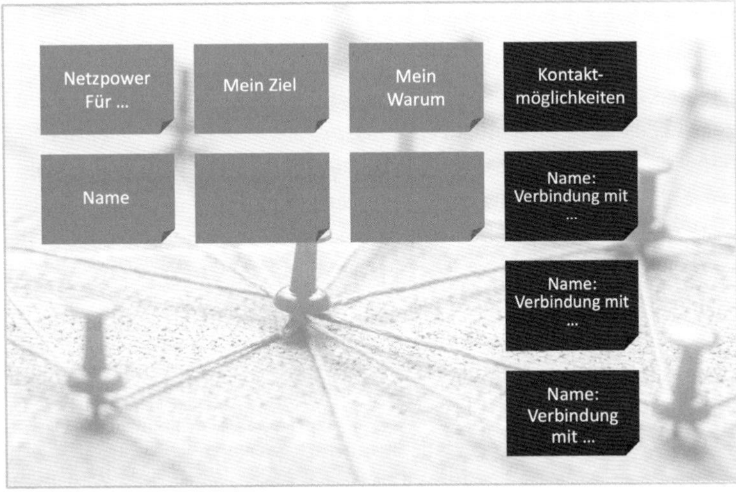

Abb.: Template zum Ablegen potenzieller Kontaktmöglichkeiten auf dem Whiteboard, Bildquelle: © Depositphotos_256732362

Auswertung und Zusammenfassung

Zum Abschluss holt die Trainerin ein kurzes Feedback zu der gemeinsamen Übung ein. Die Fragen könnten wie folgt lauten:

- *Wie hat Ihnen diese Übung gefallen?*
- *Welche Erkenntnisse nehmen Sie daraus für sich mit?*
- *Wie können Sie das in Ihren Alltag übertragen?*

Nach ein bis zwei kurzen Wortmeldungen moderiert sie weiter:

„Es freut mich, dass Sie den Wert von teamübergreifenden Netzwerken nun noch mehr schätzen können als vor dieser Übung. Ziel dieser Übung war es, die Notwendigkeit und den Vorteil der Vernetzung über Distanzen hinweg deutlich zu machen. Nebenbei haben Sie mit ihr auch ein Werkzeug erhalten, mit dessen Hilfe Sie die Vernetzung in Ihrem Team unterstützen können. Führen Sie dazu beispielsweise diese Übung gemeinsam mit Ihrem Team bei einem virtuellen Kaffeeklatsch mit einer andern Abteilung durch.

Bitte machen Sie sich noch eine kurze Notiz zu den Teilnehmenden, die Ihnen Netzwerkangebote gemacht haben und gehen Sie im Anschluss an das Training hierzu noch einmal in den Austausch darüber, wie Sie die Kontaktanbahnung gestalten wollen.

Wenn Ihnen die Aufgabe gefallen hat und Sie noch mehr über die Methode Working Out Loud erfahren wollen, empfehle ich Ihnen, sich in einem der Zirkel anzumelden und weitere Übungen zum Netzwerken gemeinsam mit anderen Menschen durchzuführen."

Hinweise

- Wenn Sie eine größere Gruppe haben, können Sie die Übung auch in Kleingruppen durchführen lassen. Das hat den Vorteil, dass jede Person ein Ziel nennen kann.
- Die Übung funktioniert etwas besser in größeren Gruppen, da es insgesamt mehr Netzwerkpartner gibt. Die Größe der Kleingruppen sollte nicht unter fünf Personen liegen.

Quellen

- WOL ist inzwischen in vielen großen Unternehmen etabliert. Eines der bekannten Unternehmen ist die Robert Bosch GmbH, wo Katharina Krentz seit vielen Jahren sehr erfolgreich und unermüdlich für den Einsatz der Methode arbeitet und die Erfolge sichtbar macht. Durch sie habe ich die Methode kennengelernt und meine ersten Erfahrungen damit gemacht.
- Stepper, J. (2021): Über Working Out Loud. https://workingoutloud.com/de/about; abgerufen am 25.03.2022.
- Stepper, J. (2016): Tedex: The making of a movement. Working Out Loud: The making of a movement | John Stepper | TEDxNavesink - YouTube; abgerufen am 25.03.2022.

Transferaufgabe: Vernetzung im eigenen Team fördern – Der Experten-Lernspaziergang

Orientierung

Ziele

- Die erlernten Inhalte vertiefen
- Vernetzung zwischen den Führungskräften fördern
- Praxistransfer sichern

Zeit

- 10 Minuten innerhalb des Trainings
    - 2 Minuten Aufgabenstellung erklären
    - 5 Minuten Inhalte nochmals durchlesen und ein erstes Umsetzungsvorhaben bilden
    - 3 Minuten Partner für den Lernspaziergang aussuchen
- 30 Minuten für den Lernspaziergang (außerhalb der Online-Trainingssession)

Rahmenbedingungen

Virtuelles Tool

Material

Folie mit Arbeitsauftrag auf dem Whiteboard ablegen

Ablauf

- Die Trainerin erklärt, was ein Experten-Lernspaziergang ist und nennt das Ziel.
- Die Teilnehmenden gehen die vorangegangenen Lerninhalte und Beispiele für die Vernetzung virtueller Teams nochmals durch und bilden ein Umsetzungsvorhaben.
- Jeder sucht sich einen Partner aus, mit dem er die Aufgabe gemeinsam ausführen möchte.
- Der Transferplan wird ergänzt.

Intro

„In unserem letzten Modul ging es darum, wie Sie Ihr Team aus der Isolation befreien und die einzelnen Teammitglieder stärker miteinander vernetzen können. Nun gilt es für jeden Einzelnen von Ihnen, sich die Ideen aus unserem Expertenblitzlicht zu übernehmen, die für Ihr Team besonders geeignet sind.

Gleichzeitig möchte ich Sie dazu einladen, sich mit einer anderen Person aus der Gruppe zu vernetzen. Ich lade Sie daher ein, im Anschluss an unsere Session mit einer Person aus dieser Gruppe einen Experten-Lernspaziergang durchzuführen. Sie gehen also miteinander telefonierend spazieren und unterhalten sich über die Lerninhalte und darüber, was Sie zukünftig in Bezug auf die Vernetzung in Ihrem Team ändern wollen."

Durchführung

Zuerst lesen sich alle die Ergebnisse aus dem Expertendialog noch einmal durch und überlegen sich, welche neue Idee sie einmal ausprobieren wollen. So könnten die Teilnehmenden sich zum Beispiel vornehmen, ein Ritual für das Feiern von Geburtstagen in ihrem Team einzuführen. Alle nehmen sich nun zwei Minuten Zeit und formulieren ein Umsetzungsvorhaben. Und sie notieren sich, warum sie sich gerade für diese Idee entschieden haben und was sie sich davon versprechen.

Dann sucht sich jeder eine Person in der Gruppe aus, mit der er gerne den Lernspaziergang durchführen möchte. Da es in diesem Modul um Vernetzung geht, kann das gerne eine Person sein, mit der man bislang noch wenig Kontaktpunkte hatte.

Die Aufgabe nach diesem Modul wird es sein, sich mit dieser Person zu einem Spaziergang am Telefon, am besten mit Headset, zu verabreden und sich jeweils von den eigenen Vorhaben zu erzählen. Ziel ist, einander dabei zu unterstützen, die Vorhaben weiter zu konkretisieren und diese in die Tat umzusetzen.

Die Teilnehmenden werden eingeladen, sich während des etwa dreißigminütigen Spaziergangs über die folgenden Fragestellungen auszutauschen:

© managerSeminare

Lernspaziergang

- Was haben Sie aus dem Modul mitgenommen?
- Was wollen Sie konkret umsetzen und wie?
- Wie soll die technische Umsetzung aussehen?
- Wer aus Ihrem Team kann Sie dabei unterstützen?
- Wie können Sie sich ggf. dabei unterstützen?

Hinweis ▶ Der Auswahlprozess kann z.B. durch Zuweisen oder nach dem Wunsch der Teilnehmenden erfolgen.

Ergänzung des Transferplanes

Zusätzlich zum Lernspaziergang erhalten die Teilnehmenden die Aufgabe, ihren Transferplan zu ergänzen.

Modul 5

Kommunikation (neu) organisieren

Überblick und Zeitkalkulation

Thema/Übung	Dauer	Seite
Erfolgsfaktor Kommunikation (neu) organisieren	5	158
Distanz überwinden durch die Kommunikation über digitale Medien	15	159
Digitale Kompetenzen aufbauen Intro Abfrage: Wie sorgen Sie in Ihrem Team für den Aufbau digitaler Kompetenzen? Abschlussvortrag	10	162
Mein schlimmster Fehler in der Kommunikation mit virtuellen Medien ... und was ich daraus gelernt habe	30	165
Gelungene Videokonferenzen durchführen	30	168
No more Nonsense Meetings: Expertentipps für die inhaltliche Vorbereitung von Online-Meetings Intro Expertentipps erarbeiten Austausch und Zusammenfassung	35	172
Pause	15	
Transferaufgabe: Virtuelle Teammeetings neu gestalten	5	177
Zusammenfassung: Kommunikation (neu) gestalten	5	179
Transferaufgabe: Mein digitales Erfolgstagebuch	5	182
Vorbereitung der Abschlussveranstaltung Themenwünsche sammeln	10	184
Feedback mit Rucksack und Mülleimer	10	185

Erfolgsfaktor Kommunikation (neu) organisieren

Der nächste Erfolgsfaktor, den sich die Gruppe ansehen wird, ist das Thema „Kommunikation organisieren". Während Kommunikationswege in konventionellen Teams oft jahrelang etabliert und gewachsen sind, müssen diese in virtuellen Teams auf andere Weise gestaltet werden. Dazu ist es zunächst einmal wichtig, gemeinsam mit dem Team hilfreiche Kommunikationswege zu definieren, also gemeinsam festzulegen, wann wer kommunizieren sollte, damit die Prozesse reibungslos funktionieren können.

Daneben sollte auch das Wie definiert werden, also das Medium, das genutzt werden soll und auch die Art und Weise, wie es genutzt werden soll.

Kommunikation findet in virtuellen Teams im Wesentlichen über digitale Medien statt. Diese müssen zunächst einmal vorhanden sein und zu den Bedürfnissen des jeweiligen Teams oder Unternehmens passen.

Distanz überwinden durch die Kommunikation über digitale Medien

Orientierung

Ziele

- Einführen in das Thema
- Vorhandene digitale Medien in den Überblick bringen
- Sicherstellen, dass allen alle Medien bekannt sind

Zeit

Insgesamt 15 Minuten

- 5 Minuten Kurzvortrag
- 5 Minuten vorhandene Medien auflisten
- 5 Minuten Auswertung und Fragen stellen

Rahmenbedingungen

- Virtuelles Tool
- Virtuelles Whiteboard

Material

Folie mit Bereichen für Unterstützung der Zusammenarbeit durch virtuelle Medien

Ablauf

- Die Trainerin führt in das Thema ein, nennt die Bereiche, in denen Medien die Zusammenarbeit unterstützen und nennt einige Beispiele.
- Die Teilnehmenden listen Tools auf, mit denen sie arbeiten.
- Die Trainerin fragt, ob jedem alle Tools bekannt sind, und gibt ggf. kurz Zeit, Fragen zu stellen.

Intro

Die wesentliche Voraussetzung für die Kommunikation über Distanzen hinweg ist das Vorhandensein geeigneter Medien zur effektiven Kommunikation. Welche Medien das sind, ist je nach Unternehmen oder Teamzusammenstellung sehr unterschiedlich. Häufig sind im Unternehmen sehr viele Medien vorhanden, diese jedoch nicht allen Mitarbeitenden bekannt bzw. werden nicht in vollem Umfang genutzt.

Kurzvortrag Bereiche der Kommunikation und hilfreiche Tools

„Wir wollen uns im ersten Schritt einen Überblick über die wichtigsten und hilfreichsten Medien für die virtuelle Zusammenarbeit verschaffen. Ich habe Ihnen auf dem Whiteboard bereits eine Übersicht vorbereitet, auf der verschiedene Bereiche der Zusammenarbeit abgebildet sind, für die es virtuelle Medien braucht. Beginnen wir mit Medien zur allgemeinen Kommunikation. Dazu gehören E-Mail, Telefon, Videokonferenzen, aber auch Chats und Diskussionsforen. Außerdem gibt es Medien zur Koordination von Aufgaben. Das können z.B. Gruppenkalender sein oder auch virtuelle Tools zum Projektmanagement, wie z.B. Asana oder Jira, in denen man Aufgaben hinterlegen, beschreiben und bestimmten Personen zuordnen kann. Zudem ist es hier möglich, den jeweiligen Arbeitsstand eines Projektes zu verfolgen, sodass jeder weiß, wer gerade woran arbeitet und wie weit der Prozess fortgeschritten ist.

Außerdem braucht es Medien zur Unterstützung der Kooperation. Hierzu zählen z.B. geteilte Dokumente, aber auch virtuelle Whiteboards oder Groupware, die einen kompletten virtuellen Arbeitsraum zur Verfügung stellt, wie etwa die App MS Teams. Weiterhin erstellen viele Teams Wikis zum gemeinsamen Sammeln und Dokumentieren von Wissen und Erfahrungen."

Überblick über vorhandene Medien

Die Trainerin blättert das Sheet „Geeignete Medien zur Unterstützung der Zusammenarbeit" auf und bittet ihre Teilnehmenden, hinter jedem der drei Bereiche einmal die Medien abzulegen, die sie im Unternehmen besonders häufig nutzen.

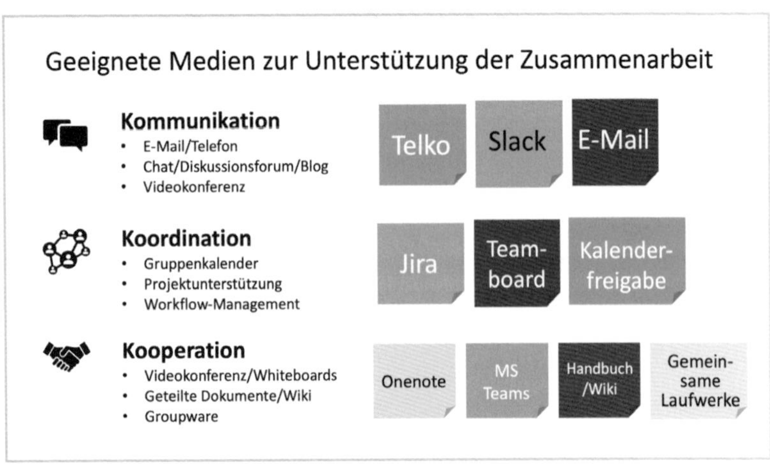

Zum Abschluss fasst die Trainerin die Ergebnisse kurz zusammen und fragt in die Runde, ob alle Medien jeder Person in der Gruppe bekannt sind. Ggf. erhalten die Teilnehmenden kurz Zeit, um Fragen zu stellen und zu erklären, wie oder wofür ein bestimmtes Tool genutzt wird.

„Wie diese Auflistung zeigt, gibt es bei Ihnen im Unternehmen alle notwendigen Tools, die es für eine effiziente virtuelle Arbeitsumgebung braucht. Beachten Sie, dass es nicht selbsterklärend ist, wofür jedes Tool geeignet ist und wie es genutzt werden sollte. Denken Sie also daran, sich hierfür eine Strategie zu überlegen, z.B. in Form eines Mediennutzungsplanes (siehe Deep Dive, ab Seite 356), in dem Sie gemeinsam mit Ihrem Team festlegen, welches Medium wozu genutzt werden soll und welche Regeln bei der Nutzung gelten."

Hinweise

- Hin und wieder wird an dieser Stelle deutlich, dass wesentliche Tools fehlen.
- Je nach Art der Teilnehmenden kann dann darüber gesprochen werden, welche Tools noch fehlen und wie diese implementiert werden können bzw. wie das Fehlen bestimmter Tools möglichst effektiv kompensiert werden kann.

Quelle

- Herrmann, D., Hüneke, K. & Rohrberg, A. (2012): Führung auf Distanz. Mit virtuellen Teams zum Erfolg. Springer Gabler Verlag, Kindle Version.

Digitale Kompetenzen aufbauen

Orientierung

Ziele

- Für das Thema sensibilisieren
- Überblick schaffen über die Möglichkeiten zum Aufbau digitaler Kompetenzen

Zeit

Insgesamt 10 Minuten

- 3 Minuten Intro
- 3 Minuten Sammeln bisheriger Maßnahmen zum Aufbau digitaler Kompetenzen
- 4 Minuten Abschlussvortrag und Ergänzung

Rahmenbedingungen

- Virtuelles Tool, Galerieansicht
- Virtuelles Whiteboard

Material

Template „Was tun Sie für den Aufbau digitaler Kompetenzen in Ihrem Team?“

Ablauf

- Kurze Einführung ins Thema
- Kartenabfrage: Was tun Sie aktuell in Ihrem Team für den Aufbau digitaler Kompetenzen?
- Abschluss und Ergänzung

Intro *„Um die im Unternehmen vorhandenen Medien nutzen zu können, braucht es Menschen mit digitalen Kompetenzen. Menschen also, die genau wissen, wie sie die Medien optimal für ihre Zwecke einsetzen und diese auch anwenden können.*

Häufig fragen mich Teilnehmende, wie sie diese Kompetenzen aufbauen können. Einige beklagen sich darüber, dass es ständig neue Tools und Anwendungen gibt, jedoch keine Information darüber, wie die Tools optimal angewendet werden können. Ich möchte daher gern einen Überblick darüber schaffen, was Sie innerhalb Ihrer Teams für den Aufbau digitaler Kompetenzen tun."

Durchführung

Die Trainerin führt eine Kartenabfrage über den Aufbau digitaler Kompetenzen durch.

Abb.: Beispiele für Antworten der Teilnehmenden
Bildquelle:© depositphotos@rawpixel

Auswertung und Ergänzung

Die Trainerin liest kurz die Antworten der Teilnehmenden vor. Das Ergebnis ist häufig, dass recht wenig bewusst für den Aufbau digitaler Kompetenzen getan wird. Die Trainerin moderiert dann weiter:

„Wie ich sehe, gibt es bereits einige Dinge, die Sie aktiv tun. Bitte heben Sie einmal die Hand, wenn Sie das Gefühl haben, dass Sie eigentlich noch mehr tun müssten."

In der Regel heben hier alle Teilnehmenden die Hand.

„Dieses Bild entspricht genau meiner Erfahrung. Der Aufbau digitaler Kompetenzen kommt in aller Regel zu kurz. Das liegt vor allem daran, dass nicht kontinuierlich daran gearbeitet wird. Viele Menschen in Unternehmen trauen sich nicht, vorhandene Medien zu nutzen, weil sie Angst haben, Fehler zu machen. Statt sich einfach auszuprobieren, warten sie darauf, dass es eine umfassende Schulung für das jeweilige Medium gibt, die aber niemals stattfindet bzw. schnell überholt ist, weil sich

Funktionen und Anwendungsmöglichkeiten von Tools teilweise wöchentlich ändern.

Ein guter und praktischer Weg für den Aufbau von digitalen Kompetenzen ist das gute alte Learning by Doing. Um diesen Prozess möglichst effektiv zu gestalten, bietet sich bei der Einführung eines neuen Tools die Ernennung eines Medienverantwortlichen im Team an.

Diesen Tipp habe ich einmal von einer sehr erfolgreichen Führungskraft erhalten, die mir erzählte, dass es für jedes neue Medium in ihrem Team einen Medienverantwortlichen gibt. Diese Person beschäftigt sich intensiv damit, was das jeweilige Tool kann und wie es die Arbeit des Teams erleichtern hilft. Dazu schaut sich diese Person beispielsweise Tutorials auf YouTube an. Im Anschluss teilt sie die Erkenntnisse mit dem Team und unterstützt die weiteren Teammitglieder bedarfsgerecht bei ihren ersten Schritten.

Während das neue Tool in die Anwendung geht, teilen die Teammitglieder kontinuierlich ihre Erkenntnisse und reden auch offen über Fehler, sodass das Team schnell die optimale Nutzungsmöglichkeit für sich herausgearbeitet hat. Mein Tipp an Sie ist also: Arbeiten Sie kontinuierlich am Ausbau der digitalen Kompetenzen bei sich im Team. Warten Sie nicht, bis das Wissen zu Ihnen kommt, sondern ermutigen Sie Ihre Mitarbeitenden dazu, es sich selbst anzueignen und teilen Sie das Wissen im Team."

Wie hilfreich es in diesem Zusammenhang sein kann, offen über Fehler zu reden und daraus zu lernen, wird sich die Gruppe in der nächsten Übung gemeinsam ansehen.

Mein schlimmster Fehler in der Kommunikation mit virtuellen Medien

... und was ich daraus gelernt habe

Orientierung

Ziele

- Erfahrungen zur Nutzung digitaler Medien austauschen
- Die Führungskräfte sensibilisieren für eine offene Fehlerkultur
- Gemeinsam in der Gruppe digitale Kompetenzen aufdecken und erweitern

Zeit

Insgesamt 30 Minuten

- 5 Minuten Intro
- 20 Minuten digitale Missgeschicke teilen, Erkenntnisse ableiten und festhalten
- 5 Minuten Abschlussvortrag

Rahmenbedingungen

- Virtuelles Tool, Galerieansicht
- Virtuelles Whiteboard

Material

Template „Was wir aus unseren digitalen Missgeschicken gelernt haben"

Ablauf

- Nach einer kurzen Einleitung zum Thema digitale Kompetenzen erzählt die Trainerin von einem eigenen digitalen Missgeschick und davon, was sie daraus gelernt hat.
- Sie bittet die Teilnehmenden, selbst einmal zu überlegen, was ihnen schon passiert ist und was sie daraus gelernt haben.
- Die Teilnehmenden teilen ihre Geschichten und halten die wichtigsten daraus erlernten Erkenntnisse fest.
- In der Auswertung reflektiert die Trainerin gemeinsam mit den Teilnehmenden die Übung.

© managerSeminare

Intro

„Neben dem Vorhandensein bestimmter Medien braucht es, wie bereits erwähnt, Menschen, die diese zielführend nutzen können. Hier gibt es in vielen Unternehmen Probleme. Häufig scheuen sich Menschen davor, neue Dinge auszuprobieren. Ein Grund ist die Angst davor, Fehler zu machen. Viele Menschen beschweren sich auch über den Einsatz ständig neuer Medien oder Funktionen, die sich in kurzen Abständen ändern. Was hier helfen kann, ist, mit Fehlern und Problemen offen umzugehen und dafür zu sorgen, dass sich die Menschen im Team gegenseitig dabei unterstützen, dass sich Fehler nicht wiederholen. Eine Möglichkeit ist es, offen darüber zu sprechen, um daraus gemeinsam zu lernen. Das wollen wir jetzt ausprobieren, indem wir uns gegenseitig von unseren Fehlern erzählen und vor allem austauschen, was wir daraus gelernt haben. Ich beginne mit einem eigenen Fehler:

Als Trainerin arbeite ich häufig mit neuen Kunden zusammen. Ich kann mich gut an einen Workshop erinnern, dessen Beginn total missglückte, weil es für drei der Teilnehmenden nicht möglich war, störungsfrei an der Konferenz teilzunehmen, da das Tool vonseiten der Unternehmens-IT für diese Personen nicht zugelassen war. Das führte dazu, dass sie immer wieder versuchten, in das Meeting zu kommen und dann entweder nicht zu sehen oder zu hören waren, was den Ablauf für die Anwesenden erheblich störte.

Was ich daraus gelernt habe, ist, mit jedem neuen Kunden einen Technik-Check für jeden einzelnen Teilnehmenden durchzuführen und diesen auch sehr ernst zu nehmen."

Durchführung

Die Trainerin lädt die Teilnehmenden ein, einmal zu überlegen, was in der letzten Zeit ihr peinlichster oder folgenschwerster Fehler in der Kommunikation mithilfe digitaler Medien war. Und noch wichtiger: was sie daraus gelernt haben.

„Wer möchte beginnen, seine Geschichte zu teilen?"

Die Trainerin lässt die Teilnehmenden ihre Geschichten erzählen und fragt ggf. nach, was sie daraus gelernt haben. Häufig entstehen hier auch kurze Diskussionen, weil andere Teilnehmende noch weitere Ideen haben, was daraus gelernt werden kann.

Das Erlernte wird auf dem Whiteboard festgehalten.

Abb.: Beispiele für Antworten der Teilnehmenden auf die Frage, was sie aus ihren Fehlern gelernt haben. Bildquelle:© depositphotos@rawpixel

Abschluss

„Schauen Sie bitte nun noch einmal auf unser Whiteboard. Gibt es etwas, dass Sie aus den Geschichten der anderen lernen konnten? Was nehmen Sie aus dieser Übung für sich und Ihr Team mit? Bitte überlegen Sie kurz und schreiben Sie eine Antwort darauf in den Chat."

Die Trainerin liest kurz die wichtigsten Aussagen im Chat vor und fasst dann noch einmal zusammen.

„Wir können also festhalten: Aus Fehlern lernt man am meisten. Das gilt auch für den Aufbau von digitalen Kompetenzen. Im Sinne des gemeinsamen Teamerfolgs ist es sinnvoll, dafür zu sorgen, dass Fehler möglichst nur einmal geschehen und die Gruppe schnell voneinander und miteinander lernt. Es lohnt sich also auch hier, eine Kultur zu schaffen, die für Fehler offen ist und den Austausch fördert. Am besten, Sie fangen gleich im Anschluss an diesen Workshop damit an."

Gelungene Videokonferenzen durchführen

Orientierung

Ziele

- Probleme und Herausforderungen von Videokonferenzen in den Überblick bringen
- Lösungsansätze erarbeiten und besprechen

Zeit

Insgesamt 30 Minuten

- 3 Minuten Intro
- 5 Minuten Video „A Video Conference Call in Real Life" zeigen
- 5 Minuten Sammeln der beobachteten Herausforderungen
- 5 Minuten Sammeln von Lösungsansätzen
- 12 Minuten Abschlussvortrag

Rahmenbedingungen

- Virtuelles Tool, Galerieansicht
- Virtuelles Whiteboard

Material

- Video „A Conference Call in Real Life" bereithalten
- Template „Herausforderungen und deren Lösungen in Videokonferenzen" vorbereiten

Ablauf

- Nach einer kurzen Einleitung zum Thema Videokonferenzen zeigt die Trainerin das Video „A Video Conference Call in Real Life".
- Sie bittet die Teilnehmenden, die Probleme, die sie auch aus ihren Konferenzen kennen, auf Post-its zu schreiben und auf dem Whiteboard abzulegen.
- Im Anschluss lesen sich die Teilnehmenden alle Antworten durch und schreiben mögliche Lösungsansätze auf Kärtchen. Diese legen sie neben den Herausforderungen ab.
- In der Auswertung fasst die Trainerin die wichtigsten Punkte nochmals zusammen.

Intro

„Ein wesentliches Medium für die Kommunikation über Distanzen hinweg ist die Videokonferenz. Viele von Ihnen verbringen vermutlich einen großen Teil ihrer täglichen Arbeitszeit in Meetings. Und sicherlich gibt es auch einige von Ihnen, die davon hin und wieder ziemlich genervt sind. Der Grund dafür ist, dass in diesen virtuellen Meetings oft ziemlich viel schiefgeht. Zum Einstieg in das Thema werden wir uns nun gemeinsam ein Video ansehen, das die wesentlichen Störquellen auf amüsante Weise auf den Punkt bringt."

Tryp and Tyler, Video: A Video Conference Call in Real Life, https://youtu.be/JMOOG7rWTPg

Das Video zeigt auf amüsante Weise viele typische Probleme, die uns in Videokonferenzen begegnen können. Das Video ist 3.24 Minuten lang. Ich nutze das Video, um gemeinsam mit den Teilnehmenden die häufigsten Probleme und deren Lösungen in einen Überblick zu bringen.

Durchführung

Die Trainerin zeigt das Video und moderiert dann weiter.

„Bitte fragen Sie sich, welche der hier dargestellten Probleme kennen Sie aus Ihrer eigenen beruflichen Praxis. Bitte halten Sie diese mit einer Moderationskarte auf dem Whiteboard fest.

Im nächsten Schritt überlegen Sie bitte, was Ihnen dabei helfen könnte, diese Herausforderungen zukünftig zu vermeiden. Bitte halten Sie Ihre Lösungsansätze ebenfalls auf einem Kärtchen im dafür vorgesehenen Feld auf dem Whiteboard fest."

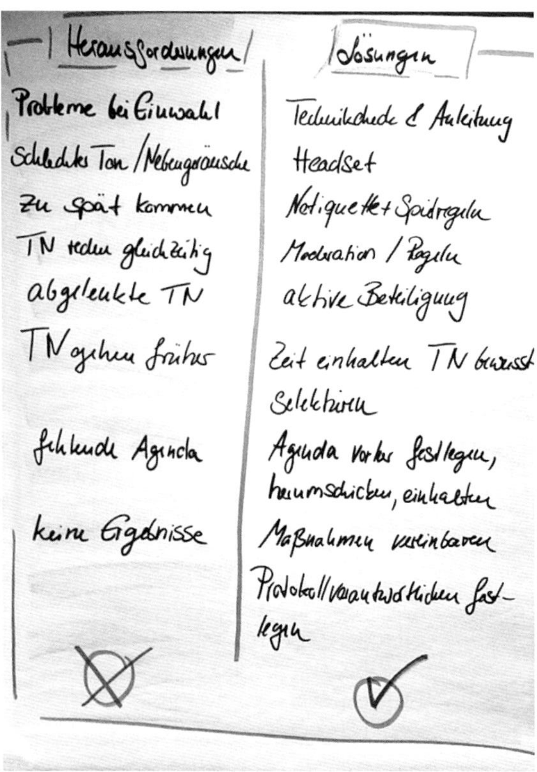

„Die Probleme mit der Einwahl sowie Ton- und Verbindungsprobleme lassen sich durch einen Technik-Check vor dem Meeting ausschließen. Dieser Technik-Check sollte nicht nur auf Ihrer Seite der Leitung, sondern bei allen Teilnehmenden stattfinden. Das können Sie tun, indem Sie mit Ihrem Team besprechen, was vorab sicherzustellen ist."

Die wichtigsten Elemente beim Technik-Check sind:

- Die Internetverbindung
- Die Kamera und die richtige Beleuchtung
- Der Ton, der z.B. durch ein Headset verbessert werden kann

„Erinnern Sie sich noch an die Nachricht, die Sie vor dem Start unserer Veranstaltung von mir bekommen haben? Sie enthält die wichtigsten Elemente sowie auch eine Aufforderung zu einem Technik-Check. Grundsätzlich gilt: Alles, was schiefgehen kann, wird auch irgendwann schief gehen. Versuchen Sie also schon im Vorfeld, alle möglichen Eventualitäten auszuschließen."

Technik-Check

- Die Internetverbindung
- Die Kamera und die richtige Beleuchtung
- Der Ton, der z.B. durch ein Headset verbessert werden kann

„Eine weitere von Ihnen genannte Lösung, die Netiquette, kann viele der genannten Probleme lösen. Hier gilt es, gemeinsam mit Ihrem Team Verhaltensregeln zu erarbeiten, die für Videokonferenzen grundsätzlich gelten sollen."

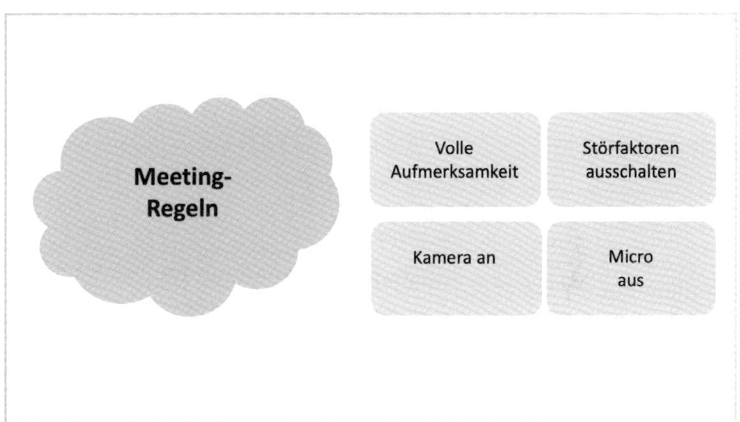

Sinnvolle Regeln können sein ...

- dass sich alle bereits fünf Minuten vor der Zeit einwählen, um einen verspäteten Start zu vermeiden.
- Handzeichen für eine Wortmeldung oder die Zustimmung bzw. Ablehnung eines Beitrags zu verabreden.
- erst nach Aufforderung des Moderators zu sprechen.
- Mikrofon außerhalb der eigenen Redezeiten stumm zu schalten.
- dass alle Anwesenden der Sitzung ihre ungeteilte Aufmerksamkeit schenken.

Quelle

- Tryp and Tyler, Video: A Video Conference Call in Real Life. https://youtu.be/JMOOG7rWTPg, abgerufen am 25.03.2022.

© managerSeminare

No more Nonsense Meetings: Expertentipps für die inhaltliche Vorbereitung von Online-Meetings

Orientierung

Ziele

Die wichtigsten Elemente einer guten inhaltlichen Vorbereitung und Durchführung von Online-Meetings gemeinsam erarbeiten

Zeit

Insgesamt 35 Minuten

- 5 Minuten Intro
- 15 Minuten Expertentipps erarbeiten
- 10 Minuten Expertentipps austauschen
- 5 Minuten Zusammenfassung und Abschluss

Rahmenbedingungen

- Virtuelles Tool mit Kleingruppenarbeitsräumen
- Virtuelles Whiteboard

Material

Template „Expertentipps" vorbereiten

Ablauf

- Zur Einleitung beantworten die Teilnehmenden die Frage im Chat „Wie kann man virtuelle Teammeetings so richtig schlecht gestalten?"
- Die Trainerin bittet die Teilnehmenden, sich zu dritt in Breakout Sessions Expertentipps für inhaltlich gelungene virtuelle Teammeetings auf Post-its zu erarbeiten.
- Zurück im Hauptraum, stellt eine Gruppe ihre Ergebnisse vor und die anderen Gruppen ergänzen.
- Die Trainerin ergänzt eigene Tipps und fasst in der Auswertung die wichtigsten Punkte nochmals zusammen.

Einführung

Gegen unaufmerksame Teilnehmende und eine unklare Agenda hilft eine gute Vorbereitung des Online-Meetings. Damit wird sich die Gruppe in dieser Übung näher beschäftigen.

Intro

„In der letzten Übung hatten wir uns schon gemeinsam erarbeitet, was es grundsätzlich braucht, um gelungene Videokonferenzen durchzuführen. Dabei haben wir die Themen ‚technische Vorbereitung' und ‚Netiquette' näher beleuchtet. In der folgenden Übung werden wir uns ausführlicher mit der inhaltlichen Ausgestaltung beschäftigen. Zum Einstieg möchte ich Sie dazu bitten, sich einmal an die inhaltlich schlechtesten Videokonferenzen zu erinnern, die Sie bisher erlebt haben. Bitte nutzen Sie den Chat, um niederzuschreiben, was für sie ein ‚richtig schlechtes' virtuelles Meeting ausmacht. Denken Sie dabei nur an inhaltliche Aspekte. Was braucht es, damit Sie aus einem Meeting gehen und denken: ‚Wozu war ich hier eigentlich dabei?' Oder: ‚Dieses Meeting war für mich reine Zeitverschwendung.'"

Chat Storm zu Virtuellen Nonsens Meetings

Durchführung

Die Trainerin wartet ab, bis alle Teilnehmenden ihre Antworten gleichzeitig in den Chat gepostet haben und liest die einzelnen Aussagen vor und ergänzt diese um eigene Punkte. Die wichtigsten Stichpunkte hierbei sind:

- Keine Agenda zu haben bzw. keinen roten Faden zu erkennen, ist für viele Menschen frustrierend. In diesem Zusammenhang finde ich persönlich auch immer wichtig, zu wissen, was das Ziel des Meetings sein soll. Meiner Beobachtung nach finden viel zu viele Meetings statt, weil sie immer um diese Zeit stattfinden, haben jedoch kein klares Ziel. In diesem Zusammenhang werden auch hin und wieder ziel- und endlose Diskussionen genannt, die zu keinem Ergebnis führen.

- Die PowerPoint-Schlacht mit Monolog ist ein weiterer Klassiker oder, anders ausgedrückt, die mangelnde Beteiligung sind ein Garant für unaufmerksame Teilnehmende, die sich nebenbei mit allem Möglichen beschäftigen und bestenfalls lediglich sichtbar, geistig aber abwesend sind.

© managerSeminare

Act Like an Expert

Die Trainerin fährt fort:

Intro

„Natürlich ist es nicht unser Ziel zu lernen, wie man virtuelle Meetings so richtig in den Sand setzt. Daher werden wir nun gemeinsam erarbeiten, wie das besser geht. Stellen Sie sich nun bitte einmal vor, Sie wären ein Experte für gelungene virtuelle Meetings. Der Digitalbeauftragte Ihres Unternehmens bittet Sie, Ihre Fähigkeiten als Multiplikator ins Unternehmen zu tragen. In der Vorbereitung sollten Sie die fünf wichtigsten Expertentipps zusammentragen, die Sie Ihren Kolleginnen und Kollegen für gelungene virtuelle Meetings an die Hand geben wollen.

Ich werden Ihnen dazu weitere Profis zur Seite stellen. Bitte erarbeiten Sie gemeinsam in Kleingruppenarbeitsräumen die fünf wichtigsten Expertentipps für jede Gruppe. Halten Sie die Essenz Ihres Expertenwissens auf Post-its fest. Sie haben dafür 15 Minuten Zeit."

Durchführung

Nun werden die wichtigsten Ideen zusammengetragen. Die Trainerin hat dazu ein Template vorbereitet, auf dem alle die Expertentipps in die richtigen Reihenfolgen bringen können. Der zunächst leere Bildschirm füllt sich mit Leben.

Die Trainerin präsentiert das leere Template.

Abb.: Template. Bildquelle: © depositphotos@phonlamai

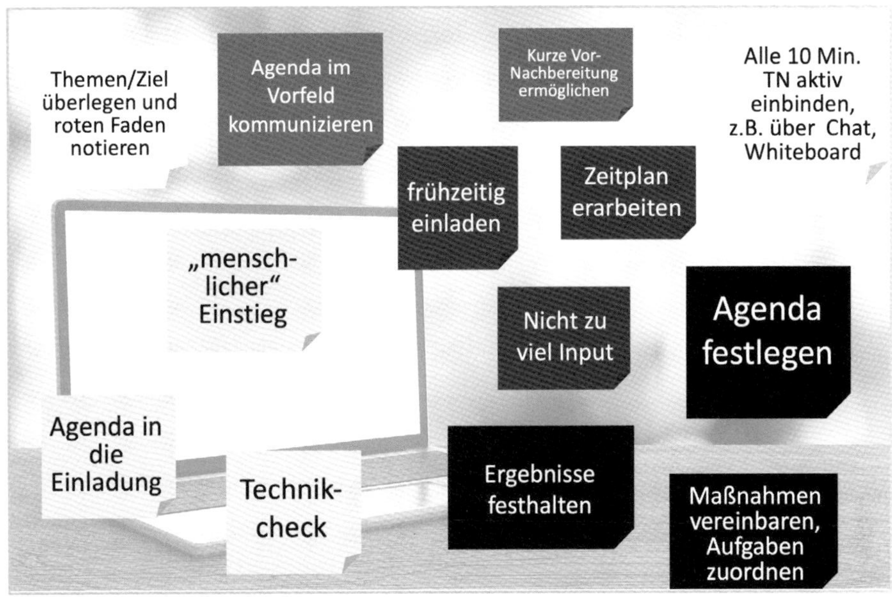

Abb.: Beispiele für Expertentipps. Bildquelle: © depositphotos@phonlamai

Auswertung und Zusammenfassung

In der Auswertung trägt die Trainerin die Expertentipps der verschiedenen Gruppen zusammen und ergänzt ggf. durch ihre eigenen.

Diese sind:

- Legen Sie sich ein Ziel für das Meeting fest und beantworten Sie für sich die Frage: Was will ich mit diesem Meeting erreichen und warum?
- Erarbeiten Sie, ausgehend von diesem Ziel, eine detaillierte Agenda inklusive Zeitplan.
- Versenden Sie die Agenda und eventuelle Vorbereitungsaufgaben vor dem Meeting, so können sich alle Mitarbeitenden gedanklich auf das Meeting einstellen und gut vorbereiten.
- Lassen Sie die Teilnehmenden zu Wort kommen. Überlegen Sie im Vorfeld, welche Parts auch von Ihren Mitarbeitenden erarbeitet und moderiert werden können. Starten Sie mit einem persönlichen Check-in. Planen Sie für Ihre eigenen Beiträge Interaktionen mit den Teilnehmenden ein, z.B. durch Meinungsabfragen im Chat und weiteren Methoden, die bereits durch das Seminar bekannt gemacht wurden.

Hinweise

- Die Antworten, die die Teilnehmenden in den Chat geben, können zur Dokumentation und besseren Übersichtlichkeit im Nachgang auf das Whiteboard kopiert werden.
- Alternativ können sie auch direkt dort aufgenommen werden.
- Ich nutze an dieser Stelle gerne das Whiteboard, um die verschiedenen Anwendungsmöglichkeiten der virtuellen Tools bewusst zwischendurch zu wechseln.

Quelle

- Buchempfehlung für alle, die ihr Expertentum in Sachen virtuelle Teammeetings noch weiter ausbauen möchten: Heitmann, A. (2021): Online Meetings die begeistern. Digitale Rhetorik mit Spaß und Struktur. Haufe Verlag.

Transferaufgabe: Virtuelle Teammeetings neu gestalten

Orientierung

Ziele

- Die erlernten Inhalte vertiefen und in der Praxis umsetzen
- Den Ablauf der eigenen Teammeetings verändern und erste Erfahrungen sammeln
- Praxistransfer sichern

Zeit

Insgesamt 75 Minuten

- 5 Minuten Aufgabenstellung im Online-Training erklären
- In der Transferzeit: 60 Minuten Planung des nächsten virtuellen Teammeetings mit Umsetzung der Expertentipps
- 10 Minuten Reflexion nach dem Meeting

Rahmenbedingungen

Virtuelles Tool

Material

Folie mit Arbeitsauftrag auf dem Whiteboard ablegen

Ablauf

- Die Trainerin bittet die Teilnehmenden, bis zum nächsten Modul ein virtuelles Teammeeting unter Beachtung der Expertentipps vorzubereiten und abzuhalten.
- Im Nachgang an das Meeting sollen sich die Führungskräfte 10 Minuten Zeit nehmen, um den Erfolg zu reflektieren und die wichtigsten Aspekte in einem Erfolgstagebuch festzuhalten.

Intro

„Auch zu diesem Modul möchte ich Ihnen wieder eine Transferaufgabe mitgeben, die Ihnen helfen, soll, die heute erarbeiteten Inhalte in die Praxis umzusetzen und erste Erfahrungen damit zu sammeln.“

© managerSeminare

Durchführung

„Bitte nehmen Sie sich 60 Minuten Zeit, Ihr nächstes virtuelles Meeting unter Beachtung der Expertentipps vorzubereiten. Wenn möglich, fragen Sie Ihr Team ruhig nach Feedback, nachdem Sie das Meeting auf die neue Art durchgeführt haben.

Nehmen Sie sich im Anschluss an Ihr Meeting 10 Minuten Zeit, Ihre Erfahrungen zu reflektieren. Halten Sie die wesentlichen Erkenntnisse stichpunktartig fest.“

Zusammenfassung: Kommunikation (neu) organisieren

Orientierung

Ziele

Zusammenfassung des Moduls

Zeit

Insgesamt 5 Minuten

Rahmenbedingungen

Galerieansicht

Material

PowerPoints „Kommunikation (neu) organisieren" und „Regeln für die virtuelle Kommunikation"

Ablauf

Die Trainerin hält einen kurzen Vortrag.

Am Ende des Moduls „Kommunikation (neu) organisieren" fasst die Trainerin die wesentlichen Inhalte zusammen.

„Zum Abschluss unseres Moduls möchte ich die wichtigsten besprochenen Punkte zu unserem Erfolgsfaktor ‚Kommunikation (neu) organisieren' für Sie zusammenfassen.

Zunächst ist es wichtig, dass geeignete Medien zur Überbrückung von Distanzen vorhanden und auch bekannt sind. Das haben wir in der Übersicht über die in Ihrem Unternehmen vorhandenen Medien sichergestellt.

Im nächsten Schritt kommt es darauf an, dass die Menschen im Unternehmen in der Lage sind, die vorhandenen Medien zielführend zu nutzen. Das bedeutet also, das richtige Medium für die jeweilige Botschaft auszuwählen. Als Faustformel gilt hier: Je komplexer die Information ist, desto mehr Informationen sollte das Medium gleichzeitig übermitteln können. Das Medium, das für die Übermittlung sehr komplexer

Kommunikationsgegenstände besonders gut geeignet ist, ist die Videokonferenz. Allerdings: Für eine Konfliktlösung ist, wenn immer möglich, das persönliche Gespräch stets das Mittel der Wahl.

In der Übung ‚Mein schlimmster Fehler' haben wir uns mit diesem Thema Digitalkompetenz beschäftigt. In einer sich ständig wandelnden digitalen Welt gilt es, Dinge mutig auszuprobieren und schnell gemeinsam zu lernen, auch aus Fehlern. Einen zusätzlichen Praxistipp zu der Frage ‚Wie baue ich in meinem Team Digitalkompetenz auf?' habe ich seinerzeit in einem Interview bekommen: Für jedes neue Tool gibt es eine medienverantwortliche Person im Team, die sich mit dem neuen Tool intensiv beschäftigt und das Wissen in das Team trägt."

Falls im Live-Online-Seminar zusätzliche Themen behandelt wurden, wie Sie sie in diesem Buch in den „Deep Dive"-Vertiefungsabschnitten finden, würde sich der Vortrag noch weiter fortsetzen können:

„Zuletzt haben wir am Beispiel der ‚E-Mail-Empathie' (ab Seite 350) *auch über die Eigendynamik der eingesetzten Medien gesprochen, die sich ebenfalls von der Kommunikation von Angesicht zu Angesicht unterscheidet. Um diesbezüglich einen guten Weg zu finden, ist es wichtig, gemeinsam im Team Regeln für eine gute virtuelle Kommunikation zu erarbeiten.*

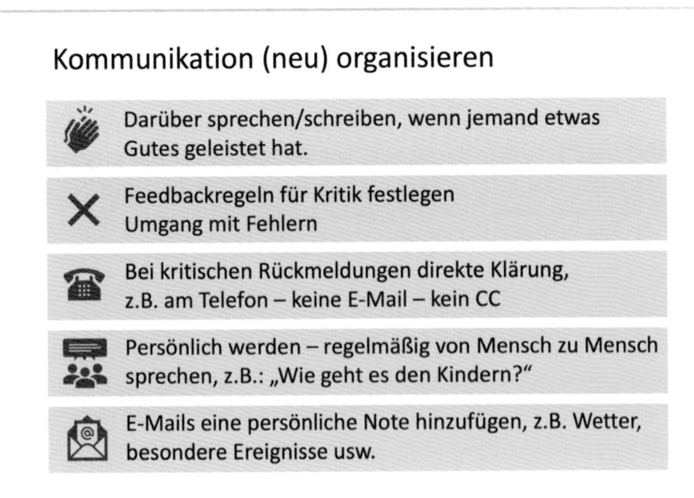

Abb.: Regeln für die virtuelle Kommunikation

Wichtige Regeln können sein:

Darüber zu sprechen, wenn jemand etwas Gutes geleistet hat, etwa in Form von High Fives, wie wir es im Beispiel des ‚Team Huddles' angesprochen hatten.

Team Huddles ab Seite 302

‚Feedback' kommt allgemein in virtuellen Teams häufig zu kurz. Daher sollte es auch hier Feedback-Regeln und regelmäßige Formate geben. Bei kritischen Rückmeldungen gilt es, lieber das persönliche Gespräch zu suchen, als die Situation unnötig weiter zu eskalieren. Die Kommunikation in einem virtuellen Team sollte außerdem regelmäßig Raum für einen Austausch von Mensch zu Mensch schaffen.

Feedback-Methoden im Download-Bereich

Für ‚E-Mails' gilt: Im Zweifel lieber abwarten, bis ich Zeit habe, eine wertschätzende E-Mail zu schreiben, denn das könnte für mein Gegenüber ein ungeahnt wichtiges Kriterium sein."

E-Mail-Empathie ab Seite 350

© managerSeminare

Transferaufgabe: Mein digitales Erfolgstagebuch

Orientierung

Ziele

- Praxistransfer sichern
- Selbstbewusstsein steigern und den Fokus auf die positiven Dinge lenken
- Erfolge, positive Erlebnisse und erreichte Ziele dokumentieren und als solche wahrnehmen
- Erfolge festhalten, um sich später darüber austauschen zu können

Zeit

Insgesamt 25 Minuten

- 5 Minuten Intro und Aufgabenstellung erklären
- 10 Minuten Anlegen eines digitalen Erfolgstagebuchs
- 10 Minuten wöchentlich innerhalb der Transferzeit

Rahmenbedingungen

Virtuelles Tool

Material

Folie mit Arbeitsauftrag auf dem Whiteboard ablegen

Ablauf

- Die Trainerin gibt eine kurze Einführung in das Prinzip des Erfolgstagebuchs und erklärt den Nutzen für die Teilnehmenden.
- Die Teilnehmenden erhalten die Aufgabe, ein digitales Erfolgstagebuch für die erfolgreiche(re) Fühung auf Distanz anzulegen.
- Dort werden einmal wöchentlich alle positiven Erlebnisse und Errungenschaften rund um das Thema festgehalten.
- Das Erfolgstagebuch sollte zur nächsten Veranstaltung zum Zwecke des gegenseitigen Austauschs über die Erfolge mitgebracht werden.

„Unsere Abschlussveranstaltung wird vor allem dazu dienen, auf das Erreichte zurückzublicken und gemeinsam Erfolge zu feiern. Damit Sie Ihre Erfolge dann auch parat haben, möchte ich Sie bitten, in den kommenden drei Wochen einmal ganz bewusst auf Ihre positiven Erlebnisse im Zusammenhang mit den Erfolgsfaktoren beim Führen auf Distanz zu achten. Damit auch kein Erfolg verloren geht, legen Sie sich zu diesem Zwecke bitte ein digitales Erfolgstagebuch an. Das kann ein einfaches digitales Notizbuch sein, zum Beispiel ‚OneNote' oder Sie laden sich eine entsprechende App herunter. Dort notieren Sie:

Intro/Durchführung

1. *Ihre Erfolge, etwa wie Sie die Struktur von Teammeetings verändert haben, um mehr Beteiligung zu ermöglichen.*
2. *Notieren Sie, welche Maßnahmen und Schritte Ihnen zu diesem Erfolg verholfen haben.*
3. *Und woran Sie gemerkt haben, dass es ein Erfolg war. Indikator kann beispielsweise eine positive Rückmeldung aus dem Team sein.*

Transferaufgabe Erfolgstagebuch

- Welche Fortschritte habe ich bezüglich meiner Umsetzungsvorhaben gemacht?
- Welche Erfolge habe ich erzielt?
- Welche neuen positiven Erfahrungen habe ich gemacht?
- Was hat sich im Team verbessert?

Entsprechende Apps gibt es von verschiedenen Anbietern, einfach zu finden mithilfe der Google-Suche.

Das Erfolgstagebuch ist eine wunderbare Methode, die nachweislich dabei hilft, das Selbstbewusstsein zu steigern und den Fokus auf die positiven Erfahrungen im Leben zu lenken und die damit stark zur eigenen Zufriedenheit beiträgt. Zudem kann es rückblickend auch als Ressource zur Reflexion dienen, um das dort dokumentierte Wissen auch für zukünftige Herausforderungen anwenden zu können.

In diesem Erfolgstagebuch halten Sie dann wenigstens einmal in der Woche alle Erfolge, positive Erfahrungen und gern auch noch so kleine Fortschritte fest, die Sie im Zusammenhang mit unserem Thema und Ihren Umsetzungsvorhaben gemacht haben. Ich bin mir sicher, Sie werden erstaunt sein, wie viele Dinge das sind."

© managerSeminare

Vorbereitung der Abschlussveranstaltung

Das Ziel der Abschlussveranstaltung ist es einerseits, Erfolge zu feiern und andererseits, sicherzustellen, dass möglichst viele der Erwartungen der Teilnehmenden erfüllt werden. Daher steht der Inhalt des Moduls nicht von Beginn an fest, sondern wird bedarfsgerecht erstellt.

Hierzu moderiert die Trainerin mit folgenden Worten an:

„Wir befinden uns nun schon fast am Ende unserer gemeinsamen Reise. Für unser verbleibendes Abschlusstreffen dürfen Sie Ihren Schwerpunkt selbst wählen.

Bitte denken Sie dazu zurück an den Beginn unseres Weges und lesen Sie sich gegebenenfalls noch einmal die Erwartungen durch, die Sie damals formuliert haben. Welche Fragen sind noch offen bzw. was gibt es noch, dass Sie bei unserem Abschlusstreffen vertiefen wollen? Bitte halten Sie Ihre Antworten auf der Folie ‚Wunschthemen' auf dem Whiteboard fest."

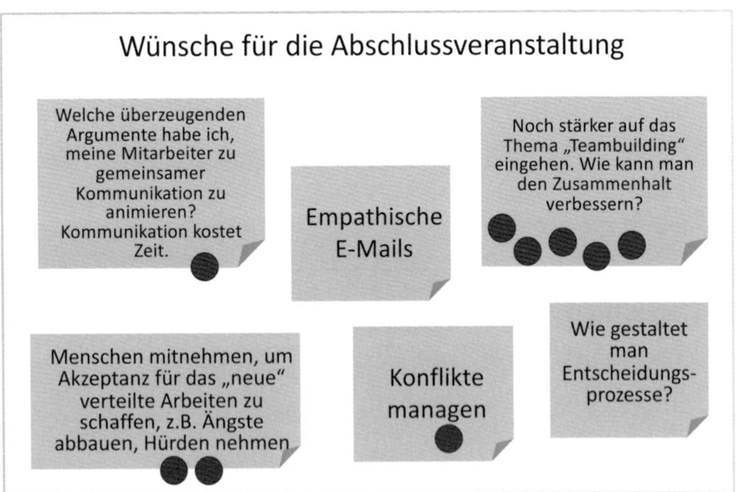

Priorisierung der Themenvertiefung(en)

Zum Abschluss liest die Trainerin die Wünsche der Teilnehmenden noch einmal vor und fragt in Einzelfällen nach, was genau gemeint ist. Bei sehr vielen unterschiedlichen Wünschen erfolgt möglicherweise noch eine Priorisierung in der Gruppe.

Feedback mit Rucksack und Mülleimer

Orientierung

Ziele

- Wichtigste Erkenntnisse teilen
- Das Modul abschließen und Feedback einholen

Zeit

Insgesamt 10 Minuten
- 3 Minuten Vorhaben notieren
- 7 Minuten Feedback-Runde

Rahmenbedingungen

- Galerieansicht
- Arbeit auf dem virtuellen Whiteboard

Material

Vorbereitete Feedback-Folien auf dem Whiteboard

Ablauf

- Die Trainerin bittet die Teilnehmenden, das Modul noch einmal zu resümieren und zu notieren, welche wichtigsten Inhalte sie für sich (im Rucksack) mitnehmen und auch, was sie nach diesem Training nicht mehr wiederholen, also in die Mülltonne werfen wollen.
- Die Teilnehmenden notieren die entsprechenden Punkte auf Post-its im Template „Rucksack oder Mülleimer".
- Die Trainerin leitet eine Abschlussrunde ein, in der alle Teilnehmenden sagen, wie ihnen der Tag gefallen hat, was sie in den Rucksack packen und was sie lieber dalassen möchten.

Intro

„Wir sind nun am Ende unseres heutigen Moduls angekommen. Wie gewohnt, werden wir mit einer kurzen Feedback-Runde abschließen.

Bitte denken Sie noch einmal an die Inhalte des heutigen Tages zurück und beantworten Sie die Frage: Was nehme ich aus dem heutigen Tag für mich mit. Schreiben Sie diese Punkte bitte auf die Folie mit dem Rucksack auf dem Whiteboard. Auf der zweiten Folie hinterlassen Sie bitte die

© managerSeminare

Punkte, von denen Sie sagen, dass sie für die Tonne sind. Das können Dinge sein, die Sie zukünftig besser lassen wollen, weil Ihnen klar geworden ist, dass Sie nicht zielführend sind."

Abb.: Was nehmen die Teilnehmenden aus der Veranstaltung mit?
Was sollten sie künftig besser lassen?

Abschlussrunde

„Zum Abschluss möchte ich Sie alle bitten, ein kurzes Feedback zum heutigen Tag zu geben und Ihre wichtigsten zwei Vorhaben zu nennen."

Quelle

- Heitmann, A. (2021): Online Meetings die begeistern. Digitale Rhetorik mit Spaß und Struktur. Haufe Verlag.

Die Abschlussveranstaltung

Überblick und Zeitkalkulation

Thema/Übung	Dauer	Seite
Check-in: Das Partygetränk	15	188
Rückblick und Erfolgsgeschichten	25	190
Vertiefung eines Inhalts	50	192
Vertiefung eines weiteren Inhalts (optional)	50	
Ein kleines Abschiedsritual	30	193

Zur Erinnerung: Das Ziel der Abschlussveranstaltung ist es einerseits, Erfolge zu feiern und andererseits, sicherzustellen, dass möglichst viele der Erwartungen der Teilnehmenden erfüllt werden. Nach einem kurzen Check-in startet die Trainerin mit einem Rückblick, in dem sich die Teilnehmenden von ihren Erfolgen seit dem Beginn des Trainings berichten können. Danach wird das Thema vertieft, das sich die Teilnehmenden am Schluss des vorhergehenden Moduls ausgewählt haben. Gegebenenfalls können auch zwei Themen vertieft werden. Auswahlmöglichkeiten für vertiefende Inhalte finden Sie im Kapitel Deep Dives ab Seite 293.

Wichtig für das Gelingen der Abschlussveranstaltung ist es, dass die Teilnehmenden Zeit hatten, ihre Vorhaben aus den vorangegangenen Modulen umzusetzen und dass sie erste Erfahrungen sammeln konnten. Hierfür sollten etwa drei Wochen Zeit zwischen dieser Veranstaltung und der vorangegangenen liegen.

© managerSeminare

Check-in: Das Partygetränk

Orientierung

Ziele

- Persönlicher, gemeinsamer Start in die Abschlussveranstaltung
- Aktivierung der Teilnehmenden
- Den Teilnehmenden eine weitere Methode für den Start ihrer eigenen virtuellen Veranstaltungen an die Hand geben

Zeit

Insgesamt 15 Minuten

Rahmenbedingungen

- Galerieansicht
- Virtuelles Whiteboard

Material

Vorbereitete Folie „Partygetränk" auf dem Whiteboard ablegen

Ablauf

- Nach einer kurzen Einleitung stellt die Trainerin die Frage: Welches ist dein Partygetränk?
- Im Anschluss haben die Teilnehmenden eine Minute Zeit, ein Getränk zu wählen und die Gründe für die Wahl zu beschreiben.

Intro *„Willkommen zu unserer Abschlussveranstaltung. Wie versprochen, werden wir heute damit beginnen, Erfolge zu feiern. Natürlich darf bei einer richtigen Party auch ein Partygetränk nicht fehlen."*

Die Trainerin zeigt die Folie „Partygetränk" und moderiert weiter.

„Unsere Check-in-Frage für heute lautet daher: Was darf ich Ihnen zu trinken anbieten? Oder anders ausgedrückt: Wenn Sie ein Partygetränk wählen könnten, welches wäre das und warum?"

Durchführung

Die Teilnehmenden benennen ihr Wunschgetränk und beschreiben, warum sie dieses gewählt haben.

Die Trainerin schließt die Runde ab:

„Nun, da Sie alle Ihr Wunschgetränk erhalten haben, werde ich mir selbst einen Aperol Spritz einschenken. Das erinnert mich immer an eine Urlaubsreise in Italien, außerdem ist es frisch und spritzig und macht sofort gute Laune."

Quelle

- Die Inspiration zu diesem Check-in verdanke ich Daniela Englert. Ich habe sie in ihrem Workshop „Play Break" kennengelernt.

Komm, ich erzähl dir eine Erfolgsgeschichte: Ein Rückblick der besonderen Art

Orientierung

Ziele

- Erfolgserlebnisse teilen
- Transfer sichern
- Den Teilnehmenden eine interaktive Methode für die eigenen virtuellen Teammeetings an die Hand geben

Zeit

Insgesamt 25 Minuten

Rahmenbedingungen

- Galerieansicht
- Arbeit auf dem virtuellen Whiteboard

Material

- Vorbereitete Folie auf dem Whiteboard
- Ggf. verschiedene Bilder auf dem Whiteboard ablegen, aus denen eines gewählt werden kann
- Alternativ – und wenn möglich – kann hierzu auch die Google-Suche verwendet werden, auf die man von einigen Whiteboard-Anbietern aus direkt zugreifen kann

Ablauf

- Die Trainerin bittet die Teilnehmenden, ein passendes Bild für ihre gemachten Erfahrungen und Erfolgserlebnisse seit dem letzten Workshop zu finden.
- Im Anschluss zeigt jeder sein ausgewähltes Bild und erzählt seine dazugehörige Geschichte.

Erläuterung

Dieser Rückblick der besonderen Art ist wunderbar dazu geeignet, einen „merkwürdigen" und zugleich interaktiven Einstieg zu gestalten. Er lädt die Teilnehmenden zur aktiven Beteiligung ein. Zu erfahren, welche Dinge die Einzelnen gemacht haben, fördert zudem die Vernetzung und den Mut, auch neue Wege zu gehen. Nicht zuletzt wird hier eine einfache Methode gezeigt, Erfolge gemeinsam zu besprechen, die die Führungskräfte auch in ihren Teammeetings leicht wiederholen können.

Intro

„Bei unserem letzten Treffen hatte ich Sie gebeten, sich ein Lernziel zu setzen und Ihre Erfahrungen und Erfolgserlebnisse in einem Erfolgstagebuch festzuhalten. Jetzt wollen wir uns Ihre Geschichten dazu anhören. Bitte denken Sie zunächst an etwas, dass Sie seit dem letzten Mal ausprobiert haben oder an einen Erfolg, den Sie erzielt haben. Überlegen Sie einmal: Wenn es ein Bild oder eine Metapher für Ihre erfolgreiche Entwicklung gäbe, welches wäre das?

Wählen Sie nun eines der Bilder auf dem Whiteboard oder aus der Google-Suche aus, das geeignet ist, um uns die dahinterliegende Geschichte zu illustrieren.

Ziehen Sie dann das Bild auf die Fläche der Folie und beschreiben und erzählen uns von Ihrer Erfolgsgeschichte."

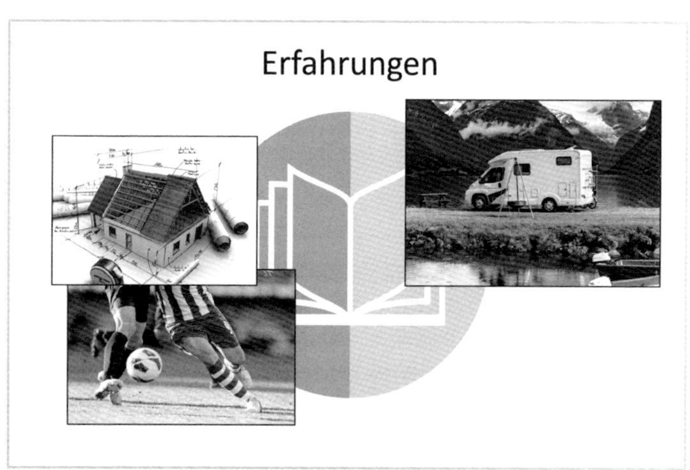

Nachdem jede Person ein Bild gewählt hat, bittet die Trainerin jede einzelne Person darum, etwa zwei Minuten lang die Geschichte zu ihrem Bild zu erzählen.

Zuletzt weist die Trainerin noch drauf hin, dass dies nicht nur der Einstieg in den gemeinsamen Workshop war, sondern zugleich auch eine Methode für die eigenen Teammeetings sein kann.

Quelle

- Diese Übung verdanke ich meiner Trainerkollegin Andrea Heitmann. Ich habe sie in ähnlicher Form in ihrem Training für digitale Rhetorik kennengelernt.

Vertiefung eines Inhalts
Beispiel: Team Huddle

Orientierung

Ziele

- Die Führungskräfte lernen einen Ablauf für ein zielgerichtetes informelles Teamtreffen kennen
- Sie entwickeln ein eigenes Format für ihr Team und testen dieses in der Kleingruppe

Zeit

Insgesamt 50 Minuten

Ablauf

- Die Trainerin verdeutlicht die Problematik von unstrukturierten informellen Teamtreffen.
- Es folgt ein Input zu einem beispielhaften zielgerichteten informellen Austausch.
- Die Teilnehmenden entwickeln ein eigenes Format.
- In Kleingruppenarbeitsräumen stellen je drei Personen das neu entwickelte Format auf die Probe und erhalten Feedback.
- Zurück im Hauptraum werden die wichtigsten Erkenntnisse ausgetauscht.

Gemeinsam mit den Teilnehmenden wirft die Trainerin einen Blick auf die Themenwünsche der vorangegangenen Veranstaltung und moderiert im nächsten Schritt das Thema für den Deep Dive an.

In unserem Beispiel wurde am Ende der vorangegangenen Session durch eine Punktabfrage der größte Bedarf der Teilnehmenden im Bereich des Themas Teambuilding identifiziert (Seite 184), insbesondere die Verbesserung der Zusammenarbeit.

Die Trainerin entscheidet sich in diesem Fall für das Vertiefungsthema „Team Huddle", welches Sie im im Abschnitt „Deep Dive für den Erfolgsfaktor Vertrauen" ab Seite 302 näher beschrieben finden.

Ein kleines Abschiedsritual

Orientierung

Ziele

- Abschluss der Veranstaltung
- Würdigung der gegenseitigen Unterstützung auf der gemeinsamen Reise
- Vernetzung für die Zukunft

Zeit

Insgesamt 30 Minuten

Rahmenbedingungen

- Galerieansicht
- Virtuelles Whiteboard

Material

Vorbereitete Folie auf dem Whiteboard ablegen

Ablauf

- Die Teilnehmenden formulieren Danksagungen und gegenseitige Wünsche für die Zukunft.
- Zuerst werden diese als Post-its abgelegt und dann ausgesprochen.

Intro

„Nun sind wir am Ende unserer gemeinsamen Reise angelangt und es wird Zeit, sich zu verabschieden. Zum Glück muss es kein Abschied für immer sein. Ich möchte Sie zum Abschluss unserer gemeinsamen Lernreise zu einem kleinen Abschiedsritual einladen. In unserem Abschiedsritual gilt es, einerseits Danke zu sagen und andererseits Wünsche für die Zukunft zu äußern."

Durchführung

Für die Durchführung des Rituals hat die Trainerin wieder eine Folie auf dem Whiteboard vorbereitet.

© managerSeminare

„Oben können Sie alles festhalten, für das Sie sich bedanken möchten. Das kann z.B. ein allgemeines Dankeschön für die Atmosphäre in der Gruppe sein oder auch ein ganz persönliches an eine Person aus der Runde, die Ihnen sehr weitergeholfen hat, weil sie ihr Wissen mit Ihnen geteilt hat.

Unten können Sie Wünsche für die Zukunft äußern. Das kann beispielsweise ein Vernetzungswunsch an eine einzelne Person sein oder der Wunsch nach regelmäßigen Treffen der gesamten Gruppe. Was auch immer es ist, Sie haben nun fünf Minuten Zeit, Ihre Punkte zu formulieren."

Nach dem Ablauf der fünf Minuten lässt die Trainerin die Teilnehmenden ihre Punkte aussprechen. Zuletzt ergänzt sie ihre eigenen Punkte.

Der Seminarfahrplan

Zweitägiges Präsenztraining: Führen auf Distanz

Besonderheiten des Präsenztrainings

Kundenanfragen zu Präsenztrainings stammen in der Regel von Kunden, die gerade am Anfang der Veränderung hin zu mobilem und verteiltem Arbeiten sind. Häufig führen die anwesenden Führungskräfte Teams, die teilweise im Büro und teilweise verteilt arbeiten. Hin und wieder ist auch die standortübergreifende Führung ein wichtiges Thema der Anwesenden. Die teilnehmenden Führungskräfte stehen dem verteilten Arbeiten deutlich häufiger sehr skeptisch gegenüber – mehr als diejenigen, die schon einige Erfahrungen mit der virtuellen Zusammenarbeit gemacht haben. Daher ist es im Präsenzformat insbesondere wichtig, die Herausforderungen einerseits und die Vorteile der Führung auf Distanz andererseits zu bearbeiten.

Vor Seminarbeginn

Vor dem Beginn des Seminars ist es hilfreich, im Gespräch mit dem Auftraggeber die Bedürfnisse der Teilnehmenden genau zu ermitteln, um die Inhalte möglichst passgenau vorbereiten zu können. Je nach Bedarf sollten individuelle Schwerpunkte gesetzt werden. Außerdem ist im Vorgespräch schon wichtig, herauszufinden, auf welche Art und Weise die Führung auf Distanz stattfindet. Dies ist oft sehr unterschiedlich, auch innerhalb der Gruppe. Folgende Fragen haben sich hierzu in der Praxis bewährt:

- Wie lange führen die Teilnehmenden bereits auf Distanz?
- Auf welche Weise findet die Führung auf Distanz statt?
- Wird ausschließlich/mehrheitlich auf Distanz zusammengearbeitet oder findet die Zusammenarbeit mehrheitlich im Büro statt?
- Wie groß sind die Distanzen zwischen den einzelnen Teammitgliedern (befinden sich alle am gleichen Ort oder gar über den gesamten Globus verteilt?).
- Welche virtuellen Medien stehen für die Kommunikation über Distanzen hinweg zur Verfügung und wie werden diese bisher angenommen?

Am Vorabend oder am Morgen des Seminars überprüfe ich zudem gern noch einmal die Räumlichkeiten sowie die Technik und vergewissere mich, dass Flipchart, Pinnwand und Moderationsmaterial vorhanden und die Stühle im Raum im Stuhlkreis angeordnet sind.

Der erste Seminartag

Überblick und Zeitkalkulation

Thema/Übung	**Dauer**	**Seite**
Einstieg/Begrüßung, Ziele/Trainingsprinzipien/Agenda	15	198
Vorstellung der Teilnehmenden und der Trainerin Übung: Gemeinsamkeiten finden	35	203
Give and Take: Erwartungen und Beiträge der Führungskräfte	30	206
Pause	10	
Thema: Unterschiede der Führung auf Distanz zur standortgebundenen Führung Übung: Isolation erleben mit magischen Dreiecken	35	211
Vortrag: Merkmale standortübergreifender Teams Kleingruppenarbeit: Besonderheiten, Vorteile und Herausforderungen der Führung auf Distanz	60	217
Thema: Erfolgsfaktoren beim Führen auf Distanz Übersicht und Erläuterung	10	225
Pause	60	
Thema: Erfolgsfaktor Vertrauen aufbauen Übung: Reflexion der eigenen Vertrauensneigung	 20	 227
Vortrag: Vertrauen zahlt sich aus	15	231
Übung: Raumsoziometrie – Vertrauensskala im Team Vortrag: Vertrauensbildende Verhaltensweisen	30 10	233
Reflexion und Praxistransfer: Vertrauen im Team fördern	30	238
Pause	15	
Thema: Erfolgsfaktor Ziel- und ergebnisorientiert führen Übung: Einstieg und Bewegungsübung	20	241
Übung: Ziele formulieren mit dem Zielkreis	45	244
Abschluss Tag 1 Erstellung eines Umsetzungsplans Abschluss und Feedback mit Mentimeter Lernspaziergang	 10 10 25	248

© managerSeminare

Einstieg in das Seminar

Orientierung

Ziele

- Orientierung geben
- Lust auf das Seminar machen
- Spielregeln vereinbaren
- In das Thema einführen

Zeit

Insgesamt 15 Minuten

Material

Flipchart mit der Agenda, Folie mit den Spielregeln

Begrüßung

Intro *„Guten Morgen, ich begrüße Sie herzlich zu unserem gemeinsamen Seminar ‚Führen auf Distanz'. Mein Name ist Bettina Gierke. Ich bin Trainerin und Coach mit den Schwerpunktthemen Führungskräfteentwicklung und Teamentwicklung. Zum Thema Führen auf Distanz begleite ich seit einigen Jahren Unternehmen bei der Einführung von mobilen Arbeitskonzepten. Oder auch einzelne Führungskräfte beim Aufbau virtueller Teams. In meiner früheren Tätigkeit als Führungskraft habe ich zudem standortübergreifend geführt. Außerdem arbeite ich als Beraterin in größeren Projekten mit anderen Beratenden als Mitglied in virtuellen Teams zusammen.*

Ich freue mich darauf, die kommenden zwei Tage mit Ihnen gemeinsam gestalten zu dürfen.

Bevor ich mich in der noch folgenden Vorstellungsrunde etwas ausführlicher vorstellen werde, möchte ich damit beginnen, mit Ihnen gemeinsam einen Blick auf die Ziele des Seminars zu werfen."

Ziel und Inhalte des Seminars

Die Ziele und Inhalte werden auf einem Flipchart oder einem PowerPoint-Chart visualisiert und von der Trainerin erläutert.

„Ziel des Seminars ist es, Sie dabei zu unterstützen, Ihre Mitarbeitenden über Distanzen hinweg noch erfolgreicher zu führen. Diese Distanz kann sich dabei sowohl auf die Entfernung zu Teammitgliedern beziehen, die teilweise oder vollständig im Homeoffice arbeiten, als auch auf Teams, die auf verschiedene Standorte verteilt sind.

Bevor ich näher auf die Inhalte eingehen werde, möchte ich eines vorwegnehmen: Die Führung auf Distanz unterscheidet sich im Grunde nicht wesentlich von der ‚normalen' Führung. Die Aufgaben der Führungskraft bleiben selbstverständlich erhalten. Gleichzeitig gibt es einige Dinge, die sich durch die Entfernung anders gestalten und für die Sie eine besondere Achtsamkeit benötigen.

Das ist in etwa so, als würden Sie von einem Auto mit Schaltgetriebe auf eines mit Automatikantrieb umsteigen. Die Verkehrsregeln bleiben die gleichen und auch der Aufbau und die Grundfunktionen des Fahrzeuges ändern sich nicht. Dennoch gibt es einige Feinheiten, auf die ich als Fahrerin vorbereitet sein sollte, damit ich nicht versehentlich auf die Bremse statt auf die Kupplung trete und so meinem Beifahrer einen ordentlichen Schreck verpasse oder gar einen Unfall verursache. So ähnlich gestaltet sich das auch bei der Führung auf Distanz."

Roadmap

- Besonderheiten
- Herausforderungen
- Vorteile
- Erfolgsfaktoren

„Deswegen werden wir damit beginnen, zunächst einmal ein Bewusstsein zu schaffen für die besondere und für die meisten im Raum neue Situation. Dazu bekommen Sie die Gelegenheit, bisherige Erfahrungen miteinander zu teilen. Aus diesen Erfahrungen werden wir gemeinsam die Besonderheiten der Führung auf Distanz ableiten. Das sind Herausforderungen, aber auch viele Vorteile.

Im zweiten Schritt werfen wir einen Blick auf die Aufgaben und Anforderungen, die sich hieraus an Sie als Führungskräfte ergeben. Außerdem erhalten Sie einen Überblick über die fünf Erfolgsfaktoren der Führung auf Distanz, kombiniert mit konkretem Handwerkszeug für Ihren persönlichen Werkzeugkoffer. Außerdem sprechen wir über Praxisfälle und entwickeln Handlungsoptionen und Lösungsansätze für Ihre persönlichen Herausforderungen. Damit Sie möglichst viel aus dem Seminar in Ihren Führungsalltag mitnehmen können, werden Sie zwischendurch immer wieder Zeit bekommen, sich zu überlegen, welche Schlussfolgerungen Sie aus dem Gelernten ziehen und welche konkreten Änderungen Sie in Ihrer Praxis vornehmen werden."

Hinweise

- Das Format und die Beschreibungen für das Präsenztraining sind auf die Bedürfnisse von Teilnehmenden angepasst, die Teams führen, die teilweise bzw. erst sehr kurz im Homeoffice arbeiten. Das können gemischte Teams sein, bei denen ein Teil hauptsächlich im Homeoffice und ein anderer Teil hauptsächlich im Büro arbeitet. Außerdem sind in diesen Gruppen oft Führungskräfte, die mehrere Standorte leiten und auf diese Weise auf Distanz führen.
- Stärker auf rein virtuelle Teams angepasste Formulierungen finden Sie im Fahrplan für das Live-Online-Training.

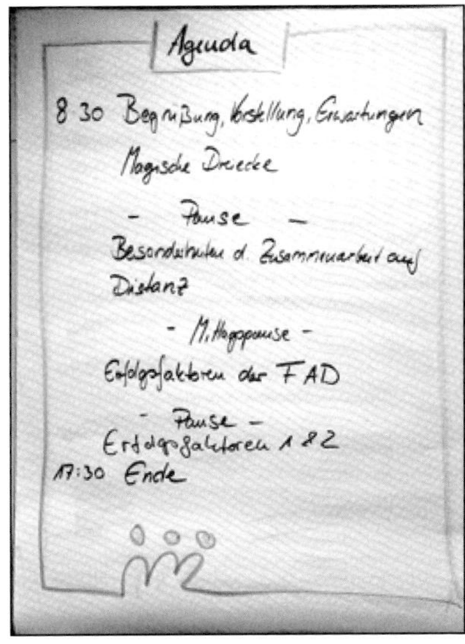

Agenda Tag 1

Die Agenda wird auf einem Flipchart visualisiert. Auf diese Weise kann sie den ganzen Tag über sichtbar im Raum hängen bleiben. Die Trainerin liest die einzelnen Punkte vor und erläutert ggf. einzelne Aspekte.

Vorstellung der Trainingsprinzipien

Die Trainingsprinzipien werden auf einem vorbereiteten Flipchart oder einem PowerPoint-Chart visualisiert.

„Meine Trainings leben von der Interaktivität und dem gemeinsamen Austausch. Deswegen werde ich Sie, metaphorisch gesprochen, immer wieder zum Sprung ins kalte Wasser auffordern, um gemeinsam neue Erfahrungen zu machen und Ihr schon vorhandenes Wissen in der Gruppe zu teilen. Nach dem Motto ‚What happens in Vegas, stays in Vegas', bitte ich Sie um Vertraulichkeit. Das bedeutet, dass wir uns darauf einigen, dass persönliche Geschichten im Raum bleiben. Für den maximalen Seminarerfolg ist Ihre volle Aufmerksamkeit gefragt. Überprüfen Sie nun also bitte, ob Ihre Mobiltelefone lautlos gestellt sind und benutzen diese in den dafür vorgesehenen Pausen. Sie werden immer wieder in Kleingruppen Inhalte erarbeiten. Fühlen Sie sich hierzu frei, den Raum zu verlassen und die Gruppenarbeitsräume für ein ungestörtes Arbeiten zu benutzen. Ich stelle die jeweils vorgegebene Zeit hier auf dem Time Timer ein. Bitte achten Sie selbstständig darauf, pünktlich wieder im Seminarraum zurück zu sein."

Hinweise

- Nachdem Sie die Spielregeln genannt haben, fragen Sie Ihre Teilnehmenden am besten, ob sie sich auf das „Seminar-Du" einigen wollen. Die meisten Gruppen entscheiden sich gern hierfür. Im Seminarraum befinden sich oft Führungskräfte verschiedener Hierarchiestufen und Abteilungen. Ich sage daher noch dazu, dass dieses „Du" in meine ebenso wie die andere Richtung gilt und innerhalb der Gruppe eine passende Lösung gefunden bzw. beibehalten werden kann.
- In meinen Seminarunterlagen bleibe ich beim „Sie".

Vorstellung: Gemeinsamkeiten finden

Orientierung

Ziele

- Die Menschen hinter den Rollen kennenlernen
- Verbindung durch Gemeinsamkeiten schaffen
- In kurzer Zeit in einen Dialog kommen
- Bewusstmachen der Bedeutung informeller Kommunikation im Team

Zeit

Insgesamt 35 Minuten

- 15 Minuten Kleingruppenarbeit
- 15 Minuten Auswertung im Plenum
- 5 Minuten Trainervorstellung

Rahmenbedingungen

Großer Raum, ggf. Kleingruppenarbeitsräume

Material

- Aufgabenbeschreibung
- Flipcharts mit Papier und Stiften
- Time Timer
- Ggf. Gong, um auf die Zeit aufmerksam zu machen

Ablauf

- Die Trainerin skizziert die Aufgabenstellung auf Flipchart oder Folie und erklärt sie mit Beispielen.
- Es werden Dreier-Kleingruppen mit Menschen gebildet, die sich möglichst noch nicht gut kennen.
- Die Trainerin erinnert die Teilnehmenden daran, dass persönliche (nicht berufsbezogene) Gemeinsamkeiten gefunden werden sollen.
- Auswertung im Plenum.

Erläuterung

In diesem Schritt geht es darum, eine vertrauensvolle Atmosphäre im Raum zu schaffen. Mithilfe der Visualisierung werden Gemeinsamkeiten nicht nur innerhalb von Kleingruppen, sondern auch für die gesamte Gruppe sichtbar gemacht. Erfahrungsgemäß entstehen so eine lebhafte Stimmung und eine erste persönliche Verbindung zwischen den Teilnehmenden. Dabei stellen sich zunächst die Teilnehmenden und dann die Trainerin vor.

Vorstellung der Teilnehmenden

„Nun sind Sie an der Reihe. Wir beginnen mit einer Vorstellung der etwas anderen Art. Bitte finden Sie sich zunächst in Dreiergruppen zusammen. Suchen Sie sich hierfür Personen aus, die Sie bisher nicht oder nur wenig kennen. Ziel ist es, einander als Menschen außerhalb Ihrer Rollen und Funktionen im Unternehmen näher kennenzulernen.

Genauer gesagt gilt es, möglichst viele Gemeinsamkeiten, die Sie als Privatpersonen haben, zu finden. Das kann beispielsweise eine Vorliebe für große Reisen, die geteilte Leidenschaft für das Stricken, Wandern, Tauchen oder einen bestimmten Fußballverein sein. Wichtig ist, es soll Spaß machen. Zögern Sie also nicht, auch außergewöhnliche Vorlieben zu teilen.

Alle gefundenen Gemeinsamkeiten halten Sie auf einem Flipchart-Papier fest. Zeichnen Sie darauf ein Dreieck, an dessen Ecken Sie die Namen der Personen in der Gruppe schreiben. Gemeinsamkeiten, die die gesamte Gruppe teilt, schreiben Sie bitte in die Mitte des Dreiecks, alle Gemeinsamkeiten zwischen zwei Personen an die Verbindungslinie zwischen den beiden Namen. Anschließend stellen Sie Ihre Gemeinsamkeiten der Gesamtgruppe vor.

Gibt es noch Fragen dazu? Dann kann es losgehen, Sie haben 15 Minuten Zeit."

Nach 15 Minuten stellen die einzelnen Gruppen ihre Ergebnisse der Gesamtgruppe vor. Die Trainerin begleitet die Vorstellung durch gelegentliche Rückfragen zu besonders außergewöhnlichen Gemeinsamkeiten.

Hinweise

- Häufig verfallen die Gruppen trotz der vorherigen Anleitung schnell in das Finden von beruflichen Gemeinsamkeiten. Es bietet sich daher an, kurz in die Gruppen zu gehen und ggf. noch einmal darauf hinzuweisen, dass es explizit um persönliche Gemeinsamkeiten gehen soll.

- Das Finden und Sichtbarmachen von Gemeinsamkeiten als Privatpersonen zahlt enorm auf das Vertrauenskonto in der Gruppe und auch im Team ein. Die Übung ist daher Vorstellung und Werkzeug zugleich, worauf im späteren Verlauf noch Bezug genommen wird. Häufig nehmen sich Teilnehmende nach dem Seminar vor, diese in ihrem Team auch einmal durchzuführen.

Vorstellung der Trainerin

„Vielen Dank für diese spannenden Vorstellungen! Natürlich möchte auch ich mich nun als Mensch vorstellen. Am besten fange ich gleich mit den Gemeinsamkeiten an, die ich mit einigen von Ihnen teile. Meinen Namen kennen Sie bereits …"

Die Trainerin stellt sich vor, indem sie Gemeinsamkeiten zu einzelnen Teilnehmenden nennt.

Hinweise

- Es ist wichtig, in der Vorstellungsrunde der Teilnehmenden schon einmal zu sortieren, welche Gemeinsamkeiten es zu den Teilnehmenden gibt. Nach Möglichkeit sollte zu jeder Person in der Gruppe eine Gemeinsamkeit gefunden und auch genannt werden.
- Die Entscheidung, sich erst nach den Teilnehmenden vorzustellen, ist bewusst gewählt und soll die Botschaft senden, dass sich die Trainerin zurücknimmt und die Beiträge aus der Gruppe im Vordergrund stehen.

© managerSeminare

Give and Take: Erwartungen und Beiträge der Führungskräfte

Orientierung

Ziele

- Die Erwartungen der Teilnehmenden kennenlernen, um das Seminar bedarfsgerecht zu gestalten
- Die professionellen Rollen der Teilnehmenden kennenlernen
- Unterschiedliche Arten der Führung auf Distanz sichtbar machen
- Mögliche Best-Practice-Ansätze offenlegen

Zeit

Insgesamt 30 Minuten
- 5 Minuten Einzelarbeit
- 20 Minuten Auswertung im Plenum
- 5 Minuten Puffer

Material

- Aufgabenbeschreibung
- Moderationskarten und Stifte
- Time Timer

Ablauf

- Aufgabenstellung auf Flipchart oder Folie skizzieren.
- Mit Beispielen begründen, was mit „Give" gemeint ist.
- Die Teilnehmenden halten ihre Erwartungen und mögliche Beiträge auf Moderationskarten fest.
- In der Auswertung nennt jeder Teilnehmende zunächst seine professionelle Rolle und gibt an, auf welche Weise die Führung auf Distanz stattfindet.

Erläuterung

Was sind die professionellen Rollen der Führungskräfte im Raum und auf welche Weise führen sie auf Distanz? Welche Erwartungen sind im Raum und welche praktischen Erfahrungen der Einzelpersonen können für die gesamte Gruppe nützlich sein? Dies gilt es in diesem Schritt herauszufinden. Der Hinweis darauf, dass es hier nicht nur darum geht, etwas mitzunehmen, sondern möglichst auch etwas dazulassen, ist für einige Teilnehmende zu Beginn etwas ungewöhnlich. Die Irritation ist meist schnell vorbei und die Aufnahme möglicher Beiträge trägt zum Austausch während des Trainings und zur Vernetzung danach bei.

Seminarerwartungen

- Welche Erwartungen haben Sie?
- Was sind Sie bereit, beizutragen?

Für die Abfrage der Erwartungen wird eine Pinnwand oder ein PowerPoint-Chart vorbereitet.

Intro

„Bevor wir gleich mit unserem Training starten, interessiert es mich noch, mit welchen Erwartungen Sie heute hier sind und was Sie bereit sind, selbst beizutragen. Ihre Erwartungen zu kennen, ist wichtig für mich, damit ich die Inhalte bestmöglich daran anpassen kann. Die zweite Frage zielt darauf ab, zu erfahren, welche Praxiserfahrung schon bei einzelnen Personen in der Gruppe vorhanden ist und für alle interessant sein könnte. Das kann zum Beispiel langjährige Erfahrung in der Führung auf Distanz sein, die Sie bereit sind, mit der Gruppe zu teilen. Vielleicht sind Sie aber auch ein Experte für virtuelle Medien, die bei der Kommunikation auf Distanz hilfreich sind und die noch nicht allen hier im Raum bekannt sind.

Bitte notieren Sie sowohl Ihre Erwartungen als auch Ihren möglichen Beitrag auf Moderationskarten. Beachten Sie dabei, pro Karte nur einen Punkt festzuhalten, damit das Fotoprotokoll später gut lesbar sein wird. Sie haben fünf Minuten Zeit dafür. Wenn Sie fertig sind, kommen Sie bitte einfach nach vorne und pinnen Ihre Karten unter dem jeweiligen Punkt an die Pinnwand."

Durchführung

Nach Ablauf der fünf Minuten und nachdem alle Teilnehmenden ihre Punkte angepinnt haben, moderiert die Trainerin den Austausch der Erwartungen und Beiträge wie folgt an:

© managerSeminare

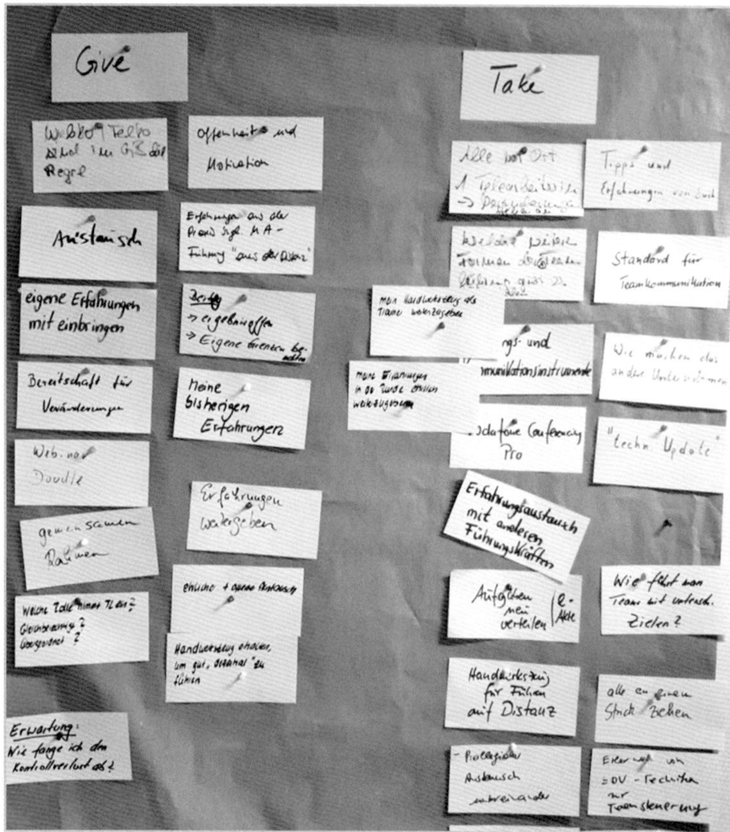

Abb.: Die Teilnehmenden pinnen ihre Punkte an die Pinnwand

„Nun bin ich gespannt, mehr über Ihre Erwartungen und mögliche Beiträge zu erfahren. Außerdem ist mir an dieser Stelle wichtig, etwas darüber zu erfahren, wie genau Sie bereits auf Distanz führen. Das hilft mir dabei, Ihre Erwartungen besser einzuordnen. Bevor Sie mit den Erwartungen beginnen, sagen Sie bitte in einem kurzen Satz, was Ihre Rolle im Unternehmen ist und wie Sie auf Distanz führen. Ich werde mir dazu jeweils ein paar kurze Notizen machen, damit ich im weiteren Verlauf des Seminars bei Gelegenheit Bezug darauf nehmen kann."

Zusammenfassung und Fazit

Nach dem Beitrag der letzten Person nimmt die Trainerin ggf. noch einmal kurz Bezug auf einzelne Erwartungen und stellt die unterschiedlichen Arten der Führung auf Distanz heraus. Sie macht deutlich, dass daraus unterschiedliche Erwartungshaltungen entstehen können.

„Vielen Dank für Ihre Erklärungen, durch die wir ganz nebenbei auch schon etwas über die unterschiedlichen Arten der Führung auf Distanz gelernt haben. Während einige Teilnehmende hybride Teams führen, von denen Teile im Homeoffice und andere im Büro sind, führen andere rein virtuelle Teams, die auf dem ganzen Globus verteilt sind. Wieder andere sind als Regionalleiter für Teams an unterschiedlichen Standorten zuständig ... Einige von Ihnen führen schon seit langer Zeit auf Distanz und für andere ist das Thema ganz neu. Das führt zu sehr unterschiedlichen Erwartungen und dazu, dass bestimmte Inhalte für den einen eine größere Relevanz haben als für den anderen. Dafür bitte ich Sie schon jetzt um Verständnis. Mein Ziel ist es, das Training so zu gestalten, dass alle von Ihnen möglichst viel für Ihre Praxis mitnehmen können."

Hinweise

- Die Frage nach dem möglichen Beitrag zum Training ist bewusst gewählt, um deutlich zu machen, dass die Wissensvermittlung nicht nur durch Input der Trainerin stattfinden darf, sondern sowohl die Vernetzung der Teilnehmenden als auch das Teilen von Praxiserfahrungen in der Gruppe explizit gewünscht sind.
- Insbesondere lohnt sich die Frage nach Expertinnen oder Experten für die Nutzung virtueller Tools zur Erleichterung der Zusammenarbeit auf Distanz. Häufig gibt es Personen, die sich hiermit schon sehr stark auseinandergesetzt haben und bereit sind, dieses Wissen zu teilen.
- Bei der Nennung der Erwartungen kommt es häufig vor, dass die Teilnehmenden sehr ausführlich werden in ihren Beschreibungen. Es ist daher besonders wichtig, die Gruppe schon in der Anmoderation und ggf. auch zwischendurch darum zu bitten, sich auf wenige Sätze zu beschränken.
- Die Frage nach der Art der Führung auf Distanz ist deshalb wichtig, weil es oft sehr verschiedene Hintergründe in den Gruppen gibt, was dazu führt, dass nicht alle Themen gleichermaßen praxisrelevant für alle sind.

Unterschiede der Führung auf Distanz zur standortgebundenen Führung

In diesem ersten Teil des Trainings soll das Bewusstsein der Teilnehmenden für die wichtigsten Unterschiede zwischen der „normalen Führung" und der Führung auf Distanz geschärft werden. Das ist wichtig, weil dieses Bewusstsein häufig nicht vorhanden ist, woraus dann Fehler oder Versäumnisse entstehen können.

© managerSeminare

Grundsätzlich bleiben die Anforderungen an die Führungskräfte gleich und auch die Aufgaben der Führung bleiben erhalten. Gleichzeitig gibt es zusätzlichen Faktoren wie die Distanz selbst und gegebenenfalls auch die Interkulturalität, die bestimmte Prozesse überlagern und erschweren können.

Die hieraus entstehenden Herausforderungen gut meistern zu können, erfordert ein zusätzliches Wissen und andersartiges Handeln. Der erste notwendige Schritt ist ein Bewusstmachen dieser Herausforderungen. Deswegen sollen die Teilnehmenden in diesem ersten Teil des Trainings:

- Am eigenen Leib erfahren, wie viel sich in einem Team durch die Einführung von virtueller Zusammenarbeit ändern kann.
- Raum erhalten, bisherige Erfahrungen auszutauschen.
- Die Merkmale standortübergreifender Teams kennenlernen.
- Die Herausforderungen und Vorteile der virtuellen Führung kennen.

Übung: Isolation erleben mit magischen Dreiecken

Orientierung

Ziele

- Bewusstsein schaffen für die Veränderungssituation der Einführung von Homeoffice oder mobilem Arbeiten
- Komplexität erleben
- Gefühl von Isolation am eigenen Leib erfahren
- Über den Tellerrand gucken

Zeit

Insgesamt 35 Minuten

- 10 Minuten Dreiecke bilden
- 5 Minuten Zwischenauswertung
- 15 Minuten Auswertung in der Gruppe
- 5 Minuten Zusammenfassung

Rahmenbedingungen

- Sie benötigen für diese Übung viel Platz (ca. 80 Quadratmeter)
- Idealerweise steht eine Fläche im Freien zur Verfügung

Material

- Pinnwand, Moderationskarten, Nadeln
- Vorbereitete Flipcharts: „Erfahrung teilen“, „Auswertung“

Ablauf

- Die Teilnehmenden stellen sich im Kreis auf und suchen sich unbemerkt zwei weitere Personen aus.
- Diskret und schweigend bilden sie ein gleichseitiges Dreieck mit den beiden Personen.
- Die erste Runde ist zu Ende, wenn alle Personen im Raum das gleichzeitig geschafft haben.
- Die Trainerin holt kurze Statements über das Erleben der Teilnehmenden ein.

© managerSeminare

- Dann moderiert die Trainerin die Einführung von Homeoffice an und 3-4 Teilnehmende verlassen den Kreis, um im Homeoffice zu arbeiten. Sie werden mit dem Rücken zur restlichen Gruppe außerhalb des Systems platziert.
- Die Gruppe erhält erneut das Ziel, die Balance wiederherzustellen und neue Dreiecke zu bilden.
- Die Trainerin holt wieder Feedback ein zu den Fragen: „Was hat sich verändert?", „Wer musste sich bewegen?", „Wie fühlt es sich auf den Außenpositionen an?"
- In Dreiergruppen werten die Teilnehmenden ihre Erkenntnisse aus und halten ihre Antworten für die Abschlussdiskussion auf Moderationskarten fest.

Erläuterung

Die Übung „Magische Dreiecke" ist ein sehr bekanntes und häufig in Change-Prozessen eingesetztes Tool. In der hier dargestellten Abwandlung ist sie besonders gut geeignet für Trainingsgruppen, bei denen gerade mobiles Arbeiten oder Homeoffice eingeführt wird. Die also insofern eine Veränderung durchleben, als dass bisher alle Teammitglieder am gleichen Ort oder im gleichen Büro zusammengesessen haben und die in der Zukunft vermehrt virtuell zusammenarbeiten werden. Die Teilnehmenden entwickeln ein Verständnis dafür, dass diese Veränderung alle angeht und dass es neue Regeln braucht.

Intro

„Wie eingangs versprochen, möchte ich Sie zu Beginn einladen, Ihr Bewusstsein für die Unterschiede der Führung auf Distanz zur normalen Führung zu stärken. Dazu möchte ich Sie zu einem Experiment einladen. Wir werden viel Platz dafür brauchen, daher bitte ich Sie nun, mir nach draußen zu folgen."

Schritt 1: Magische Dreiecke bilden

Durchführung

„Stellen Sie sich hier bitte alle in einem großen Kreis auf. Ab jetzt möchte ich Sie bitten, nicht mehr zu kommunizieren, das heißt, nicht zu sprechen und sich auch nicht nonverbal miteinander abzustimmen. Wählen Sie sich schweigend und ohne dass es jemand außer Ihnen bemerkt zwei Personen in diesem Kreis aus.

Ihre Aufgabe ist es nun, zu diesen beiden Personen ein gleichseitiges Dreieck zu bilden. Bitte tun Sie dies weiterhin so diskret wie möglich und ohne, dass jemand mitbekommt, wen Sie ausgewählt haben.

Sie dürfen nun alle gleichzeitig damit beginnen. Nutzen Sie gern die gesamte Fläche aus und bleiben erst dann stehen, wenn alle Seiten Ihres Dreieckes genau gleich lang sind.

Das Experiment ist erst beendet, wenn es alle gleichzeitig geschafft haben, diesen Zustand herzustellen."

Die Teilnehmenden bewegen sich nun stumm umher und orientieren sich an den Bewegungen der von ihnen ausgewählten Personen. Die eigenen Bewegungen verursachen weitere Bewegungen im gesamten System. Die Trainerin achtet in der Zwischenzeit darauf, dass sich alle an die Regeln halten, und wiederholt diese gegebenenfalls freundlich. Bis alle zum Stehen kommen, vergehen im Schnitt fünf Minuten.

Wenn alle Teilnehmenden ihren Platz gefunden haben, holt die Trainerin ein kurzes erstes Feedback ein und bittet einige Akteure um kurze Statements zu den Fragen:

- Was wurde deutlich?
- Wie haben Sie Ihre Rolle erlebt?

Schritt 2: Reorganisation – Einführung von Homeoffice

„Nun gibt es eine kleine Neuerung: Wir führen Homeoffice bzw. mobiles Arbeiten ein. Jeder, der möchte, kann ab sofort aus dem Homeoffice arbeiten. Wer das möchte, möge bitte die Hand heben."

Die Trainerin wartet ab, wer sich meldet. Sie versagt es ein bis zwei Teilnehmenden mit den Worten: *„Das tut mir leid, Ihre Tätigkeit ist hierfür aus meiner Sicht ungeeignet."*

Wenn sich niemand oder nur wenige Personen melden, bestimmt die Trainerin weitere Personen als geeignet für die Arbeit aus dem Homeoffice. Bis zu fünf Teilnehmende (bei einer Gruppengröße von 12) verlassen ihre Position und bekommen außerhalb des bisherigen Gefüges einen neuen Platz zugewiesen. Sie arbeiten „dezentral" und verdeutlichen dies, indem sie sich mit dem Rücken zur Gruppe etwas weiter entfernt aufstellen.

Die Trainerin moderiert weiter: *„Bitte stellen Sie nun die Balance wieder her und bilden Sie erneut die Dreiecke."*

Nun entsteht Verwirrung, da nicht klar ist, ob und wie die Heimarbeiter in die Dreiecke integriert werden sollen. Die Trainerin ignoriert diese Fragen freundlich, aber konsequent und wiederholt die Aufgabenstellung: *„Ziel ist es nun, die Balance wiederherzustellen und neue gleichseitige Dreiecke zu bilden."*

Wieder setzen sich alle in Bewegung, lediglich die Heimarbeiter bleiben in der Regel auf ihren Positionen stehen, da sie ja nun nicht mehr mitbekommen, wohin sich die anderen bewegen. Nach einigen Minuten ist ein neues Gleichgewicht gefunden und die Gruppe kommt erneut zum Stillstand.

Wieder holt die Trainerin einige Antworten auf die folgenden Fragen ein.

- Was hat sich durch die Einführung von Homeoffice verändert?
- Wer musste sich bewegen?
- Wie hat es sich angefühlt, gesagt zu bekommen, dass es für die eigene Tätigkeit nicht möglich ist, aus dem Homeoffice zu arbeiten?
- Wie fühlt es sich auf den Außenpositionen an?
- Was hat die Übung mit dem Thema des Seminars zu tun?

Wichtige Erkenntnisse, die häufig aus den Antworten hervorgehen, sind:

- Alle müssen sich bewegen.
- Die bewusst unklar gegebene Anweisung der Trainerin „Finden Sie ein neues Gleichgewicht" sorgt zunächst für Verwirrung und Frustration.
- Auf den Außenpositionen (im Homeoffice) entsteht oft das Gefühl von Isolation und Abgeschnittensein von dem Rest des Teams und dem Wunsch nach mehr Kommunikation und Nähe. Nicht mehr zu wissen, was da passiert, verunsichert und frustriert.
- Auf den Innenpositionen (bei denen, die im Büro bleiben) kommt oft das Gefühl auf, nun besonders viel leisten zu müssen, während sich die da draußen nicht mehr mitbewegen (sich scheinbar einen Lenz machen).

- Diejenigen, die gesagt bekommen haben, dass ihre Aufgabe nicht für das Homeoffice geeignet ist, empfinden ggf. Neid oder auch Gefühle von Ungerechtigkeit oder Wut.
- Viele dieser Phänomene treten auch in ähnlicher Form in verteilten Teams auf.

Schritt 3: Austausch und Reflexion

Der letzte Schritt findet wieder im Plenum statt. Den Austausch moderiert die Trainerin an.

„Bitte finden Sie sich nun in Dreiergruppen zusammen und beantworten Sie in einem kurzen Austausch die folgenden Fragen vor dem Hintergrund Ihrer Führungsrolle. Bitte halten Sie die Ergebnisse Ihrer Diskussionen auf Moderationskarten fest. Sie haben dafür 10 Minuten Zeit."

Auf einer vorbereiteten Pinnwand werden im Anschluss die Ergebnisse mithilfe der Moderationskarten angepinnt und kurz kommentiert.

Schritt 4: Zusammenfassung

Am Ende fasst die Trainerin die wichtigsten für das Seminarthema relevanten Erkenntnisse der Übung noch einmal kurz zusammen.

„Ich danke Ihnen für Ihre Ausarbeitungen. Halten wir also zusammenfassend noch einmal fest: Um von einer Phase der Balance zu einer nächsten Phase der Balance zu kommen, ist Bewegung notwendig. Das bedeutet, in der aktuellen Veränderung bei Ihnen im Unternehmen wird es eine Weile dauern, bis Ihr Team zu einer neuen Balance gefunden hat.

Kleine Veränderungen haben große Auswirkungen auf das System. Auch wenn es also scheint, als habe das gar keine Auswirkungen auf alle anderen, wenn plötzlich ein zusätzlicher Mitarbeitender vollständig aus dem Homeoffice arbeitet, so kann es im inneren Kreis zu großen ungeahnten Notwendigkeiten der Reorganisation führen.

Mitarbeitende, die sich nicht mehr täglich sehen, leiden oft unter dem Gefühl der Isolation vom gesamten Team. Es ist also Aufgabe der Führungskraft, hier für Vernetzung zu sorgen.

© managerSeminare

Fehlende räumliche Nähe sorgt für fehlende Kommunikation. Die Neuorganisation über Distanzen hinweg ist also eine wichtige Aufgabe der Führungskraft.“

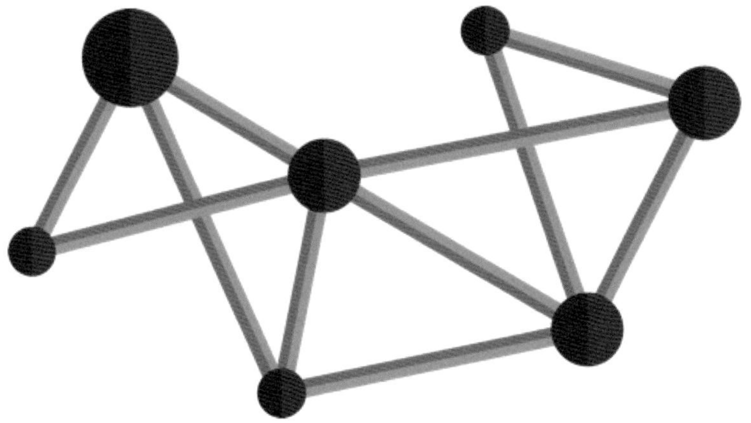

Führen auf Distanz: Merkmale, Besonderheiten, Vorteile und Herausforderungen

Orientierung

Ziele

- Die Besonderheiten der Führung auf Distanz kennenlernen
- Sich über bisher erlebte Herausforderungen austauschen
- Vorteile bewusst machen
- Einen Überblick über die Erfolgsfaktoren erhalten

Zeit

Insgesamt 60 Minuten

- 20 Minuten Vortrag
- 10 Minuten Kleingruppenarbeit
- 30 Minuten Auswertung im Plenum

Material

- Vorbereitete Folien oder Flipcharts für die Besonderheiten, Vorteile, Herausforderungen und Erfolgsfaktoren der Führung auf Distanz
- Aufgabenbeschreibungen
- Moderationskarten
- Time Timer

Ablauf

- Die Trainerin hält einen einleitenden Vortrag zu den Besonderheiten der Führung auf Distanz.
- Sie leitet zur Kleingruppenarbeit zu Vorteilen und Herausforderungen über.
- Auswertung der Ergebnisse zu den Vorteilen im Plenum, dann Ergänzung.
- Auswertung der Ergebnisse zu den Herausforderungen, dann Ergänzung.
- Die Trainerin vermittelt einen Überblick über die wesentlichen Erfolgsfaktoren bei der Führung auf Distanz.

© managerSeminare

Intro

Die Trainerin startet mit einem Vortrag über die Merkmale standortübergreifender Teams und welchen Einfluss diese auf das Führungsverhalten haben.

„Nachdem wir in der vorangegangenen Übung schon einiges über die Zusammenarbeit über Distanzen hinweg gelernt haben, möchte ich Ihnen nun einen kurzen Überblick über die Besonderheiten der Führung auf Distanz geben. Im nächsten Schritt werden wir gemeinsam die sich daraus ergebenden Herausforderungen und Vorteile herausarbeiten.

Beginnen wir mit den Merkmalen standortübergreifender Teams."

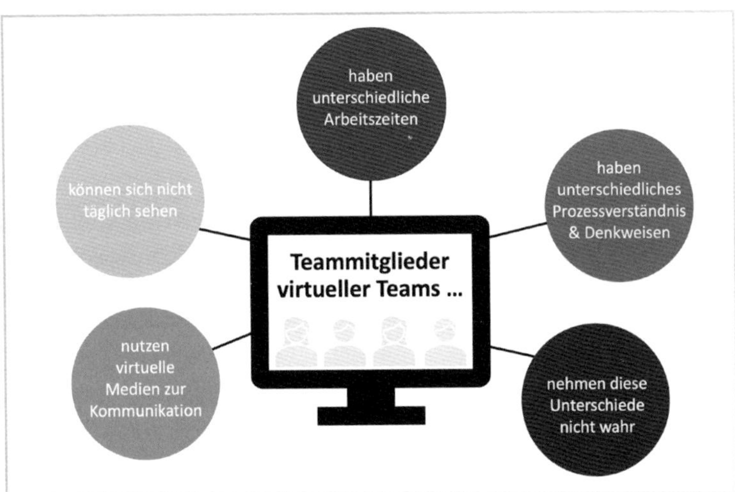

Die Trainerin präsentiert die Folie „Teammitglieder verteilter Teams" und erläutert die typischen Aspekte, denen standortübergreifende Teams ausgesetzt sind:

- Standortübergreifende Teams sind in der besonderen Situation, dass sie sich nicht täglich sehen können. Die Teammitglieder arbeiten ständig oder an einigen Tagen im Homeoffice, an unterschiedlichen Standorten oder vor Ort beim Kunden. Manche Teams sind sogar über den gesamten Globus verteilt und können sich daher nur sehr selten oder nie persönlich treffen.
- Häufig führt das dazu, dass es innerhalb des Teams sehr unterschiedliche Arbeitszeiten gibt, die beispielsweise durch Gleitzeiten, unterschiedliche Schichten oder Zeitverschiebungen entstehen.

- Als Brücke zur Überwindung der Distanz werden virtuelle Medien genutzt. Diese wiederum haben oft eine gewisse Eigendynamik und Eigenlogik, derer man sich bewusst sein sollte.
- Die Art und Weise der Kommunikation innerhalb des Teams kann sehr unterschiedlich sein. So sprechen die Teammitglieder vielleicht unterschiedliche Dialekte oder Sprachen.
- Dazu kommen oft ein unterschiedliches Prozessverständnis und verschiedenartige Denkweisen, woraus schnell Konflikte und Missverständnisse entstehen können.
- Häufig nehmen die Teammitglieder diese Unterschiede jedoch nicht bewusst wahr, sondern wundern sich lediglich über deren Auswirkungen, also darüber, dass gewisse Dinge nicht oder nur sehr schleppend funktionieren.

Zusammenfassend bedeutet das für Führungskräfte standortübergreifender Teams, dass es ihre Aufgabe ist, räumliche, kulturelle und auch operationale Distanzen zu überbrücken.

- Thomas, G. (2014): Die virtuelle Katastrophe. So führen Sie Teams über Distanz zur Spitzenleistung. assist Publishing Verlag.

Quelle

Gruppenarbeit: Vorteile und Herausforderungen beim Führen auf Distanz

Weiter geht es mit einer Gruppenarbeit, in der Vorteile sowie Herausforderungen der Führung auf Distanz herausgearbeitet werden.

„Schauen wir uns nun an, welche Herausforderungen und natürlich auch, welche Vorteile sich hieraus ergeben. Dazu möchte ich Sie bitten, in Dreiergruppen zusammenzugehen und jeden Aspekt, der Ihnen einfällt, einzeln auf eine Moderationskarte zu notieren. Sie haben 10 Minuten Zeit."

Vorteile beim Führen auf Distanz

Nach Bearbeitung der Aufgabe in den Kleingruppen finden sich alle im Plenum ein. Dort beginnt die Trainerin zunächst mit der Auswertung der Ergebnisse zu den Vorteilen. Zunächst bittet sie eine Gruppe, ihre Ergebnisse vorzustellen und die Karten dann an der vorbereiteten Pinnwand zu befestigen. Im Anschluss werden die weiteren Gruppen gebeten, die Ergebnisse um weitere Punkte zu ergänzen.

© managerSeminare

Hinweise

- Die Bereitschaft, die Vorteile zu sehen, ist in den Gruppen oft sehr unterschiedlich groß.
- Häufig befinden sich in den Gruppen Führungskräfte, die starke Zweifel daran haben, dass eine effiziente Zusammenarbeit über Distanzen hinweg funktionieren kann.
- Gleichzeitig gibt es auch regelmäßig Führungskräfte, die schon sehr gute Erfahrungen mit der Führung auf Distanz gemacht haben.
- Es ist daher wichtig, an dieser Stelle Diskussionen zwischen diesen beiden Parteien einen Raum zu geben, um Vorurteile Schritt für Schritt abzubauen.

Im Anschluss zeigt die Trainerin die Folie „Vorteile" und ergänzt die von den Teilnehmenden erarbeiteten Vorteile.

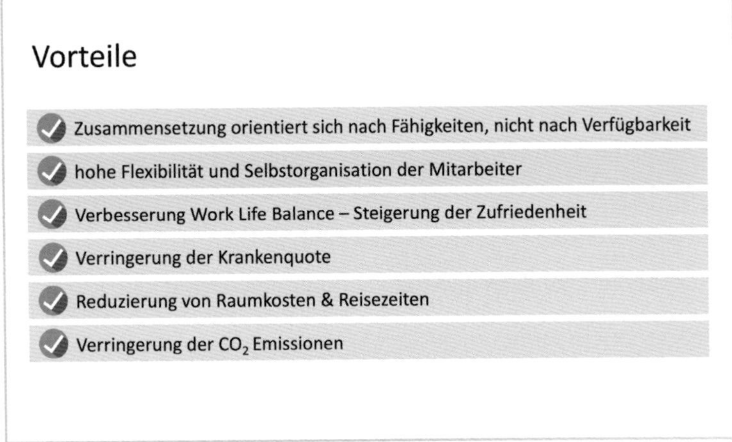

„Zu den von Ihnen erarbeiteten Vorteilen möchte ich noch einige Punkte hinzufügen. Ein weiterer Vorteil der Führung auf Distanz oder besser der virtuellen Zusammenarbeit ist es, dass Unternehmen eine größere Auswahl an Fachkräften haben. Die Auswahl neuer Mitarbeitender kann sich nach den Fähigkeiten des Arbeitnehmers orientieren und ist nicht abhängig von der Verfügbarkeit im näheren Umfeld. Gerade in Zeiten des Fachkräftemangels ist das ein bedeutender Vorteil.

Mitarbeitende erhalten zudem eine deutlich höhere Flexibilität und, damit verbunden, Möglichkeiten zur Selbstorganisation. Für viele Menschen vor allem der jüngeren Generationen ist das ein wesentlicher Faktor in der Bewertung der Attraktivität eines potenziellen Arbeitgebers.

Die damit verbundene Möglichkeit zur Verbesserung der Work-Life-Balance führt in aller Regel zu einer Steigerung der Zufriedenheit der Mitarbeitenden.

Auch die Krankenquote geht zurück, da es einige Krankheiten gibt, mit denen zwar die Arbeit von zu Hause aus noch problemlos möglich ist, nicht aber der Weg zur Arbeit.

Einen weiteren wesentlichen Faktor stellen die geringeren Raumkosten und auch Reisezeiten dar. Für Mitarbeitende, die nicht mehr oder nur noch selten gleichzeitig im Büro anwesend sind, wird weniger Platz benötigt. Gerade in Großstädten können insbesondere verringerte Raumkosten mit einer deutlichen Reduktion von Fixkosten einhergehen.

Durch den Wegfall von An- und Abfahrtszeiten steht den Mitarbeitenden faktisch mehr Tageszeit zum Arbeiten zur Verfügung. Vielen Menschen, die zeitlich sehr eingespannt sind, etwa jungen Eltern oder Menschen, die Angehörige pflegen, wird so überhaupt erst der Zugang zu bestimmten Stellen ermöglicht."

Wer sich noch mehr Wissen und Fakten zu den Vorteilen der virtuellen Zusammenarbeit wünscht, dem sei der Ted Talk von Prof. Nicholas Bloom von der Stanford Universität empfohlen, in dem er die Ergebnisse einer von ihm durchgeführten wissenschaftlichen Studie beschreibt. Sie zeigt eindrucksvoll das enorme Potenzial der verteilten Zusammenarbeit. Er stützt seine Aussagen auf eine von ihm durchgeführte wissenschaftliche Studie, in deren Rahmen ein Homeoffice-Experiment gestartet wurde. Hierzu wurde eine Testgruppe von 500 Mitarbeitenden des Unternehmens Citrip über einen Zeitraum von zwei Jahren beobachtet. Die Hälfte der Gruppe bekam die Gelegenheit, während dieser Zeit im Homeoffice zu arbeiten, die andere Hälfte der Gruppe verrichtete ihre Tätigkeit weiterhin im Büro.

Die Produktivität der Heimarbeiter war um 13,5 Prozent höher als die der Mitarbeitenden im Büro. Interviews zeigten, dass auch die Zufriedenheit dieser Menschen anstieg. Die Ausfallquote der Mitarbeitenden aus dem Homeoffice sank um 50 Prozent.

Am Ende dieses erfolgreichen Experiments entschied das Unternehmen, die Möglichkeit der Heimarbeit im gesamten Unternehmen zu etablieren, wobei die Mitarbeitenden selbst entscheiden durften, ob sie davon Gebrauch machen wollten oder nicht. Das wiederum führte

© managerSeminare

dazu, dass einige Menschen entschieden, wieder ins Büro zurückzukehren, weil sie das Gefühl hatten, von dort aus besser arbeiten zu können und weniger isoliert zu sein. Die Einführung der Möglichkeit, sich freiwillig für oder gegen das Homeoffice zu entscheiden, führte zu einem weiteren Anstieg der gemessenen Performance der Heimarbeiter auf 24 Prozent.

Herausforderungen beim Führen auf Distanz

Im nächsten Schritt bittet die Trainerin eine andere Gruppe, ihre Ergebnisse zu den Herausforderungen der Führung auf Distanz vorzustellen und die Karten dann an der vorbereiteten Pinnwand zu befestigen. Im Anschluss werden die weiteren Gruppen gebeten, die Ergebnisse zu ergänzen.

Gegebenenfalls können an dieser Stelle wieder kleinere Diskussionen in der Gruppe zugelassen werden, in denen sich die Teilnehmenden erste Lösungsansätze zu den Herausforderungen gegenseitig zuspielen.

Im Anschluss präsentiert die Trainerin die Folie „Herausforderungen" und ergänzt die Ergebnisse der Teilnehmenden. Wo möglich, nimmt sie Bezug auf deren Ergebnisse.

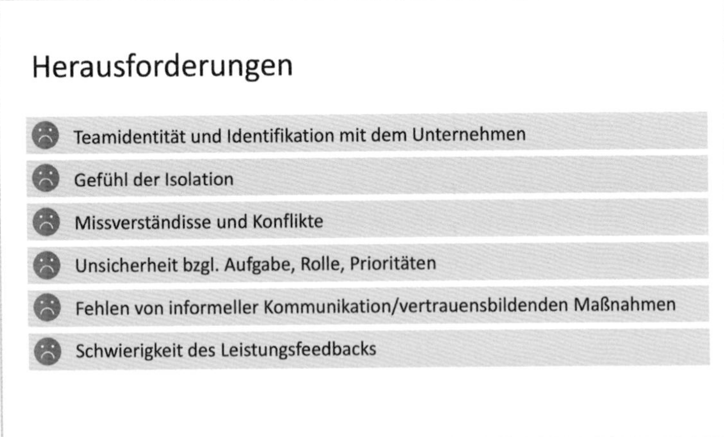

„Ergänzend zu Ihren Ausarbeitungen möchte ich noch einige weitere Herausforderungen bewusst machen.

Die Schaffung einer Teamidentität und die Identifikation mit dem Unternehmen sind die ersten beiden Herausforderungen. Warum ist das so? Menschen, die täglich in die Firma fahren, sind dort auch ständig umgeben von Symbolen, Verhaltensweisen und Statements, die sie mit dem Unternehmen verbinden. Das fängt an bei dem Firmenlogo und geht weiter mit aushängenden Mission Statements, Firmenwerten oder Werbeslogans. Auf der Teamebene ist das ähnlich. Täglich treffen sie auf ihre Teammitglieder, sehen, woran jeder gerade arbeitet und wie gearbeitet wird. Sie teilen Räume und werden durch die Vermittlung von Teamzielen an ihre Zugehörigkeit erinnert. All diese Dinge fallen in der virtuellen Zusammenarbeit weg und müssen von der Führungskraft entsprechend kompensiert werden.

Eng damit verbunden ist das häufig von Teammitgliedern empfundene Gefühl der Isolation. Einige von Ihnen haben das in der Einstiegsübung ‚Magische Dreiecke' schon verbalisiert. Diese Isolation bezieht sich nicht nur in Bezug auf die anderen Teammitglieder, sondern auch auf viele weitere Faktoren, wie etwa tagesaktuelle Geschehnisse, die man teilt oder auf Informationen aus anderen Abteilungen und allgemein Neuigkeiten und Informationen aus dem Gesamtunternehmen, die sich häufig zuerst über den Flurfunk verbreiten.

Durch die erheblich eingeschränkte Kommunikation kommt es in virtuellen Teams deutlich häufiger zu Missverständnissen und Konflikten.

Diese Missverständnisse resultieren nicht selten in Unsicherheiten bezüglich der Aufgaben, der Prioritäten und der eigenen Rolle, was in den Teams überdurchschnittlich häufig zu Doppelarbeit führt.

Ein sehr wichtiger und häufig völlig unterschätzter Punkt ist das Fehlen von Gelegenheiten zu informeller Kommunikation, die wiederum eng mit dem gegenseitigen Vertrauen verknüpft ist. Momente also, in denen sich Teammitglieder in der Kaffeeküche treffen, zusammen über Wochenenderlebnisse sprechen oder den Geburtstag einer Kollegin feiern. Sie werden als Führungskraft nun vielleicht im ersten Moment denken: Das ist doch super, wenn nicht mehr so viel Zeit für private Gespräche verloren geht. Tatsächlich sind diese informellen Gespräche jedoch ein wichtiger Baustein für den Vertrauensaufbau im Team. Wir werden an späterer Stelle noch einmal genauer darauf zu sprechen kommen.

© managerSeminare

Auch das Leistungsfeedback gestaltet sich für die Führungskraft schwieriger, wenn sie nicht mehr ,so nebenbei' mitbekommt, was der Mitarbeitende den ganzen Tag leistet."

Quellen

- Monitor Mobiles und entgrenztes Arbeiten (bmas.de)
- Neeley, T. (2021): Remote Work Revolution. Succeeding from Anywhere. Harper Collins Publishers.
- Bloom, N.: Go Ahead. Tell Your Boss You Are Working From Home. TEDxStanford. https://youtu.be/oiUyyZPIHyY; abgerufen am 25.03.2022.

Erfolgsfaktoren beim Führen auf Distanz

Orientierung

Ziele

Die Teilnehmenden erhalten einen Überblick über die Erfolgsfaktoren beim Führen auf Distanz

Zeit

Insgesamt 10 Minuten

Material

PowerPoint-Folie

Ablauf

Die Trainerin stellt in einem Kurzvortrag die wichtigsten Erfolgsfaktoren der Führung auf Distanz vor und erläutert diese jeweils kurz.

Intro

„Nachdem wir nun ausführlich über die Vorteile und Herausforderungen der Führung auf Distanz gesprochen haben, werfen wir nun einen Blick auf die Erfolgsfaktoren. Die Erfolgsfaktoren bezeichnen jene Faktoren, mit denen Sie sich als Führungskraft besonders gut auskennen sollten, wenn Sie ein Team auf Distanz führen. Viele Aspekte der Erfolgsfaktoren, die ich Ihnen gleich vorstellen werde, sind auch für ‚normale' Teams wichtig. In verteilten Teams erhalten sie jedoch mehr Gewicht, sodass Sie als Führungskraft eine besondere Aufmerksamkeit dafür an den Tag legen sollten. Der Grund dafür ist, dass sie über Distanzen hinweg nicht von allein entstehen, so wie das bei standortgebundenen Teams der Fall ist."

Die Trainerin präsentiert die Folie mit den Erfolgsfaktoren und stellt diese als roten Faden für den weiteren Verlauf des Seminars vor, indem sie die Punkte in wenigen Sätzen erläutert.

© managerSeminare

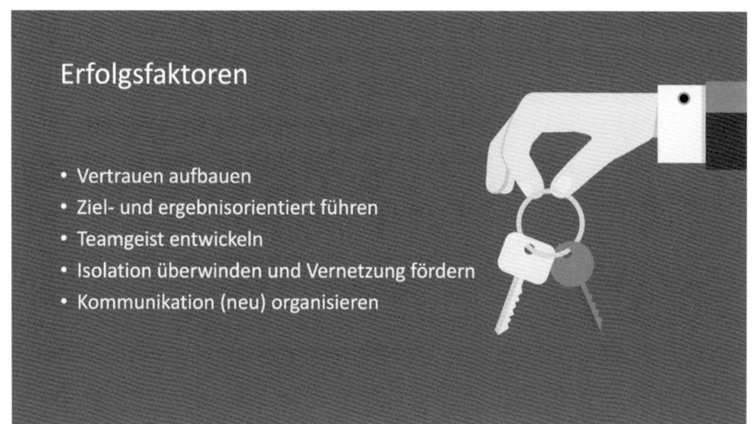

Ein wesentlicher Faktor ist der *Aufbau von Vertrauen* über Distanzen hinweg. Dabei gilt es sicherzustellen, dass die Teammitglieder sich untereinander Vertrauen schenken und natürlich auch der Führungskraft.

Außerdem ist es wichtig, dass die Führungskraft ihrem Team dahingehend vertraut, dass die geforderten Aufgaben auch ohne ihre Anwesenheit erledigt werden. In diesem Zusammenhang spielt der nächste Erfolgsfaktor, *Ziel- und ergebnisorientiert führen*, eine wichtige Rolle.

Der dritte Faktor ist das Thema *Teamgeist/Teamidentität*. Ein Wir-Gefühl in einem neuen Team zu entwickeln oder in einem bestehenden Team zu bewahren, stellt über Distanzen hinweg eine besondere Herausforderung dar.

Eng damit verbunden ist der vierte Erfolgsfaktor, *Isolation überwinden* oder, positiv ausgedrückt, *Vernetzung fördern*. Teammitglieder, die isoliert voneinander arbeiten, laufen Gefahr, das große Ganze und die gemeinsamen Ziele aus den Augen zu verlieren.

Ein weiteres großes Arbeitsfeld ist das Thema *Kommunikation*. Diese muss in einem verteilten Team neu organisiert werden. Dies ist in verteilten Teams häufig eine Frage der Medienkompetenz.

Quelle

▶ Thomas, G. (2014): Die virtuelle Katastrophe. So führen Sie Teams über Distanz zur Spitzenleistung. assist Publishing Verlag.

Erfolgsfaktor Vertrauen aufbauen

Mehr Infos zu diesem Erfolgsfaktor auf der Seite 75.

Wem vertraue ich? Übung zur Reflexion der eigenen Vertrauensneigung

Orientierung

Ziele

- Einstieg in das Thema Vertrauen
- Auswirkungen von Vertrauen und Misstrauen erkennen
- Die Bedeutung von Vertrauen als Basis des Teamerfolgs bewusst machen

Zeit

Insgesamt 20 Minuten

- 10 Minuten Kleingruppenarbeit
- 10 Minuten Auswertung

Material

Arbeitsauftrag auf Folie oder Flipchart

Ablauf

- In einer Kleingruppenarbeit diskutieren die Teilnehmenden die drei Fragen:
  - Welchen Menschen in Ihrem Leben vertrauen Sie besonders?
  - Wie verhalten Sie sich Menschen gegenüber, denen Sie besonders vertrauen?
  - Wie verhalten Sie sich Menschen gegenüber, denen Sie misstrauen?
- In der Auswertung reflektiert die Trainerin in einer kurzen Diskussion gemeinsam mit den Teilnehmenden, welche Auswirkungen Vertrauen bzw. mangelndes Vertrauen im Unternehmenskontext und in der Zusammenarbeit auf Distanz haben kann.

© managerSeminare

Intro Die Trainerin erläutert die Reflexionsaufgabe zum Thema Vertrauen.

„Zur Einstimmung auf das Thema finden Sie sich in Zweiergruppen zusammen und diskutieren die folgenden Fragen.

Bitte überlegen Sie gemeinsam:

Welchen Menschen in Ihrem Leben vertrauen Sie besonders? Gibt es da verschiedene Gruppen oder Intensitäten?

Welche Auswirkungen hat dieses Vertrauen auf Ihre Interaktion mit diesen Menschen? Wie verhalten Sie sich Menschen gegenüber, denen Sie besonders vertrauen?

Zuletzt besprechen Sie bitte noch, wie Sie sich im Gegensatz dazu gegenüber Menschen verhalten, denen Sie misstrauen. Denken Sie dabei bevorzugt an Verhaltensweisen, die auch über Distanzen hinweg sichtbar sind.

Bitte halten Sie Ihre Antworten auf diese Fragen stichwortartig auf einem eigenen Blatt Papier fest, damit wir sie im Anschluss gemeinsam in der Gruppe besprechen können."

Nachdem die Teilnehmenden die Bearbeitung der Aufgabe abgeschlossen haben, liest die Trainerin die erste Frage erneut vor und bittet darum, die Ergebnisse der Kleingruppenarbeiten mit der gesamten Gruppe zu teilen.

Auswertung *„Nun bin ich gespannt auf Ihre Antworten auf die erste Frage. Wem also vertrauen Sie in Ihrem Leben besonders?"*

Die Teilnehmenden beginnen nun damit, verschiedene Personengruppen in ihrem Leben aufzuzählen, denen sie vertrauen. Die meis-ten Aufzählungen beginnen mit Familienangehörigen, Kindern, Ehefrauen oder -männern und den Eltern. Darauf folgen dann häufig Personen aus dem engen Freundeskreis, gefolgt von Arbeitskollegen. Häufig werden auch hier schon Begründungen oder erste Hinweise zur Entstehung von Vertrauen genannt, wie z.B.: „Mit denen man besonders viel Zeit verbringt", „Die man schon sehr lange auch persönlich kennt".

Die Trainerin fasst kurz zusammen und leitet zur nächsten Frage über.

„Vielen Dank für Ihre Antworten. Wir können also feststellen, dass es im Leben der meisten Menschen eine Hierarchie des Vertrauens gibt, die auch damit zusammenhängt, wie nah ihnen bestimmte Personen stehen, wie gut und wie lange diese persönlich bekannt sind.

Nun interessieren mich noch Ihre Antworten auf die anderen beiden Fragen. Wie wirkt sich Vertrauen auf die Interaktion mit anderen Menschen aus und wie behandeln Sie Menschen, denen Sie misstrauen?“

Erneut bittet die Trainerin die Gruppen, ihre Ergebnisse zu teilen. Häufige Antworten der Teilnehmenden auf die beiden Fragen sind:

Welche Auswirkungen hat das Vertrauen auf die Interaktion?

- Ich bin ehrlicher und direkter.
- Ich sage frei heraus, was ich denke.
- Ich teile insgesamt gern und viele Informationen.
- Ich gebe einen Vertrauensvorschuss.
- Ich helfe gerne in prekären Situationen.
- Die Kommunikation wird unkomplizierter und findet häufiger telefonisch statt schriftlich statt.

Wie behandeln Sie Menschen, denen Sie misstrauen?

- Ich werde vorsichtiger, denke länger über Formulierungen in E-Mails nach, passe auf, was ich in virtuellen Konferenzen sage.
- Die Kommunikation wird formaler, E-Mails werden förmlicher, Verteiler größer.
- Ich mache Dienst nach Vorschrift.
- Ich gehe ihnen aus dem Weg, kommuniziere nur das Nötigste, meist nur noch per Mail.
- Ich sage nicht immer, was ich denke.
- Ich behalte mein Wissen eher für mich.
- Ich erzähle nichts, was mir schaden könnte.
- Ich kontrolliere Login-Zeiten und Anwesenheiten.
- Ich bin kritischer und hinterfrage mehr.

Zusammenfassung

Im Anschluss fasst die Trainerin die wichtigsten Nennungen noch einmal zusammen und formuliert die Auswirkungen, die ein hohes Misstrauen innerhalb eines Teams oder Unternehmens auf dieses haben kann.

© managerSeminare

„Halten wir uns nun also diese Punkte noch einmal vor Augen und stellen uns die Frage, welche Auswirkungen hat mangelndes Vertrauen im Unternehmenskontext oder, noch konkreter gefragt, in Ihrem Team? Was passiert, wenn Menschen Informationen nicht teilen, mehr Zeit für Kontrolle investieren oder Dienst nach Vorschrift machen?

Die Antwort darauf lässt sich in drei Worten zusammenfassen: Es wird teuer, langwierig und unangenehm. Bei der Zusammenarbeit über Distanzen hinweg potenzieren sich diese Effekte gar noch, da Kommunikation und Kontrolle schon aufgrund der Entfernungen aufwendiger sind.

Dort, wo Vertrauen fehlt, steigen die Transaktionskosten. Das bedeutet auch, bewusst in den Aufbau einer Vertrauenskultur innerhalb Ihres Teams und Ihres Unternehmens zu investieren, zahlt sich aus."

Vortrag: Vertrauen zahlt sich aus

Orientierung

Ziele

Verdeutlichen, warum es sich lohnt, in eine Vertrauenskultur zu investieren

Zeit

Insgesamt 15 Minuten

Material

Vorbereitete Folien

Ablauf

Die Trainerin hält den Vortrag zum Thema „Vertrauen zahlt sich aus".

Durchführung

Die Trainerin präsentiert die vorbereiteten Folien.

„Dass sich Vertrauen auszahlt, zeigen neben vielen anderen auch die wissenschaftlichen Studien von Prof. Dr. Antoinette Weibel. Sie forscht an der Universität St. Gallen zu diesem Thema. Ihren Studien zufolge beeinflusst Vertrauen die Leistungen von Mitarbeitenden in Unternehmen äußerst positiv. Man könnte auch sagen, es weckt Superheldenkräfte in Ihren Mitarbeitenden.

Es ermöglicht persönliches Wachstum, weil es zur Selbstständigkeit ermutigt und Raum für persönliche Entwicklung gibt. Vertrauen hilft Ihren Mitarbeitenden dabei, sich frei entfalten zu können, genau wie die Äste dieses beeindruckenden Baumes.

© managerSeminare

Es minimiert Komplexität, weil Absprachen auf dem kurzen Dienstweg getroffen werden können. Unnötige Kontrollmechanismen fallen weg.

Mitarbeitende, denen Vertrauen entgegengebracht wird, gehen gern auch einmal die ‚Extrameile' oder anders ausgedrückt: Vertrauen schafft freiwilliges Arbeitsengagement, da Menschen, die einander vertrauen, sich in besonders herausfordernden Situationen auch über das ‚übliche' Maß hinaus unterstützen.

Es schafft Ressourcenzufluss, weil Informationen frei fließen können und großzügiger miteinander geteilt werden.

Wenn also der Aufbau von Vertrauen generell im Team und insbesondere in der virtuellen Zusammenarbeit einen so hohen Stellenwert einnimmt, ist es nun wichtig zu verstehen, wie Vertrauen entsteht, um dann im nächsten Schritt gemeinsam zu überlegen, wie Sie es bewusst auch über Distanzen hinweg initiieren können. Um der Antwort auf diese Frage einen Schritt näher zu kommen, möchte ich Sie nun zu einer kleinen Übung einladen …"

Quellen

- In Anlehnung an den Vortrag „Vertrauen performt" von Prof. Dr. Antoinette Weibel auf den PTT 2017 am 31.03.2017.

Bildquellen:

- 1. © Depositphotos_28423541
- 2. © Depositphotos_118608562
- 3. © Depositphotos_442509548
- 4. © Depositphotos_77528856
- 5. © Depositphotos_34635755

Übung: Raumsoziometrie – Vertrauensskala im Team mit anschließendem Vortrag

Orientierung

Ziele

- Reflexion der eigenen Vertrauensneigung
- Die Teilnehmenden erkennen, welche Verhaltensweisen sie selbst brauchen, um Vertrauen aufzubauen
- Sie erleben, wie stark sich die Vertrauensneigung von Menschen unterscheiden kann
- Sie benennen erste konkrete vertrauensfördernde Verhaltensweisen

Zeit

Insgesamt 40 Minuten

- 30 Minuten für die Raumsoziometrie
- 10 Minuten für den Vortrag über vertrauensbildende Verhaltensweisen

Material

- Klebeband zur Visualisierung einer Vertrauensskala auf dem Boden
- Folie „Vertrauensfördernde Verhaltensweisen“

Ablauf

- Die Trainerin führt in das Prinzip der Vertrauensneigung ein.
- Die Teilnehmenden bewerten ihre eigene Vertrauensneigung auf einer Skala von 1-10, indem sie sich auf der Vertrauensskala im Raum an die entsprechende Stelle begeben.
- Die Trainerin befragt die beiden Teilnehmenden, die sich auf dem niedrigsten und auf dem höchsten Skalenwert positioniert haben, nach Gründen für die Positionierung und danach, was sie in der virtuellen Zusammenarbeit benötigen, um Vertrauen aufzubauen bzw. nicht zu verlieren.
- Im Anschluss fasst sie die wichtigsten vertrauensfördernden Verhaltensweisen nochmals in einem Kurzvortrag zusammen.

Vorbereitung Zur Vorbereitung dieser Übung bereitet die Trainerin mithilfe von Kreppklebeband und Moderationskarten eine Skala mit den Werten 1-10 auf dem Boden des Seminarraumes vor.

Intro *„In dieser Übung geht es zunächst um die grundsätzliche Vertrauensneigung, die uns Menschen angeboren ist. Wie Sie sich vielleicht vorstellen können, ist sie nicht bei jedem gleich ausgeprägt - und das wiederum hat Auswirkungen darauf, wie gegenseitiges Vertrauen aufgebaut werden kann.*

Ich möchte Sie daher in dieser Übung dazu einladen, einmal Ihre persönliche Vertrauensneigung mithilfe dieser Skala hier im Raum einzuschätzen. Die Zahlen von 1-10 kennzeichnen die Ausprägung Ihrer Vertrauensneigung. Die Zahl 10 steht für eine hohe Vertrauensneigung gegenüber einer Führungskraft, die zum Beispiel sagen würde: ‚Ich gebe grundsätzlich jedem Mitarbeitenden erst mal einen Vertrauensvorschuss.' Die Zahl 1 steht für eine geringe Vertrauensneigung und beschreibt eine Führungskraft, zu der Sätze wie ‚Vertrauen ist gut, Kontrolle ist besser' oder ‚Vertrauen muss man sich bei mir erst erarbeiten' passen könnten. Bitte überlegen Sie kurz, wo Sie sich selbst sehen, und dann positionieren Sie sich bitte an der entsprechenden Stelle auf der Skala hier im Raum."

Durchführung Die Trainerin wartet nun ab, bis sich alle im Raum positioniert haben. Meist gibt es eine recht hohe Bandbreite und es sind sowohl Menschen mit einer sehr hohen Vertrauensneigung als auch Menschen mit einer eher niedrigen Vertrauensneigung anwesend. Die Erkenntnis, dass es hier deutliche Unterschiede gibt, ist für die meisten der erste wichtige Aha-Effekt. Nachdem die Gruppe zum Stehen gekommen ist, spricht die Trainerin einzelne Teilnehmende an, um gemeinsam mit ihnen zu ergründen, was es auf der jeweiligen Position braucht, um vertrauen zu können. Dabei ist es wichtig, gleich auch nach Verhaltensweisen zu fragen, die sich konkret auf die virtuelle Zusammenarbeit beziehen. Sie beginnt mit der Person mit der geringsten Vertrauensneigung auf dem Skalenwert 1, befragt dann die Person auf der Position 10 und im Anschluss noch eine oder mehrere Personen in der Mitte.

Jeder Person stellt sie die folgenden Fragen:

- *„Aus welchem Grund haben Sie sich hier positioniert?*
- *Wie äußert sich diese Vertrauensneigung in der Praxis der verteilten Zusammenarbeit?*
- *Wenn ich Ihre Mitarbeitende wäre, was müsste ich tun, um mir Ihr Vertrauen zu verdienen (auf den niedrigen Skalenwerten)? Wie könnte ich das auch über Entfernungen hinweg signalisieren?*
- *Was müsste ich unterlassen, um Ihr Vertrauen nicht zu verlieren (auf den hohen Skalenwerten)?*
- *Woran würden Sie erkennen, dass …?*
- *Was noch …?*
- *Was wäre für Sie in der Zusammenarbeit auf Distanz besonders wichtig?“*

Typische Antworten der Teilnehmenden sind:

Mir ist wichtig, dass …
- ich mich auf meine Mitarbeitenden verlassen kann.
- Aufgaben rechtzeitig erledigt werden und die Erledigung per Mail bestätigt wird.
- man mir ehrlich sagt, wenn etwas schiefgelaufen ist, und hierzu am besten den Telefonhörer in die Hand nimmt.
- man mir offen und in einem persönlichen Gespräch die Meinung sagt.
- die Mitarbeitende mich wissen lässt, wenn sie eine Aufgabe nicht rechtzeitig oder in der nötigen Qualität erledigen kann und mir dieses per Mail oder Chat mitteilt.
- der Mitarbeitende sich mir gegenüber loyal verhält, indem er in virtuellen Meetings meine Entscheidungen vor der Gruppe unterstützt.
- sich die Mitarbeitende in schwierigen Situationen flexibel zeigt, und im Team-Chat auch einmal nachfragt, was noch zu tun ist.
- der Mitarbeitende sich über einen langen Zeitraum als vertrauenswürdig erwiesen hat.
- man viel gemeinsam erlebt hat.
- meine Mitarbeitenden in der vereinbarten Arbeitszeit für mich erreichbar sind, Anwesenheitsstatus und Kalendereinträge aktuell sind.
- man selbstständig den Austausch sucht, wenn es nötig ist.

© managerSeminare

Vortrag zu vertrauensbildenden Verhaltensweisen

Nach dem Ende der Befragung nehmen die Teilnehmenden ihre Plätze wieder ein. Die Trainerin zeigt die Folie „Vertrauensfördernde Verhaltensweisen". Sie fasst die wichtigsten Aussagen der Teilnehmenden nochmals zusammen und setzt sie in Bezug zu den Punkten auf der Folie.

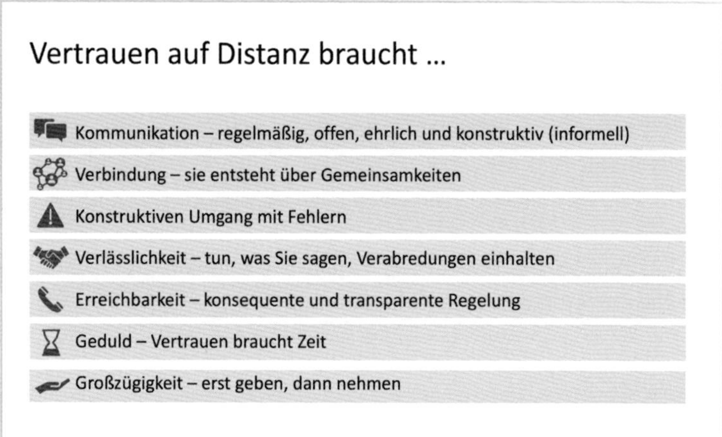

„Wie in der Übung gerade deutlich geworden ist, gibt es bestimmte Verhaltensweisen, die das gegenseitige Vertrauen fördern. Hier sehen Sie noch einmal die wichtigsten dieser Verhaltensweisen im Überblick.
Wie aus vielen Ihrer Äußerungen hervorgegangen ist, nimmt die Kommunikation einen wichtigen Stellenwert ein.

Die Regelmäßigkeit ist insbesondere in verteilten Teams oft eine Herausforderung, da zuweilen alle zu unterschiedlichen Zeiten und natürlich an unterschiedlichen Orten arbeiten. Offenheit haben ebenfalls einige von Ihnen im Zusammenhang mit dem Wunsch nach einer ehrlichen Meinung des Gegenübers genannt.

Außerdem ist sehr wichtig, dass es einen Raum für informelle Kommunikation gibt, da auch diese in virtuellen Teams nicht von allein entsteht, sondern bewusst initiiert werden muss.

Verbindung schafft Vertrauen, sie entsteht über Gemeinsamkeiten, die Menschen miteinander teilen. Als Führungskraft haben Sie also die Aufgabe, Gelegenheiten für das Entdecken und die Pflege von Gemeinsamkeiten zu schaffen. Erinnern Sie sich bitte in diesem Zusammenhang an unsere allererste Übung – Gemeinsamkeiten finden. Sie war bewusst gewählt, um Vertrauen innerhalb dieser Gruppe aufzubauen.

Der offene Umgang mit Fehlern war von Ihnen ebenfalls angesprochen worden. Gerade in der virtuellen Zusammenarbeit können Fehler leicht unbemerkt bleiben oder vertuscht werden, sofern keine gute Fehlerkultur im Team besteht. Gehen Sie also konstruktiv und offen mit Fehlern um – auch mit den eigenen.

Auch das Thema Verlässlichkeit haben viele von Ihnen angesprochen. Hier gilt es, zuallererst als gutes Beispiel voranzugehen und im Gegenzug auch gegenseitige Verlässlichkeit innerhalb des Teams einzufordern.

Fehlende Erreichbarkeit ist ein Vertrauenskiller. Stellen Sie also klare Regeln für Ihre eigene Erreichbarkeit und die des Teams auf. Konsequente Erreichbarkeit bedeutet dabei nicht, dass Sie oder Ihre Teammitglieder ständig erreichbar sein müssen. Es bedeutet lediglich, dass es eine transparente Regelung dafür geben sollte.

Nicht zuletzt braucht Vertrauen, insbesondere für diejenigen mit einer eher geringen Vertrauensneigung, auch Geduld. Es kann nicht eingefordert oder angeordnet werden. Es kann jedoch aufgebaut und gepflegt werden.

Großzügigkeit hilft Ihnen dabei, wie diejenigen unter Ihnen mit einer hohen Vertrauensneigung sicher bestätigen können. Viele Führungskräfte, die ihren Mitarbeitenden gern einen Vertrauensvorschuss geben, haben mir bestätigt, dass dieses Verhalten häufiger belohnt als enttäuscht wurde. Vertrauen Sie also ruhig darauf, dass Ihre Mitarbeitenden auch ohne Ihre ständige Anwesenheit ihre Aufgaben gut erledigen werden.“

© managerSeminare

Reflexion und Praxistransfer: Vertrauen im Team fördern

Orientierung

Ziele

- Die vertrauensfördernden Maßnahmen in konkrete Verhaltensweisen in der virtuellen Zusammenarbeit übersetzen
- Umsetzungsvorhaben für das eigene Team bilden

Zeit

Insgesamt 30 Minuten

- 10 Minuten Arbeitsblatt ausfüllen
- 10 Minuten Austausch
- 10 Minuten Zusammenfassung

Material

- Vorbereitete PowerPoint-Folie mit vertrauensfördernden Verhaltensweisen
- Handout zum Eintragen der Umsetzungsvorhaben und der Erfolgsrezepte

Ablauf

- Die Trainerin teilt die Arbeitsblätter aus und bittet die Teilnehmenden, eine Selbsteinschätzung durchzuführen und Erfolgsrezepte für die Führung auf Distanz festzuhalten oder Umsetzungsvorhaben zu bilden.
- Die Teilnehmenden tauschen sich zu zweit zu den Antworten aus.
- Im Plenum sammelt die Trainerin einige Beispielantworten ein.

Schritt 1

Durchführung

„Jetzt gilt es, das Gelernte in die Praxis zu übersetzen. Ich werde Ihnen hierzu ein Arbeitsblatt austeilen, das eine Übersicht der eben besprochenen Punkte enthält. Ich möchte Sie im ersten Schritt bitten, eine Selbsteinschätzung in Form von Schulnoten für sich selbst und Ihr Team vorzunehmen. Es geht darum, festzuhalten, wie sichtbar diese Verhal-

tensweisen bei Ihnen selbst und Ihrem Team auch in der Zusammenarbeit über Distanzen hinweg sind. Ist eine Verhaltensweise auch auf Distanz schon optimal ausgeprägt, tragen Sie in der Spalte ‚Mein Erfolgsrezept' ein, wie Sie und Ihr Team das geschafft haben. Sehen Sie noch Potenzial in diesem Punkt, überlegen Sie, was Sie künftig ändern wollen und tragen dieses ebenfalls in die entsprechende Spalte ein. Ich stelle den Time Timer hierfür auf 10 Minuten ein."

Nach Ablauf der Zeit leitet die Trainerin zum zweiten Teil der Übung über:

Schritt 2

„Nun suchen Sie sich bitte einen Sparringspartner. Gemeinsam haben Sie je fünf Minuten Zeit, sich Ihre Ergebnisse vorzustellen und weitere Ideen zu entwickeln. Ziel ist es, den anderen dabei zu unterstützen, vorhandene Ideen weiterzudenken oder neue Ideen hinzuzubekommen. Ich stelle den Time Timer hierfür nun auf 10 Minuten ein."

Arbeitsblatt im Download

Vertrauen braucht ...	Selbsteinschätzung (Note 1-6)	Mein Erfolgsrezept	Wie ich diese Verhaltensweise zukünftig auf Distanz stärker kultivieren möchte
Kommunikation • regelmäßig • offen • ehrlich • konstruktiv • informell	Ich Team		z.B.: tägliches Teammeeting in Form einer Videokonferenz, Beginn mit informellem persönlichem Austausch ...
Verbindung • Gemeinsamkeiten kennen/kommunizieren • gemeinsame Erlebnisse	Ich Team		z.B.: jährliches Teamevent langfristig planen, Übung „Persönliche Gemeinsamkeiten" beim nächsten persönlichen Treffen durchführen ...
Fehlerkultur • konstruktiver Umgang mit Fehlern • Fehler offen kommunizieren • gemeinsam aus Fehlern lernen	Ich Team		z.B.: monatliches virtuelles Meeting durchführen, in dem häufige Fehler besprochen werden, mit dem Ziel, gemeinsam daraus zu lernen, Wiki dazu anlegen ...
Verlässlichkeit • tun, was ich/wir sage(n) • Verabredungen einhalten	Ich Team		z.B.: klare Vereinbarungen in Meetings protokollieren und terminieren, Übertrag in virtuelles Planungstool ...

Erreichbarkeit • konsequente und transparente Regelung treffen • wer ist wann erreichbar? • wie ist die Erreichbarkeit im Notfall geregelt?	Ich Team		z.B.: Erreichbarkeitspläne für den Notfall erarbeiten, Anwesenheitsstatus in MS Teams aktuell halten ...
Großzügigkeit • erst geben, dann nehmen	Ich Team		z.B. Kontrollmechanismen, wie z.B. Kontrollanrufe, zurückfahren, verantwortungsvollere Aufgaben delegieren ...

Abschluss

Nach Ablauf der Zeit beendet die Trainerin die Einheit mit einem kurzen Teilen der besten Erkenntnisse und Umsetzungsideen in der Gesamtgruppe.

Erfolgsfaktor Ziel- und ergebnisorientiert führen

Mehr Infos zu diesem Erfolgsfaktor auf der Seite 93.

Einstieg und Bewegungsübung in das Thema Ziel- und ergebnisorientiert führen

Orientierung

Ziele

- Die Bedeutung der zielorientierten Führung verdeutlichen
- Teilnehmende aktivieren

Zeit

Insgesamt 20 Minuten

- 5 Minuten Einstieg ins Thema
- 5 Minuten Bewegungsübung
- 10 Minuten Brainstorming

Ablauf

- Die Teilnehmenden stehen auf, strecken den linken Arm aus und drehen sich, so weit sie können, über die linke Schulter nach hinten.
- Nun merken sie sich den Punkt, den sie maximal erreichen konnten und drehen sich wieder zurück.
- Die Trainerin fordert dazu auf, die Übung zu wiederholen und dabei zu versuchen, sich noch etwas weiter zu drehen. Wie viel weiter, legt jeder Teilnehmende vorher für sich fest.
- Die Trainerin führt in das Thema ziel- und ergebnisorientierte Führung ein.

© managerSeminare

Intro *„Bei der Einführung von mobilem Arbeiten stellen sich Führungskräfte häufig die Frage, wie sie sicher sein können, dass außerhalb des Büros auch alle Arbeit erledigt wird, die erledigt werden soll. Zu Ihrer Beruhigung möchte ich nochmals an die bereits erwähnten Studienergebnisse erinnern, die zeigen, dass Mitarbeitende im Homeoffice eher mehr Zeit als weniger mit der Arbeit verbringen. Ausnahmen kann es natürlich geben, jedoch ist die reine Anwesenheit einer Person im Büro ja kein Garant für eine gute Arbeitsleistung.*

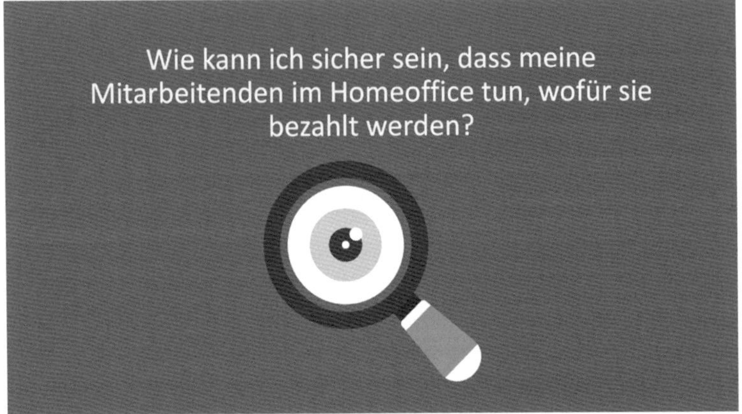

Eng mit diesem Thema verbunden ist die Frage, was das rechte Maß zwischen Vertrauen und Kontrolle ist. Dieses zu finden, ist gar nicht so leicht, vor allem deswegen, weil es einerseits Aufgabe von Führung ist, ein gewisses Maß von Kontrolle auszuüben und andererseits das gegenseitige Vertrauen durch bestimmte Formen von Kontrolle geschwächt werden kann. Im Kern geht es hierbei um die Frage, ob sich die Mitarbeitenden von den Kontrollmaßnahmen durch die Führungskraft eher unterstützt oder überwacht fühlen. Letzteres führt zu einem Verlust von Vertrauen und einer Verringerung der Motivation von Menschen.

Der Schlüssel dafür, ein gutes Maß zu finden, liegt in der ziel- und ergebnisorientierten Führung, bei der es die Aufgabe der Führungskraft ist, gemeinsam mit dem Team Ziele zu definieren und damit zusammenhängende Erwartungen an Ergebnisse klar zu formulieren. Um noch etwas deutlicher zu machen, was genau ich damit meine, möchte ich Sie zu einer kleinen Übung einladen.“

Bewegungsübung zielorientierte Führung

Durchführung

Die Teilnehmenden werden aufgefordert, sich von den Stühlen zu erheben. Sie sollen die Füße schulterbreit aufstellen, sodass sie einen sicheren Stand haben. Nun werden sie aufgefordert, ihren linken Arm nach vorn auszustrecken. Als nächstes drehen sie sich über die linke Schulter nach hinten, wobei die Hüfte sich nicht mitdreht, sondern nach vorn ausgerichtet bleibt. Die Teilnehmenden sollen sich so weit nach hinten drehen, wie für sie möglich ist, ohne dabei Verletzungen zu riskieren. Wenn sie die maximale Drehung erreicht haben, merken sich alle den Punkt, auf den ihr Zeigefinger des ausgestreckten Arms nun zeigt. Danach drehen sich alle wieder nach vorne.

Nachdem alle Teilnehmenden sich wieder zurückgedreht haben, fährt die Trainerin fort:

„Bitte wiederholen Sie nun die Übung und versuchen Sie diesmal einen Punkt zu treffen, der noch etwa fünf cm weiter links liegt. Bevor Sie damit beginnen, können Sie sich dafür selbst ein konkretes Ziel setzen.“ Die Trainerin spricht nun einzelne Teilnehmende an und fragt, wie viele zusätzliche Zentimeter sie sich bei dieser Runde zutrauen. Dann wiederholen alle Teilnehmenden die Übung mit ihrem individuellen Ziel.

Nachdem sich alle Teilnehmenden wieder zurückgedreht haben, fragt die Trainerin, wer es geschafft hat, in dieser Runde noch weiterzukommen. Meistens trifft das auf die gesamte Gruppe zu.

Auswertung

„Was können wir daraus über die ziel- und ergebnisorientierte Führung lernen?“ Die Trainerin stellt die Frage in die Runde und holt ein bis zwei Wortmeldungen der Teilnehmenden ein.

Im Kern geht es darum, Ziele gemeinsam klar zu formulieren, da dies dazu führt, dass der Erfolg und die Zielerreichung größer sind als bei unklarer Zielformulierung. Die gemeinsame Formulierung erhöht zudem die Beteiligung und somit auch die Motivation aller Mitwirkenden.

© managerSeminare

Übung: Ziele formulieren mit dem Zielkreis

Orientierung

Ziele

- Die Teilnehmenden erhalten ein Werkzeug zur Formulierung von Zielen und Ergebnissen
- Sie üben anhand eines Praxisbeispiels, die Ziele und Ergebnisse klar zu formulieren

Zeit

Insgesamt 45 Minuten

- 10 Minuten Vorstellung des Zielkreises
- 5 Minuten Aufgabenstellung erklären
- 5 Minuten Übung anhand eines eigenen Beispiels
- 15 Minuten kollegialer Austausch
- 10 Minuten Auswertung

Material

- Folie „Zielkreis"
- Handout „Zielkreis"
- Arbeitsauftrag auf Folie oder Flipchart

Ablauf

- Die Trainerin stellt den Zielkreis als Werkzeug anhand eines Beispiels vor.
- Einzelarbeit: Anwendung des Zielkreises anhand eines eigenen Beispiels.
- Ergebnisaustausch in Zweiergruppen.

Erläuterung

Über Distanzen hinweg ist es von besonderer Bedeutung, dass Ziele klar und eindeutig formuliert sind und die Arbeitsleistung nicht an der Dauer der Anwesenheit bzw. Bildschirmzeit gemessen wird, sondern an der Leistung des Mitarbeitenden. Zudem kommen aufgrund der Entfernung bei den Mitarbeitenden viele Informationen nicht an, die sich in einem standortgebundenen Team ganz automatisch verbreiten würden. Der Grund: Der Buschfunk innerhalb des Teams fehlt und auch die Verbindung in andere Unternehmensbereiche ist nicht in gleichem Maße gegeben. Daher ist es von besonderer Bedeutung, nicht nur das Endergebnis klar zu beschreiben, sondern auch, das „Warum“ und „Für Wen“ zu erklären und die Erfolgskriterien klar zu benennen.

Dazu kann der Zielkreis als Werkzeug dienen, den die Trainerin der Gruppe nun vorstellt. Dafür zeigt sie die Folie „Zielkreis“. Der Zielkreis besteht aus vier verschiedenen Feldern, die deswegen in einem Kreis angeordnet sind, weil die Zielformulierung an unterschiedlichen Punkten starten kann und die Ausformulierung der einzelnen Felder jeweils auch wieder zu einer Beeinflussung bzw. nachträglichen Veränderung der Felder führen kann.

Sheet im Download

Intro

„Ich möchte den Kreis mithilfe des Beispiels der Urlaubsplanung erklären. Für unser Beispiel beginnen wir mit dem ‚Endergebnis‘. In diesem Feld sollte formuliert werden, was bis wann erreicht werden soll. Im Falle der Urlaubsplanung könnte die Antwort lauten: ‚Die Urlaubsplanung für das Team soll bis zum Datum XY abgeschlossen sein.‘

Gehen wir in das nächste Feld. Was ist der Nutzen des frühzeitigen Abschlusses einer Urlaubsplanung?“ – Die Trainerin holt sich eine Wortmeldung ein. Der Sinn einer frühzeitigen Urlaubsplanung ist es, die Planbarkeit aller Mitarbeitenden für das Unternehmen herzustellen. Ein weiterer Nutzen ist es, die Vertretung im jeweiligen Zeitraum zu gewährleisten und damit auch, dass es keine Überlastung von einzelnen Mitarbeitenden während dieser Zeit gibt und der Geschäftsbetrieb und die Kundenbetreuung weiterhin sichergestellt werden können.

Für wen machen wir das? Diese Frage soll im Feld „Kunden" beantwortet werden. Die Trainerin fragt in den Kreis der Teilnehmenden: *„Wer sind die Kunden für unser Beispiel?"* Sie wartet wieder eine Wortmeldung ab, fährt dann fort und ergänzt ggf.: *„Die Kunden für unser Beispiel können die Kunden des Unternehmens, alle Mitarbeitenden des Teams oder auch andere Abteilungen sein, die auf die Erreichbarkeit und Zuarbeit des Teams angewiesen sind."*

Im Feld „Erfolgskriterien" geht es darum, klare Messkriterien zu formulieren. Eine solche Formulierung könnte für das gewählte Beispiel lauten: Bis zum Datum XY sollten alle Urlaubsanträge vollständig bearbeitet per Mail beim Teamleiter eingegangen sein.

„Erinnern wir uns noch einmal an unsere Kunden, die Mitarbeitenden und die Planungssicherheit, die wir als Nutzen benannt haben. Ist das Ziel jetzt schon erreicht? Wir können also weiter definieren, bis wann eventuelle Anpassungen des Urlaubsplanes aufgrund von Überschneidungen abgeschlossen sein müssen. Außerdem könnte definiert werden, wann alle Urlaubsanträge genehmigt sind und der Urlaubsplan für alle verbindlich zur Verfügung gestellt wird, sodass die Mitarbeitenden gemeinsam mit ihren Familien planen können.

Dadurch hat sich nun auch unsere Zielstellung verändert. Sie könnte nun neu lauten: Bis zum Datum XY soll der Urlaubsplan abgestimmt und genehmigt und über den Ordner XY für alle Teammitglieder abrufbar sein. Unsere ursprüngliche Zielformulierung würde somit zum Erfolgskriterium auf dem Weg dorthin werden. Und hier schließt sich dann der Kreis."

Ziele formulieren mit dem Zielkreis

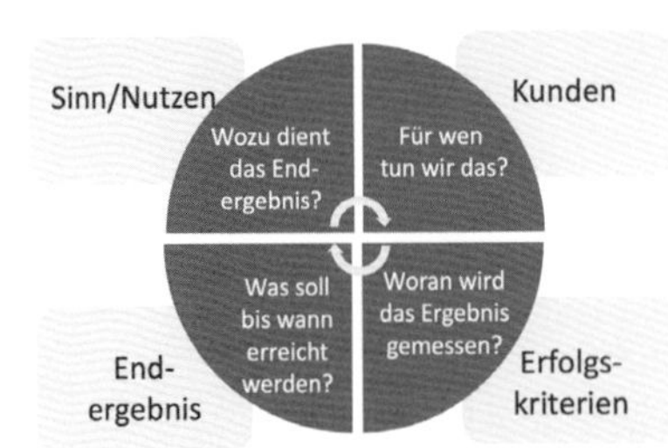

1. **Endergebnis:** Urlaubsplanung bis zum Datum XY abschließen
2. **Sinn/Nutzen:** Planbarkeit für Unternehmen und Mitarbeiter sicherstellen, Vertretung sicherstellen/ Erreichbarkeit sicherstellen/Überlastung vermeiden
3. **Kunden:** Mitarbeiterinnen und Mitarbeiter des Teams /unsere Kunden
4. **Erfolgskriterien:** Alle Urlaubsanträge liegen bis Datum XY im Postfach des Teamleiters/Überschneidungen werden bis ... geklärt/am Datum XY steht der Urlaubsplan auf Laufwerk XY

Durchführung

Die Trainerin teilt nun ein Arbeitsblatt mit dem Zielkreis aus. Hierin sollen alle Teilnehmdenden das genannte Beispiel auf einen eigenen Praxisfall übertragen. Sie werden aufgefordert, sich hierzu zunächst etwas auszusuchen, dass in ihrem Team in der nahen Zukunft erreicht werden soll. Sie sollen den Zielkreis nutzen, um sowohl das Ziel als auch die Erfolgskriterien klar zu formulieren.

Hierfür erhalten die Teilnehmenden fünf Minuten Zeit. Danach moderiert die Trainerin weiter:

„Bitte finden Sie sich nun in Zweiergruppen zusammen und tauschen Sie Ihre Formulierungen miteinander aus. Achten Sie darauf, ob die Formulierungen klar und eindeutig sind und passen Sie sie bei Bedarf an.“

Auswertung

Zurück im Plenum holt die Trainerin ein kurzes Feedback zu den Erfahrungen, die die Teilnehmenden mit der Übung gemacht haben, ein. Hilfreiche Fragen hierzu sind:

- Wie hat das Tool Ihre Formulierungen beeinflusst?
- Wie hat sich das Ziel selbst durch diese Herangehensweise verändert?
- Welche Erkenntnisse haben Sie aus dieser Übung gewonnen?

Quelle

- Fürstberger, G. & Ineichen, T. (2016): Commitment gewinnen als laterale Führungskraft. Haufe Fachbuch.

© managerSeminare

Abschluss des ersten Seminartags

Orientierung

Ziele

- Umsetzungsvorhaben für den Praxisalltag formulieren und diese auf einem Lernspaziergang mit einer zweiten Person austauschen
- Den Austausch untereinander und den Praxistransfer fördern

Zeit

Insgesamt 45 Minuten

- 10 Minuten Erläuterung und Erstellung eines Umsetzungsplans
- 5 Minuten Erläuterung des Lernspaziergangs und Wahl eines Lernpartners
- 10 Minuten Feedback mit Mentimeter
- 20 Minuten Lernspaziergang

Material

- Flipchart Umsetzungsplan
- Vorbereitete Umfrage in Mentimeter

Ablauf

- Die Trainerin erläutert den Umsetzungsplan.
- Einzelarbeit: Die Teilnehmenden erstellen einen Umsetzungsplan für ihren Praxisalltag.
- Die Trainerin erläutert den Lernspaziergang zum Austausch der Umsetzungsvorhaben.
- Auswahl eines Lernpartners für den Lernspaziergang.
- Kurzes Feedback über Mentimeter.

Erstellung eines Umsetzungsplans

Intro *„Nachdem wir uns nun die ersten beiden Erfolgsfaktoren angesehen haben, erhalten Sie jetzt etwas Zeit, um die Inhalte nochmals zu reflektieren und Ihre individuellen Umsetzungsvorhaben daraus abzuleiten.*

Hierzu erhalten Sie von mir ein Arbeitsblatt, auf dem Sie Ihre Ideen festhalten und daraus individuelle Maßnahmen ableiten können. Weiterhin definieren Sie bitte, bis wann Sie planen, die entsprechende Maßnahme umzusetzen. Sie haben hierzu 10 Minuten Zeit."

Umsetzungsplan				
Das nehme ich mit	Werde ich tun	bis zum Datum	Kann mich unterstützen	erfolgreich, wenn
• • •				

Arbeitsblatt im Download

Lernspaziergang

Die Umsetzung von Vorhaben werden wahrscheinlicher, wenn wir sie mit einer anderen Person besprechen. Daher ist der letzte Auftrag des Tages an alle Teilnehmdenden, sich eine andere Person zu suchen, mit der sie zum Abschluss des Tages einen Lernspaziergang machen. Auf diesem Lernspaziergang berichten sich beide gegenseitig von ihren Umsetzungsvorhaben und helfen einander, falls erforderlich, die Vorhaben noch etwas spezifischer zu formulieren.

Feedback mit Mentimeter

Erläuterung

Das Feedback zum Seminartag erfolgt über Mentimeter. Mentimeter ist eine App, die ein digitales Echtzeit-Feedback ermöglicht. Der Einsatz eignet sich deswegen besonders gut, weil es einerseits eine schnelle und kurzweilige Stimmungsabfrage ermöglicht und andererseits, weil es ein interessantes digitales Tool ist, was die Teilnehmenden auch für interaktivere virtuelle Meetings einsetzen können.

Unter www.mentimeter.com können Präsentationsfolien mit verschiedenen Fragearten vorbereitet werden. Die Teilnehmenden nutzen dann zum Feedback ihr Smartphone. Über die Eingabe eines Passwortes verbinden sie sich mit der Präsentation, wo sie die Antworten auf die Frage alle gleichzeitig anonym eingeben können.

Diese erscheinen dann in der Folie und sind in Echtzeit für alle anderen Anwesenden sichtbar.

Durchführung

„Zuletzt möchte ich mir noch ein kurzes Feedback einholen. Daher bitte ich Sie nun, sich unter www.mentimeter.com mit dem Passwort XYZ in meine Präsentation einzuwählen und die folgende Frage zu beantworten:

Wie haben Sie den heutigen Tag erlebt?"

Abb.: Beispielantworten der Teilnehmenden

Die Trainerin wartet die Antworten der Teilnehmenden ab, fragt ggf. nach und beantwortet Fragen zum Tool. Hiernach verabschiedet sie die Teilnehmenden aus dem Seminarraum in den Lernspaziergang.

Der zweite Seminartag

Überblick und Zeitkalkulation

Thema/Übung	Dauer	Seite
Einstieg/Agenda	10	252
Gemeinsamer persönlicher Check-in	30	254
Gedanken und Fragen zum Vortag/Wiederholung der Erfolgsfaktoren	20	257
Thema: Erfolgsfaktor Teamgeist und Teamidentität entwickeln Einstieg/Zutatenliste für ein starkes Wir-Gefühl	 60	258
Pause	10	
Thema: Erfolgsfaktor Isolation überwinden und Vernetzung fördern Gruppenübung: Rot oder Blau – Das Gefangenendilemma live überwinden	 60	263
Praxistransfer: Ergänzung des Umsetzungsplans	10	270
Pause	60	
Thema: Erfolgsfaktor Kommunikation (neu) organisieren Distanz überwinden durch die Kommunikation über digitale Medien Einstieg ins Thema Überblick über vorhandene Medien Auswertung	 30	271
Digitale Kompetenzen aufbauen	20	275
Übung: Medienverantwortung leicht gemacht	60	278
Pause	15	
Gelungene Videokonferenzen durchführen	40	280
No More Nonsense Meetings: To-do-Liste für die inhaltliche Vorbereitung eines Online-Meetings	55	284
Zusammenfassung: Kommunikation (neu) organisieren	10	288
Ggf. Ergänzung des Umsetzungsplanes	15	
Abschluss mit der KALM-Methode	30	290

Einstieg und Agenda

Orientierung

Ziele

- Einstieg in den zweiten Seminartag
- Überblick über die Inhalte schaffen

Zeit

Insgesamt 10 Minuten

Material

- Folie mit den Inhalten
- Flipchart mit der Agenda

Ablauf

- Die Trainerin gibt einen kurzen Überblick über die Inhalte und den zeitlichen Ablauf des zweiten Seminartags.
- Anschließend erfolgt die Überleitung zum gemeinsamen Check-in.

Intro

„Herzlich willkommen zu unserem zweiten gemeinsamen Seminartag. Nachdem wir uns gestern mit den ersten zwei der fünf Erfolgsfaktoren beschäftigt haben, werden wir uns heute mit weiteren drei Erfolgsfaktoren beim Führen auf Distanz beschäftigen. Zuerst werden wir uns mit dem Thema Teamgeist und der Teamidentität in verteilten Teams beschäftigen. Der Aufbau einer Teamidentität bzw. das Bewahren des Teamgeistes ist ein weiterer Faktor, der in der Zusammenarbeit über Distanzen hinweg eine besondere Aufmerksamkeit braucht, da der Teamgeist verloren gehen kann, wenn er nicht bewusst gepflegt wird. Wie das verhindert werden kann, werden wir gemeinsam erarbeiten.

Weiterhin werden wir über das Problem der Isolation in verteilten Teams sprechen und darüber, wie diese aufgelöst werden kann. In diesem Zusammenhang werden wir Möglichkeiten besprechen, wie Sie die Vernetzung innerhalb Ihres Teams und auch des Unternehmens fördern können, wenn die Mitarbeitenden nicht mehr täglich im Büro anwesend sind.

Zuletzt werden wir uns mit der Kommunikation beschäftigen. Diese findet in der Führung auf Distanz vornehmlich über virtuelle Medien statt. Sie muss daher neu betrachtet und organisiert werden."

Agenda

Unser Zeiten

8.30 Uhr	**Check-in, Fragen zum Vortag**
	Erfolgsfaktor Teamgeist entwickeln
	- Pause -
	Erfolgsfaktor Isolation überwinden und Vernetzung fördern
	- Mittagspause -
	Erfolgsfaktor Kommunikation (neu) organisieren
17.30 Uhr	**Ende**

Auch für den heutigen Tag hat die Trainerin wieder eine Agenda auf einem Flipchart vorbereitet, die allen über den Tag hinweg als Orientierung dienen soll.

Gemeinsamer persönlicher Check-in

Orientierung

Ziele

- Vorbereitung und Übung des persönlichen virtuellen Check-in
- Teilnehmende aktivieren
- Handwerkszeug in Form einer neue Variation für den Start des nächsten Teammeetings erhalten

Zeit

Insgesamt 30 Minuten

- 5 Minuten Aufgabenstellung erklären
- 5 Minuten Frage auswählen und Anmoderation für das nächste Teammeeting überlegen
- 10 Minuten Übung in Kleingruppen
- 10 Minuten Auswertung der Übung im Plenum

Material

- Folie mit Arbeitsauftrag
- Flipchart mit verschiedenen Check-in-Varianten
- Link zum Check-in Generator

Ablauf

- Die Trainerin bittet die Teilnehmenden, sich für ihr nächstes virtuelles Meeting einen persönlichen Check-in zu überlegen.
- Die Teilnehmenden üben in Dreiergruppen den Einstieg in das nächste Meeting.
- Jede Person moderiert kurz das Meeting an und stellt eine Einstiegsfrage.
- Die anderen Personen beantworten die Frage.
- Die Rollen werden getauscht, bis jeder einmal dran war.
- Es folgt ein kurzer Austausch zur Übung.

„Sicher erinnern Sie sich noch daran, dass wir gestern im Zusammenhang mit dem Erfolgsfaktor Vertrauen darüber gesprochen haben, wie wichtig es ist, Raum für zielgerichteten informellen Austausch zu schaffen. Eine einfache Möglichkeit, regelmäßig Raum dafür zu geben, ist der persönliche Check-in bei virtuellen Meetings. Eine kleine Methode, die wenig Zeit kostet und große Wirkung zeigt.

Intro

Wie das geht, dürfen Sie nun gleich einmal üben. Sie selbst werden dabei diesen Check-in moderieren.“

Durchführung

Für die folgende Übung überlegt sich jeder eine persönliche Check-in-Frage, mit der man in den heutigen Tag starten möchte. Bei der Auswahl dürfen die Teilnehmenden gern an ihr nächstes eigenes Online-Meeting mit ihrem Team denken. Sie werden daher aufgefordert, eine Frage zu wählen, die sie dort gleich wieder verwenden können.

Für diejenigen, die noch eine kleine Inspiration brauchen, hat die Trainerin ihre fünf Lieblingsfragen mitgebracht. Sie präsentiert die Fragen und gibt den Teilnehmenden einen Moment Zeit, sich alles durchzulesen.

- Worauf freust du dich in dieser Woche besonders?
- Wenn du heute einen bezahlten freien Tag hättest, was würdest du am liebsten tun?
- Wofür bist du in dieser Woche besonders dankbar?
- Bist du Frühling, Sommer, Herbst oder Winter? Bitte erkläre auch, warum.
- Was war dein schönstes Erlebnis in der letzen Woche?

In Kleingruppen können alle jetzt üben, den persönlichen Check-in sinnvoll in eine Anmoderation zu integrieren. Dazu finden sich alle in Dreier-Kleingruppen zusammen und verfahren folgendermaßen:

Eine Person moderiert ein Meeting an und stellt die Check-in-Frage. Die anderen beiden Personen beantworten die Frage, dann wechseln alle zur nächsten Person und wiederholen die Übung, bis alle Gruppenmitglieder einmal dran waren. Für diese Aufgabe hat die Gruppe 10 Minuten Zeit.

Auswertung

Zurück im Plenum, holt die Trainerin ein kurzes Feedback aus den Einzelgruppen ein. Hilfreiche Fragen können hier sein:

- Wie hat es sich angefühlt, den Beginn auf diese Weise zu gestalten?
- Welche Frage hat dir besonders gut gefallen?
- Welche Gedanken, Erkenntnisse willst du sonst noch mit der gesamten Gruppe teilen?

Hinweise

- Weitere Varianten für Check-in-Fragen finden Sie unter: Check-In Generator – Fragen für bessere Meetings & Workshops (checkin-generator.de)
- Die virtuelle Variante zu dieser Übung finden Sie ab der Seite 130.

Quellen

- Camino Organisationsentwicklung: Check-in Generator, Check-In Generator – Fragen für bessere Meetings & Workshops (checkin-generator.de); abgerufen am 25.03.2022.
- Daresay: Check-in Generator, Check-in Generator – Hej.Today (daresay.io); abgerufen am 25.03.2022.

Gedanken und Fragen zum Vortag

Orientierung

Ziele

- Erfolgsfaktoren wiederholen
- Offene Fragen vom ersten Seminartag klären

Zeit

Insgesamt 20 Minuten

Material

Folie mit Erfolgsfaktoren

Ablauf

- Die Trainerin wiederholt gemeinsam mit den Teilnehmenden die Erfolgsfaktoren.
- Anschließend können die Teilnehmenden offene Fragen des Vortages stellen.

Nach dem Check-in bittet die Trainerin die Teilnehmenden, die Erfolgsfaktoren und wichtigsten Lerninhalte des Vortages noch einmal in eigenen Worten zusammenzufassen und ggf. offene Fragen zu stellen. Zur Erinnerung zeigt sie nochmals die Folien mit der Übersicht der Erfolgsfaktoren.

© managerSeminare

Erfolgsfaktor Teamgeist entwickeln

Mehr Infos zu diesem Erfolgsfaktor auf der Seite 108.

Zutatenliste für ein starkes Wir-Gefühl

Orientierung

Ziele

- Eine Übersicht schaffen über wichtige Faktoren für den Aufbau eines Wir-Gefühls in virtuellen Teams
- Ein virtuelles Kollaborations-Tool benutzen

Zeit

Insgesamt 60 Minuten

- 10 Minuten Intro und Einwahl in das Whiteboard
- 15 Minuten Brainstorming Zutaten Wir-Gefühl
- 10 Minuten Austausch im Plenum
- 10 Minuten Ideen zur Umsetzung in der virtuellen Zusammenarbeit
- 10 Minuten Austausch im Plenum
- 5 Minuten Zusammenfassung

Rahmenbedingungen

- Virtuelles Whiteboard
- Vorab Link versenden

Material

- Link zum Whiteboard vorab an die Teilnehmenden versenden
- Template „Rezept für Wir-Gefühl" auf dem Whiteboard

Ablauf

- Die Teilnehmenden wählen sich mit dem Mobiltelefon auf dem Whiteboard ein.

- Sie überlegen in Kleingruppen je drei Zutaten für ein gutes Wir-Gefühl.
- Sie hinterlassen ihre Zutaten per Post-it auf dem Whiteboard.
- Kurzer Austausch im Plenum
- Im nächsten Schritt überlegen sie, wie sie diese Zutat auf ein verteiltes Team übertragen können.
- Die Trainerin liest die Punkte vor und ergänzt ggf.
- Sie fasst die wesentlichen Faktoren nochmals zusammen.

Erläuterung

Da sich die Teilnehmenden in Präsenztrainings häufig wünschen, neue virtuelle Tools kennenzulernen, benutze ich für diese Übung gern ein virtuelles Whiteboard. Das kommt immer dann besonders gut an, wenn die Teilnehmenden ein solches Tool noch nicht kennen. Grundsätzlich kann die Übung natürlich auch mit Moderationskarten und Stiften durchgeführt werden.

Intro

„Die erste gemeinsame Aufgabe in diesem Modul wird es sein, einen Überblick darüber zu schaffen, was es braucht, um einen Teamgeist, ein Wir-Gefühl innerhalb eines virtuellen Teams zu erschaffen beziehungsweise, es zu bewahren. Bitte beantworten Sie dazu die folgende Frage in Kleingruppen: Wenn es ein Rezept für ein starkes Wir-Gefühl innerhalb eines Teams gäbe, was wären die Zutaten? Bitte benennen Sie pro Gruppe maximal drei Zutaten. Denken Sie dabei zunächst an allgemeine Zutaten. Achten Sie darauf, sehr konkret zu werden.

Ich habe Ihnen zur Beantwortung dieser Frage ein Template auf einem virtuellen Whiteboard vorbereitet. Den Link haben Sie von mir vorab per Mail bekommen. Nutzen Sie den Link, um sich mit Ihrem Mobiltelefon auf dem Whiteboard einzuloggen."

Schritt 1: Zutaten für ein starkes Wir-Gefühl

Durchführung

Die Teilnehmenden halten ihre Rezeptideen auf Post-its fest. Dazu hat die Trainerin Post-its in unterschiedlichen Farben vorbereitet, um die Gruppen zu unterscheiden. Die Teilnehmenden wählen einfach eine Farbe und beschriften die virtuellen Zettel durch Doppelklick in das Post-it. Sie haben dafür 15 Minuten Zeit.

© managerSeminare

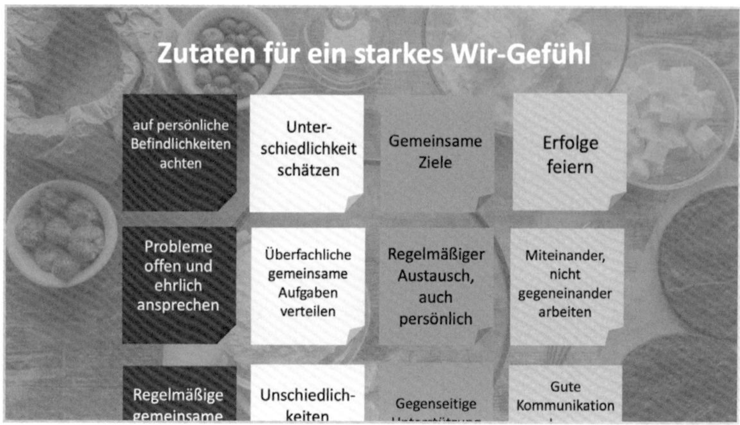

Abb.: Zutaten für ein starkes Wir-Gefühl. Beispielantworten der Teilnehmenden auf dem Whiteboard
Bildquelle: © depositphotos@VadimVasenin

Das Whiteboard wird an die Wand projiziert und die Teilnehmenden beginnen mit ihrem Brainstorming (siehe Abb.).

Während die Zutatenliste vervollständigt wird, fordert die Trainerin die Teilnehmenden auf, die Punkte zu konkretisieren. Wenn z.B. eine Person „Verständnis" aufschreibt, dann fragt sie nach, wie genau dieses gezeigt wird.

Nach Ablauf der Zeit liest die Trainerin die Antworten der Teilnehmenden vor und fragt ggf. kurz nach, wie ein Punkt gemeint ist, sofern dies nicht aus der Beschreibung hervorgeht.

Ggf. ergänzt die Trainerin die von den Teilnehmenden aufgeführten Punkte um die folgenden Aspekte:

- Gemeinsames Ziel
- Kooperation in den Vordergrund stellen
- Sichtbare Zeichen der Zugehörigkeit
- Rituale, die zusammenschweißen
- Positive Wahrnehmung durch die Öffentlichkeit

Schritt 2: Teamgeist in der verteilten Zusammenarbeit

Nun überlegen sich alle, wie sich ihre Rezeptideen auf die verteilte Zusammenarbeit übertragen lassen und halten ihre Ideen wiederum auf dem Whiteboard jeweils neben den ursprünglichen Ideen fest (10 Minuten). Im Anschluss werden die Ideen der Teilnehmenden besprochen (siehe Abb. auf der Folgeseite).

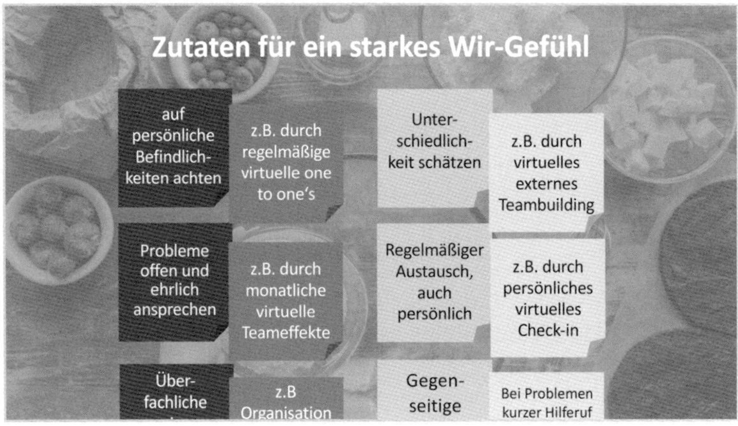

Abb.: Zutaten für ein starkes Wir-Gefühl. Beispielantworten der Teilnehmenden auf dem Chart plus Beispiele. Bildquelle: © deposit-photos@VadimVasenin

Zusammenfassung

„Ein wesentlicher Bestandteil für ein gutes Wir-Gefühl ist ein gemeinsames Ziel, das jeder im Team kennt und über das ein gemeinsames Verständnis herrscht. Stellen Sie sicher, dass jedes Teammitglied weiß, was Sie gemeinsam als Team erreichen wollen. Nutzen Sie Videokonferenzen, um die Ziele zu kommunizieren und virtuelle Tools, um die aktuelle Zielerreichung jederzeit einsehbar zu machen.

Ein Wir-Gefühl kann nur dann entstehen, wenn es regelmäßige Tätigkeiten gibt, für die eine Kooperation notwendig ist. Ihre Aufgabe als Führungskraft ist es, hierfür die Rahmenbedingungen zu schaffen. Eine Möglichkeit ist z.B. die Vergabe fachübergreifender Projekte.

Nichts ist schöner, als gemeinsam im Team erfolgreich zu sein. Denken Sie daran, nicht nur Herausforderungen zu diskutieren, sondern regelmäßig auch die Erfolge zu feiern, die es im Team gab. Sie können dies z.B. sehr einfach mit einem virtuellen Wochenabschluss verbinden, in dem Sie explizit nach den gemeinsamen Erfolgen dieser Woche fragen.

Ein Team braucht Rituale, die zusammenschweißen, wie etwa virtuelle Kaffeepausen, Geburtstags- oder Weihnachtsfeiern.

Auch die Wahrnehmung von außen spielt eine wichtige Rolle. Sorgen Sie dafür, dass auch für Außenstehende erkennbar ist, was für ein tolles Team Sie sind. Besprechen Sie dazu in Ihrem Team, was Sie aktiv dafür tun können, dass Ihre gemeinsamen Erfolge auch im Außen sichtbar werden. Eine gute Plattform hierfür kann beispielsweise das Intranet Ihres Unternehmens sein."

Hinweis ▶ Wenn Sie über ausreichend Zeit verfügen und mit einer Gruppe arbeiten, für die das Thema insgesamt ganz neu ist, empfiehlt sich, an dieser Stelle die Übung: „Kick-off-Veranstaltungen für den Start der verteilten Zusammenarbeit" (siehe Deep Dive ab Seite 299) einzufügen und die Durchführung auf ein Präsenzformat anzupassen.

Quelle ▶ Thomas, G. (2014): Die virtuelle Katastrophe. So führen Sie Teams über Distanz zur Spitzenleistung. assist Publishing Verlag.

Erfolgsfaktor Isolation überwinden und Vernetzung fördern

Mehr Infos zu diesem Erfolgsfaktor auf der Seite 137.

Gruppenübung: Rot oder Blau – Das Gefangenendilemma live überwinden

Orientierung

Ziele

- Die Herausforderungen, die durch die Isolation in verteilten Teams entstehen, erleben
- Reflexion der Erlebnisse und Erarbeiten von Lösungen für die Vernetzung

Zeit

Insgesamt 60 Minuten

- 30 Minuten für 10 Runden
- 5 Minuten Reflexion der Zusammenarbeit nach Runde 4
- 5 Minuten Regeländerung und erneute Reflexion nach Runde 8
- 20 Minuten Abschlussdiskussion und Ableiten von Möglichkeiten der Vernetzung im Team

Material

- Arbeitsauftrag Flipchart
- Je zwei blaue und zwei rote Karten
- Flipchart-Papier

© managerSeminare

Ablauf

- Es werden zwei Gruppen gebildet.
- Die Regeln des „Experiments" werden erläutert.
- Fragen zur Spezifizierung des Ziels werden nicht beantwortet.
- Gruppen werden in unterschiedliche Räume geschickt.
- Runde 1-4 durchführen, nach jeder Runde das Ergebnis abholen und der jeweils anderen Gruppe mitteilen.
- Das Ergebnis wird jeweils am Flipchart festgehalten.
- Die Gruppen werden zusammengeholt und 5 Minuten Austausch zur weiteren Verfahrensweise wird ermöglicht.
- Runde 5-8 durchführen.
- Die Gruppen werden zusammengebracht und es wird eine Regeländerung in Form von Verdoppelung der Punktzahl bekanntgegeben.
- Es werden 5 Minuten Reflexion zur weiteren Verfahrensweise gegeben.
- Runde 9-10 durchführen.
- Reflexion der Erlebnisse anleiten.
- Abschlussvortrag halten.

Erläuterung

Das „Rot-Blau"-Spiel ist sehr bekannt und wird in verschiedensten Trainingssettings eingesetzt. Ich habe das Spiel zum ersten Mal im Rahmen eines Verhandlungstrainings kennengelernt. Es bezieht sich auf das aus der Spieltheorie bekannte Gefangenendilemma. Die Teams haben die Wahl, entweder zu ihrem eigenen größten Nutzen zu entscheiden oder das Beste für das gesamte Team zu tun. Durch die Isolation, in der die beiden Entscheidungen getroffen werden, eignet es sich auch hervorragend, um die Herausforderungen, die dadurch in verteilten Teams entstehen, spürbar zu machen.

Intro

„Um das Problem mit der Isolation in verteilten Teams live zu erleben, möchte ich Sie nun zu einem Experiment einladen. Es trägt den Namen ‚Rot oder Blau'. Zuerst werde ich Sie dazu in zwei Gruppen einteilen. Ich erkläre zunächst die Aufgabe: Jedes Team erhält von mir zwei Karten, eine rote und eine blaue. Das Experiment läuft insgesamt über 10 Runden. In jeder Runde entscheiden Sie sich für eine der beiden Karten und teilen mir diese Entscheidung mit, indem Sie mir die entsprechende Karte über-

geben. Beide Teams treffen die Entscheidungen isoliert voneinander, das bedeutet, sie wissen im Moment der eigenen Entscheidung nicht, wie das andere Team entscheiden wird. Ziel für jedes Team ist es, über 10 Runden hinweg einen positiven Punktestand zu halten, also möglichst viele positive Punkte zu erlangen.

Dabei gelten folgende Regeln: Wählen beide Teams die blaue Karte, erhalten beide Teams jeweils 4 Punkte. Wählen beide Teams die rote Karte, verlieren beide Teams 4 Punkte. Wählt ein Team die rote und das andere Team die blaue Karte, erhält das Team, welches die rote Karte gewählt hat, 8 Punkte und das andere Team verliert 8 Punkte. Alles klar? Gut, dann kann es losgehen. Ich möchte nun das Team eins bitten, den Raum zu verlassen. Sie haben in der ersten Runde fünf Minuten Zeit, Ihre Entscheidung zu treffen."

Runde 1-4

Die Trainerin wartet nun ab, bis beide Teams in den unterschiedlichen Räumen ihre erste Entscheidung getroffen haben. Es ist von Vorteil, sich die Argumente der Entscheidungsfindung bei den jeweiligen Teams anzuhören, um ggf. in der Auswertung Bezug darauf zu nehmen. Die Trainerin sammelt dann zunächst beide Karten ein und teilt im Anschluss beiden Teams die Entscheidung des jeweils anderen Teams mit. Nach der vierten Runde stehen in der Regel beide Teams tief in den roten Zahlen und merken, dass sie das Ziel nicht erreichen werden. Zudem tauchen erste Diskussionen darüber auf, was jetzt eigentlich das Ziel war.

Nach der vierten Runde

Die Trainerin ruft nun beide Gruppen zusammen und gibt den Teilnehmenden fünf Minuten Zeit, die Situation zu reflektieren und ggf. eine neue Verfahrensweise abzusprechen. In aller Regel einigen sich die Teams in dieser Zeit darauf, nun gemeinsam immer Blau zu wählen. Im Anschluss bittet sie die Gruppen wieder in ihre jeweiligen Räume und führt das Experiment fort, bis zur Runde acht. Wichtig ist, dass die Vereinbarung zwischen den beiden Teams nicht bindend ist. Es kann also auch entschieden werden, dagegen zu verstoßen.

Nach der achten Runde

Nach der achten Runde bittet sie abermals beide Teams in denselben Raum und verkündet eine Regeländerung. Die Änderung besteht in der Verdoppelung der jeweiligen Punktzahl.

„Ich möchte Sie nun über eine Regeländerung informieren. Für die verbleibenden zwei Runden verdoppelt sich die jeweilige Punktzahl. Wenn also beide Teams Blau wählen, gibt es jeweils 8 Punkte. Wählen beide Rot, verlieren beide 8 Punkte. Wählt ein Team Rot und das andere Blau, erhält das Team, welches Rot gewählt hat, 16 Punkte und das Team ‚Blau' verliert 16 Punkte. Sie haben nun wieder fünf Minuten Zeit, sich über Ihre weitere Verfahrensweise auszutauschen."

Die Trainerin bittet die Gruppen nun wieder in ihre jeweiligen Räume, um nacheinander die Entscheidungen für die verbleibenden zwei Runden zu treffen. Nach den beiden letzten Runden holt sie die Teams wieder zurück ins Plenum und addiert die Ergebnisse zum Endstand des Experiments.

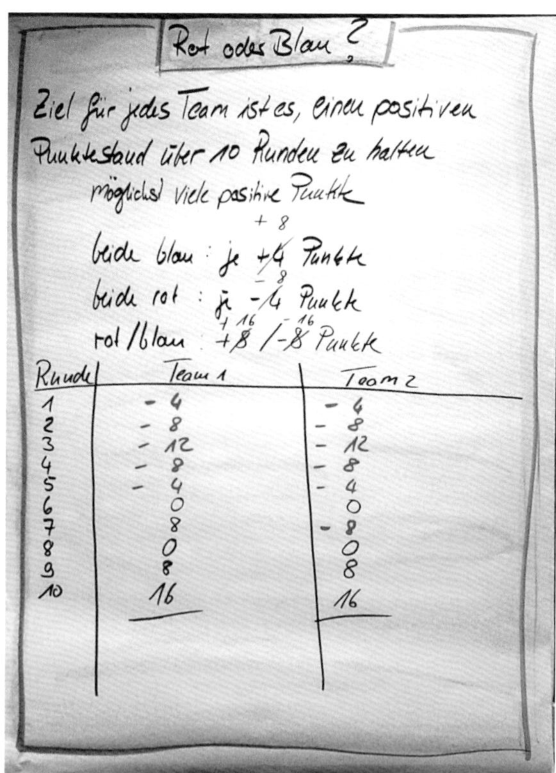

Abb.: Die Ergebnisse werden addiert

Abschlussdiskussion

Die Abschlussdiskussion ist der wichtigste Teil des Experiments. Im Folgenden lesen Sie einige hierzu hilfreiche Fragen sowie die häufigsten Antworten darauf.

„Lassen Sie uns nun gemeinsam reflektieren, was wir aus diesem Experiment lernen können. Denken Sie dazu zunächst an den Beginn des Experiments. Wie haben Sie in der ersten Runde Ihre Entscheidung getroffen?"

Häufig geben die Teilnehmenden hier an, dass sie automatisch gedacht haben, es handele sich um ein Spiel und folglich darum, als Team gegen die anderen zu gewinnen. Es lohnt sich hier zu erwähnen, dass das Wort „Spiel" zu keiner Zeit verwendet wurde, sondern immer von einem Experiment gesprochen wurde. Es kann auch wertvoll sein, hier einmal nachzufragen, ob die Teilnehmenden solche Situationen auch aus ihrer Praxis kennen. Hier gibt es in der Regel viele bekannte Situationen, die nach demselben Muster ablaufen.

Besonders deutlich wird das oft von Führungskräften wahrgenommen, die für verschiedene Standorte verantwortlich sind. Hier passiert es besonders häufig, dass an einem Standort Dinge vorangetrieben werden, die alles in allem nicht mehr mit den standortübergreifenden Zielen übereinstimmen, ohne dass man es zunächst selbst merkt. Anders als in Präsenzteams, ist es hier nicht so leicht möglich, Warnsignale frühzeitig wahrzunehmen, da man sich nicht gegenseitig über die Schulter schauen kann. So wird es schwer, rechtzeitig mitzubekommen, wann etwas auseinanderläuft.

„Was hat dazu geführt, dass sich Ihre Einschätzung verändert?"

Hier geben die Teilnehmenden oft an, dass sie gemerkt haben, dass das Ziel nicht erreicht werden kann, wenn eine oder beide Gruppen Rot wählen und dass bei einzelnen Teilnehmenden Zweifel darüber aufgekommen sind, was überhaupt das Ziel ist und ob dieses richtig verstanden wurde.

- *Wie konnten Sie sich sicher sein, dass sich das andere Team an die gemeinsame Vereinbarung halten wird?*
- *Was hat Sie davon abgehalten, die Vereinbarung selbst nicht zu verletzen?*
- *Wie hat es sich angefühlt, wenn die Vereinbarung verletzt wurde?*

Die Antworten an dieser Stelle stehen oft im Zusammenhang mit dem Thema „Vertrauen".

Hinweise

- Um das für beide Teams beste Ergebnis zu erreichen, müssen beide Teams während des gesamten Experimentes Blau wählen.
- In der Regel entscheidet sich mindestens eines der Teams bereits in der ersten Runde für Rot. Das hat häufig zur Folge, dass das andere Team ebenfalls Rot wählt und beide Teams immer tiefer in die roten Zahlen rutschen.
- Oft entstehen hierbei negative Gefühle gegenüber dem anderen Team.

Reflexion/ Praxistransfer

Die Isolation, in der sich die Mitarbeitenden verteilter Teams befinden, kann leicht zu einem Silodenken führen. Es besteht die Gefahr, dass Entscheidungen getroffen werden, die vor allem zum Vorteil des einzelnen Mitarbeitenden oder eines Unternehmensbereichs sind, nicht aber im Sinne des gesamten Teams oder Unternehmens. Die Aufgabe als Führungskraft ist es, aktiv für Vernetzung zu sorgen, um Silodenken nicht entstehen zu lassen.

In der Führung von verteilten Teams ist es wichtig, dass Ziele klar formuliert sind und es ein einheitliches Verständnis aller Beteiligten über das Ziel gibt. Wichtig ist immer, auch das „Big Picture", also das Unternehmen und seine generelle Ausrichtung, im Blick zu behalten. Mitarbeitende, die sich nur sehr selten in den Geschäftsräumen des Unternehmens befinden, bekommen oft gar nicht mit, was aktuelle Unternehmensziele oder die Vision des Unternehmens sind. Führungskräfte sind daher gut beraten, auch an die regelmäßige Kommunikation von Unternehmenszielen zu denken, wenn sie Teammeetings abhalten.

Was in dem Experiment zu diesem Verständnis beigetragen hat, funktioniert auch in virtuellen Teams. Ein regelmäßiger Reflexionsprozess über die Art und Weise, wie wir zusammenarbeiten und welche Folgen das Handeln Einzelner für andere hat, ist hier gefragt, um die Kooperation zu fördern.

Das Thema Vertrauen spielt wieder eine wichtige Rolle. Gegenseitiges Vertrauen hilft uns dabei, bessere Entscheidungen zu treffen. Das Vertrauen und insbesondere die Verbindung durch Gemeinsamkeiten, die zwischen einzelnen Personen bestehen, können als Brücke zwischen einzelnen Teammitgliedern und verschiedenen Einheiten des Unternehmens dienen. Gemeinsame Rituale wie etwa virtuelle Kaffeepausen können auch hier erneut helfen, Menschen überfachlich zusammenzubringen.

Außerdem kann es helfen, wenn die Führungskraft, wo es möglich ist, die überfachliche Zusammenarbeit zwischen Teammitgliedern (oder auch über die Grenzen des Teams hinaus) fördert. Das kann sie etwa tun, indem sie Teammitglieder gemeinsam ein Projekt erarbeiten lässt.

Zuletzt braucht es auch Verbindungen in andere Unternehmensbereiche außerhalb des eigenen Teams. Manche Unternehmen bieten zu diesem Zwecke digitale Veranstaltungen unter der Überschrift „Virtual Mystery Coffee" an (ab Seite 146). Bei diesem Format kommen Menschen unterschiedlichster Hierarchiestufen und Unternehmensbereiche zu einer Art professionellem Blind Date im virtuellen Raum zusammen. Die Auslosung und der Versand der Einladungen erfolgt mithilfe einer Software mit dem Namen Mystery Coffee.

© managerSeminare

Praxistransfer: Ergänzung des Umsetzungsplans

Orientierung

Ziele

- Die Teilnehmenden ergänzen den Umsetzungsplan um weitere Praxisvorhaben
- Ziel ist es, den Praxistransfer zu sichern

Zeit

Insgesamt 10 Minuten

Material

Flipchart „Umsetzungsplan"

Ablauf

Die Trainerin bittet die Teilnehmenden, ihren bereits begonnenen Umsetzungsplan um weitere Punkte für die Umsetzung in der eigenen Praxis zu ergänzen.

„Bitte überlegen Sie nun, welche dieser Punkte Sie zukünftig in Ihrem Team verstärkt beachten wollen und formulieren Sie ein konkretes Umsetzungsvorhaben, welches Sie in Ihrem Umsetzungsplan ergänzen. Sie haben hierfür 10 Minuten Zeit."

Umsetzungsplan				
Das nehme ich mit	Werde ich tun	bis zum Datum	Kann mich unterstützen	erfolgreich, wenn
• • •				

Erfolgsfaktor Kommunikation (neu) organisieren

Mehr Infos zu diesem Erfolgsfaktor auf der Seite 158.

Distanz überwinden durch die Kommunikation über digitale Medien

Orientierung

Ziele

- Einführen in das Thema
- Vorhandene digitale Medien in den Überblick bringen
- Sicherstellen, dass allen alle Medien bekannt sind

Zeit

Insgesamt 30 Minuten

- 5 Minuten Kurzvortrag
- 10 Minuten vorhandene Medien aufschreiben
- 15 Minuten Auswertung und Fragen stellen

Material

- Folie mit Bereichen für Unterstützung der Zusammenarbeit durch virtuelle Medien
- Moderationskarten

Ablauf

- Die Trainerin führt in das Thema ein und nennt die Bereiche, in denen Medien die Zusammenarbeit unterstützen. Dazu nennt sie einige Beispiele.
- Die Teilnehmenden listen Tools auf, mit denen sie arbeiten.
- Die Trainerin fragt, ob jedem alle Tools bekannt sind und gibt ggf. kurz Zeit, um Fragen zu stellen.

© managerSeminare

Erläuterung Die erste wesentliche Voraussetzung für die Kommunikation über Distanzen hinweg ist das Vorhandensein geeigneter Medien zur effektiven Kommunikation. Welche Medien das sind, ist von Unternehmen zu Unternehmen und oft auch in verschiedenen Teams sehr unterschiedlich. Häufig erlebe ich, dass im Unternehmen sehr viele Medien vorhanden sind, diese jedoch nicht allen Mitarbeitenden bekannt sind bzw. die nicht im vollen Umfang genutzt werden.

Kurzvortrag Bereiche der Kommunikation und hilfreiche Tools

„Wir wollen uns im ersten Schritt einen Überblick über die wichtigsten und hilfreichsten Medien für die virtuelle Zusammenarbeit verschaffen. Ich habe Ihnen auf dem Whiteboard bereits eine Übersicht vorbereitet, auf der verschiedene Bereiche der Zusammenarbeit abgebildet sind, für die es virtuelle Medien braucht. Beginnen wir mit Medien zur allgemeinen Kommunikation. Dazu gehören E-Mail, Telefon, Videokonferenzen, aber auch Chats und Diskussionsforen. Außerdem gibt es Medien zur Koordination von Aufgaben. Das können beispielsweise Gruppenkalender sein oder auch virtuelle Tools zum Projektmanagement, wie etwa Asana oder Jira, in denen man Aufgaben hinterlegen, beschreiben und bestimmten Personen zuordnen kann. Zudem ist es hier möglich, den jeweiligen Arbeitsstand eines Projektes zu verfolgen, sodass jeder weiß, wer gerade woran arbeitet und wie weit der Prozess fortgeschritten ist.

Schließlich braucht es Medien zur Unterstützung der Kooperation. Hierzu zählen zum Beispiel geteilte Dokumente, aber auch virtuelle Whiteboards oder Groupware, die einen kompletten virtuellen Arbeitsraum zur Verfügung stellt, ein bekanntes Tool hierfür ist MS Teams. Weiterhin erstellen viele Teams Wikis zum gemeinsamen Sammeln und Dokumentieren von Wissen und Erfahrungen."

- Herrmann, D., Hüneke, K. & Rohrberg, A. (2012): Führung auf Distanz. Mit virtuellen Teams zum Erfolg. Springer Gabler. *Quelle*

Überblick über vorhandene Medien

„Bitte schreiben Sie für jeden der drei Bereiche einmal die Tools und Medien auf, die Sie im Unternehmen besonders häufig nutzen."

Typische Beispielantworten der Teillnehmenden sind:

- Doodle
- Excel-Datei
- One-Note
- Telefon, E-Mail
- Telko
- Web-Konferenz
- Aufgabenliste
- Mentimeter
- Outlook

Zusammenfassung und Fragen

Zum Abschluss fasst die Trainerin die Ergebnisse kurz zusammen und fragt in die Runde, ob alle Medien jeder Person in der Gruppe bekannt sind. Gegebenenfalls. erhalten die Teilnehmenden kurz Zeit, Fragen zu stellen und zu erklären, wie oder wofür ein bestimmtes Tool genutzt wird.

„Wie diese Kartensammlung zeigt, gibt es bei Ihnen im Unternehmen alle notwendigen Tools, die es für eine effiziente virtuelle Arbeitsumgebung braucht. Wie Sie anhand der vorangegangenen Diskussion bereits gemerkt haben, ist es nicht selbsterklärend, wofür jedes Tool geeignet ist und wie es genutzt werden sollte.

Sie sollten sich hierfür eine Strategie überlegen, zum Beispiel in Form eines Mediennutzungsplanes, in dem Sie gemeinsam mit Ihrem Team festlegen, welches Medium Sie wozu nutzen werden und welche Regeln bei der Nutzung gelten."

Hinweise

- Hier können gut der Input und die Übung zum Mediennutzungsplan aus dem Deep Dive (ab Seite 356) angeschlossen werden.
- Hin und wieder wird an dieser Stelle deutlich, dass wesentliche Tools fehlen.
- Häufig wird an dieser Stelle nochmals deutlich, dass es bestimmte Tools gibt, mit denen sich manche Personen besser auskennen als andere. In diesem Fall nutze ich diesen Umstand gern dazu, eine Person, die sich besonders gut mit einem Medium auskennt, später zu einer kurzen Präsentation des Tools vor der Gruppe zu bitten.
- Je nach Art der Teilnehmenden kann dann darüber gesprochen werden, welche Tools noch fehlen und wie diese implementiert werden können bzw. wie das Fehlen bestimmter Tools möglichst effektiv kompensiert werden kann.

Digitale Kompetenzen aufbauen

Orientierung

Ziele

- Für das Thema sensibilisieren
- Überblick über die Möglichkeiten zum Aufbau digitaler Kompetenzen schaffen

Zeit

Insgesamt 20 Minuten
- 5 Minuten Intro
- 5 Minuten Sammeln bisheriger Maßnahmen zum Aufbau digitaler Kompetenzen
- 10 Minuten Auswertung und Ergänzung

Material

Folie mit Fragestellung

Ablauf

- Kurze Einführung ins Thema.
- Kartenabfrage: Was tun Sie aktuell in Ihrem Team für den Aufbau digitaler Kompetenzen?
- Abschluss und Ergänzung.

Intro

„Um die im Unternehmen vorhandenen Medien nutzen zu können, braucht es Menschen mit digitalen Kompetenzen. Menschen also, die genau wissen, wie sie die Medien optimal für ihre Zwecke einsetzen und diese auch anwenden können.

Häufig fragen mich Teilnehmende, wie sie diese Kompetenzen aufbauen können. Einige beklagen sich darüber, dass es ständig neue Tools und Anwendungen gibt, jedoch keine Information darüber, wie sie optimal angewendet werden können. Ich möchte daher einen Überblick darüber schaffen, was Sie innerhalb Ihrer Teams für den Aufbau digitaler Kompetenzen tun. Nehmen Sie sich bitte fünf Minuten Zeit, alle Dinge auf einzelne Karten zu schreiben, die Sie bisher dafür tun, um digitale Kompetenzen in Ihrem Team aufzubauen. Bitte halten Sie auch Ihren Namen auf den Karten fest, damit andere Sie bei Bedarf später noch dazu befragen können."

© managerSeminare

Kartenabfrage Aufbau digitaler Kompetenzen

Durchführung

Bildquelle:© deposit-photos@rawpixel

Auswertung und Ergänzungen

Die Trainerin liest kurz die Antworten der Teilnehmenden vor. Das Ergebnis ist häufig, dass recht wenig bewusst für den Aufbau digitaler Kompetenzen getan wird.

Häufige Antworten sind:

- Learning by Doing
- Schulungen durch die IT-Abteilung
- Externe Schulung
- Interne Schulung
- Einfach ausprobieren

Die Trainerin moderiert dann weiter:

„Wie ich sehe, gibt es bereits einige Dinge, die Sie aktiv tun. Bitte heben Sie einmal die Hand, wenn Sie das Gefühl haben, dass Sie eigentlich noch mehr tun müssten.“

In der Regel heben hier alle Teilnehmenden die Hand.

„Dieses Bild entspricht genau meiner Erfahrung. Der Aufbau digitaler Kompetenzen kommt in aller Regel zu kurz. Das liegt vor allem daran, dass nicht kontinuierlich daran gearbeitet wird. Viele Menschen in Unternehmen trauen sich nicht, vorhandene Medien zu nutzen, weil sie Angst haben, Fehler zu machen. Statt sich einfach auszuprobieren, warten sie darauf, dass es eine umfassende Schulung für das jeweilige Medium

gibt, die aber niemals stattfindet beziehungsweise schnell überholt ist, weil sich Funktionen und Anwendungsmöglichkeiten von Tools teilweise wöchentlich ändern.

Ein guter und praktischer Weg für den Aufbau von digitalen Kompetenzen ist das gute alte Learning by Doing. Um diesen Prozess möglichst effektiv zu gestalten, bietet sich bei der Einführung eines neuen Tools die Ernennung eines Medienverantwortlichen im Team an.

Diesen Tipp habe ich einmal von einer sehr erfolgreichen Führungskraft erhalten, die mir erzählte, dass es für jedes neue Medium in ihrem Team einen Medienverantwortlichen gibt. Diese Person beschäftigt sich intensiv damit, was das jeweilige Tool kann und wie es die Arbeit des Teams erleichtern kann. Dazu schaut sie sich beispielsweise Tutorials auf YouTube an. Im Anschluss teilt sie die Erkenntnisse mit dem Team und unterstützt die weiteren Teammitglieder bedarfsgerecht bei ihren ersten Schritten.

Während das neue Tool in die Anwendung geht, teilen die Teammitglieder kontinuierlich ihre Erkenntnisse und reden auch offen über Fehler, sodass das Team schnell die optimale Nutzungsmöglichkeit für sich herausgearbeitet hat. Mein Tipp an Sie ist also: Arbeiten Sie kontinuierlich am Ausbau der digitalen Kompetenzen bei sich im Team. Warten Sie nicht, bis das Wissen zu Ihnen kommt, sondern ermutigen Sie Ihre Mitarbeitenden dazu, es sich selbst anzueignen und teilen Sie das Wissen im Team."

© managerSeminare

Übung: Medienverantwortung leicht gemacht

Orientierung

Ziele

- Lernen, sich eigenständig Informationen zu besorgen
- Die digitalen Kompetenzen der Gruppe erweitern

Zeit

Insgesamt 60 Minuten

- 5 Minuten Intro
- 25 Minuten Kleingruppenarbeit
- 30 Minuten Präsentation im Plenum

Material

Folie mit Fragestellung

Ablauf

- Die Teilnehmenden werden in Kleingruppen eingeteilt, um sich über ein neues Tool zu informieren.
- Sie halten die Ergebnisse ihrer Recherche auf einem Flipchart fest.
- Die Gruppen präsentieren ihre Ergebnisse im Plenum.

Einführung

Die Mitarbeitenden beim Aufbau digitaler Kompetenzen zu unterstützen, ist essenziell für die erfolgreiche Zusammenarbeit auf Distanz. Nicht jedes Unternehmen hat die Möglichkeit, umfangreiche Schulungen für alle neuen Tools anzubieten. Eine Möglichkeit, sich das Wissen selbst anzueignen, ist, Medienverantwortung im Team zu verankern und die Mitarbeitenenden zu ermuntern, sich eigenständig mit den vorhandenen Medien zu beschäftigen. Das probiert die Gruppe in der folgenden Übung einmal aus.

Durchführung

„Bitte finden Sie sich in Kleingruppen à 4 Personen zusammen und bearbeiten Sie die folgende Aufgabe."

Der/die Medienverantwortliche

Wählen Sie ein vorhandenes Medium aus

- Was kann das Tool?
- Wie können Sie es nutzen, um die Zusammenarbeit über die Distanz zu erleichtern?
- Welche Prozesse können Sie damit optimieren?
- Stellen Sie eine bisher unbekannte Anwendungsmöglichkeit vor

Die Teilnehmenden wählen sich ein im Unternehmen vorhandenes Tool aus, über das sie gern mehr erfahren würden. Sie sammeln gemeinsam über das Tool Informationen, die für die gesamte Gruppe interessant sein könnten. Dazu können sie alle Informationsquellen nutzen, die ihnen einfallen. Diese werden auf einem Flipchart-Papier festgehalten.

Die folgenden Stichworte können dabei zur Orientierung dienen:

- Was kann das Tool?
- Wie können Sie es nutzen, um die Zusammenarbeit über die Distanz zu erleichtern?
- Welche Prozesse können Sie damit optimieren?
- Stellen Sie eine bisher unbekannte Anwendungsmöglichkeit vor.

Auswertung

Im Anschluss stellen die Teilnehmenden ihre Ergebnisse im Plenum vor. Zuletzt stellt die Trainerin noch einige Reflexionsfragen.

- Wie haben Sie die Übung erlebt?
- Was können Sie daraus für Ihre Führung auf Distanz lernen?

Gelungene Videokonferenzen durchführen

Orientierung

Ziele

- Probleme und Herausforderungen von Videokonferenzen in den Überblick bringen
- Lösungsansätze erarbeiten und besprechen

Zeit

Insgesamt 40 Minuten

- 5 Minuten Intro
- 5 Minuten Video „A Video Conference Call in Real Life" zeigen
- 10 Minuten Sammeln der beobachteten Herausforderungen
- 10 Minuten Sammeln von Lösungsansätzen
- 10 Minuten Abschlussvortrag

Material

Video „A Conference Call in Real Life"

Ablauf

- Nach einer kurzen Einleitung zum Thema Videokonferenzen zeigt die Trainerin das Video „A Video Conference Call in Real Life".
- Sie bittet die Teilnehmenden, die Probleme, die sie auch aus ihren Konferenzen kennen, zu benennen und sammelt diese auf dem Flipchart.
- Im Anschluss sammelt die Trainerin Lösungsansätze für die Probleme aus der Gruppe ein.
- In der Auswertung fasst die Trainerin die wichtigsten Punkte nochmals zusammen.

Intro *„Ein wesentliches Medium für die Kommunikation über Distanzen hinweg ist die Videokonferenz. Viele von Ihnen verbringen vermutlich einen großen Teil ihrer täglichen Arbeitszeit in Meetings. Und sicherlich gibt es auch einige von Ihnen, die davon hin und wieder ziemlich genervt sind. Der Grund dafür ist, dass in diesen virtuellen Meetings oft ziemlich viel* *schiefgeht. Zum Einstieg in das Thema werden wir uns nun gemeinsam ein Video ansehen, was die wesentlichen Störquellen auf amüsante Weise auf den Punkt bringt. Bitte achten Sie beim Ansehen des Videos auf Herausforderungen, die Sie aus Ihrem eigenen Alltag kennen und machen Sie sich gegebenenfalls Notizen dazu."*

Tryp and Tyler, Video: A Video Conference Call in Real Life, https://youtu.be/JMOOG7rWTPg

Durchführung

Das angekündigte Video zeigt auf amüsante Weise viele typische Probleme, die in Videokonferenzen auftauchen können. Das Video ist 3:24 Minuten lang. Nutzen Sie das Video, um gemeinsam mit den Teilnehmenden die häufigsten Probleme und deren Lösungen in einen Überblick zu bringen.

Die Trainerin zeigt das Video und moderiert dann weiter.

„Bitte fragen Sie sich, welche der hier dargestellten Probleme kennen Sie aus Ihrer eigenen beruflichen Praxis? Rufen Sie mir diese gern nacheinander zu. Ich halte sie für Sie auf dem Flipchart fest."

Im nächsten Schritt überlegen sich alle, was ihnen dabei helfen könnte, diese Herausforderungen zukünftig zu vermeiden. Auch diese Lösungsideen rufen die Teilnehmenden der Trainerin zu, damit sie sie den bereits notierten Herausforderungen zuordnen kann. Die Gruppe beginnt mit der ersten Herausforderung.

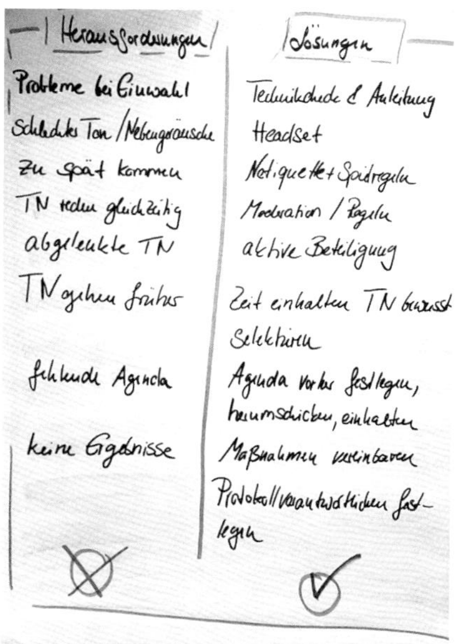

Abschlussvortrag

„Ich fasse die wichtigsten Punkte nochmals für Sie zusammen. Die Probleme mit der Einwahl, Ton- und Verbindungsprobleme lassen sich durch einen Technik-Check vor dem Meeting ausschließen. Dieser Technik-Check sollte nicht nur auf Ihrer Seite der Leitung, sondern bei allen Teilnehmenden stattfinden. Das können Sie tun, indem Sie mit Ihrem Team besprechen, was vorab sicherzustellen ist."

Die wichtigsten Elemente beim Technik-Check sind:

- Die Internetverbindung
- Die Kamera und die richtige Beleuchtung
- Der Ton, der z.B. durch ein Headset verbessert werden kann.

„Erinnern Sie sich noch an die Nachricht, die Sie vor dem Start unserer Veranstaltung von mir bekommen haben? Sie enthält die wichtigsten Elemente sowie auch eine Aufforderung zu einem Technik-Check. Grundsätzlich gilt: Alles, was schiefgehen kann, wird auch irgendwann schiefgehen. Versuchen Sie also schon im Vorfeld, alle möglichen Eventualitäten auszuschließen."

Technik-Check

- Die Internetverbindung
- Die Kamera und die richtige Beleuchtung
- Der Ton, der z.B. durch ein Headset verbessert werden kann

„Eine weitere von Ihnen genannte Lösung, die Netiquette, kann viele der genannten Probleme lösen. Hier gilt es, gemeinsam mit Ihrem Team Verhaltensregeln zu erarbeiten, die für Videokonferenzen gelten sollen."

Sinnvolle Regeln können sein:

- Alle wählen sich bereits fünf Minuten vor der Zeit ein, um einen verspäteten Start zu vermeiden.
- Es werden Handzeichen für eine Wortmeldung oder die Zustimmung bzw. Ablehnung eines Beitrages verabredet.
- Erst nach Aufforderung des Moderators wird geredet.
- Das eigene Mikrofon wird außerhalb der eigenen Redezeiten stummgeschaltet.
- Die Anwesenden richten ihre ungeteilte Aufmerksamkeit auf das Meeting.

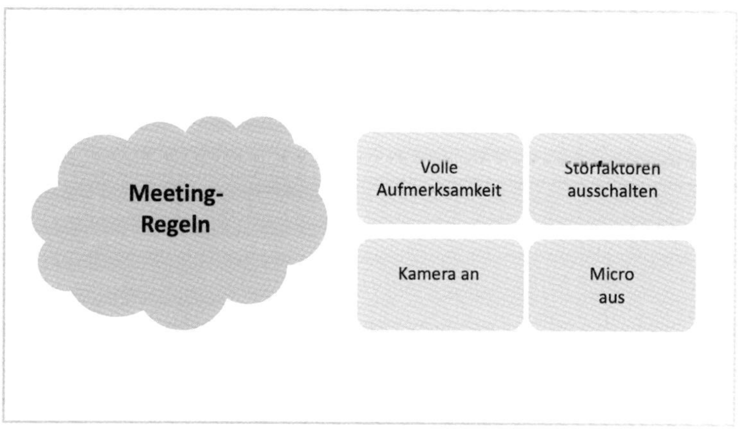

„Am besten erarbeiten Sie diese Regeln einmalig gemeinsam mit Ihrem Team und erinnern regelmäßig mit einer Folie zu Anfang Ihrer Meetings daran.

Gegen unaufmerksame Teilnehmende und eine unklare Agenda hilft eine gute Vorbereitung des Online-Meetings. Damit werden wir uns in der folgenden Übung näher beschäftigen."

- Videofilm: Tryp and Tyler, Video: A Video Conference Call in Real Life, https://youtu.be/JMOOG7rWTPg; abgerufen am 25.03.2022. *Quelle*

No more Nonsense Meetings: To-do-Liste für die inhaltliche Vorbereitung von Online-Meetings

Orientierung

Ziele

- Die wichtigsten Elemente einer guten inhaltlichen Vorbereitung und Durchführung von Online-Meetings gemeinsam erarbeiten
- Erste Erfahrungen mit einem virtuellen Kollaborationstool sammeln

Zeit

Insgesamt 55 Minuten

- 5 Minuten Intro
- 10 Minuten schlechte Erfahrungen teilen
- 10 Minuten Login und kurzes Erklären von Trello
- 15 Minuten To-do-Listen erarbeiten
- 10 Minuten Präsentation der Listen
- 5 Minuten Zusammenfassung und Abschluss

Material

- Folie mit Aufgabenstellung vorbereiten
- Ggf. Trello-Board vorbereiten und die Teilnehmenden einladen
- Alternativ kann mit Moderationskarten gearbeitet werden

Ablauf

- Zur Einleitung beantworten die Teilnehmenden die Frage: „Wie kann man virtuelle Teammeetings so richtig schlecht gestalten?"
- Die Trainerin bittet die Teilnehmenden, in Kleingruppen eine To-do-Liste für inhaltlich gelungene virtuelle Teammeetings auf Post-its oder einem Trello-Board zu erarbeiten.
- Zurück im Plenum stellt eine Gruppe ihre Ergebnisse vor und die anderen Gruppen ergänzen.
- Die Trainerin ergänzt eigene Tipps und fasst in der Auswertung die wichtigsten Punkte nochmals zusammen.

Diese Aufgabe lasse ich gern in einem Planungstool, das im Unternehmen bereits vorhanden ist (wie z.B. Trello) ausführen. Dadurch beschäftigen sich die Teilnehmenden nicht nur mit der Fragestellung selbst, sondern sammeln gleich noch Erfahrungen mit einem neuen Tool.

Erläuterung

„In der letzten Übung hatten wir uns schon gemeinsam erarbeitet, was es grundsätzlich braucht, um gelungene Videokonferenzen durchzuführen. Dabei haben wir die Themen ‚Technische Vorbereitung' und ‚Netiquette' näher beleuchtet. In der folgenden Übung werden wir uns ausführlicher mit der inhaltlichen Ausgestaltung beschäftigen. Zum Einstieg möchte ich Sie dazu bitten, sich einmal an die inhaltlich schlechtesten Videokonferenzen zu erinnern, die Sie bisher erlebt haben. Diskutieren Sie nun kurz mit Ihrem direkten Nachbarn darüber, was für Sie ein ‚richtig schlechtes' virtuelles Meeting ausmacht. Denken Sie dabei nur an inhaltliche Aspekte. Was braucht es, damit Sie aus einem Meeting gehen und denken: ‚Wozu war ich hier eigentlich dabei?' Oder: ‚Dieses Meeting war für mich reine Zeitverschwendung.' Sie haben dafür 5 Minuten Zeit."

Intro

Austausch über virtuelle Nonsens Meetings

Die Trainerin sammelt einige Antworten der Teilnehmenden ein.

Durchführung

Keine Agenda zu haben bzw. keinen roten Faden zu erkennen, ist für viele Menschen frustrierend. Es ist im Grunde immer wichtig zu wissen, was das Ziel eines Meetings sein soll. Es finden viel zu viele Meetings statt, weil „das immer so ist", sie haben jedoch kein klares Ziel. In diesem Zusammenhang werden auch hin und wieder ziel- und endlose Diskussionen genannt, die zu keinem Ergebnis führen.

Die PowerPoint-Schlacht mit Monolog ist ein weiterer Klassiker im Reigen schlechter Meetings. Anders ausgedrückt, ist die mangelnde Beteiligung der Teilnehmenden ein Garant für Unaufmerksamkeit. Meeting-Teilnehmende beschäftigen sich nebenbei mit allem Möglichen und sind bestenfalls lediglich sichtbar, geistig aber abwesend.

To-do-Liste für die perfekte inhaltliche Vorbereitung eines virtuellen Meetings

Natürlich ist es nicht das Ziel des Seminars, zu lernen, wie man virtuelle Meetings so richtig in den Sand setzt. Daher erarbeitet die Gruppe nun gemeinsam, wie das besser geht. Alle stellen sich vor, sie wären Experten für gelungene virtuelle Meetings. Der Digitalbeauftragte ihres Unternehmens bittet sie, ihre Fähigkeiten als Multiplikator ins Unternehmen zu tragen. In der Vorbereitung sollten die Teilnehmenden eine To-do-Liste erstellen, die sie ihren Kolleginnen und Kollegen für gelungene virtuelle Meetings an die Hand geben werden.

Dazu sollen die Teilnehmenden das bereits von der Trainerin vorbereitete Trello-Board nutzen und gemeinsam in Kleingruppen je eine To-do-Liste erarbeiten.

Auswertung/ Zusammenfassung

Im Anschluss werden die wichtigsten Punkte zusammengetragen. Die Trainerin bittet eine Gruppe, ihre To-do-Liste vorzustellen. Die anderen Gruppen dürfen hiernach noch fehlende Punkte ergänzen.

Abb.: Beispielantworten der Teilnehmenden, erstellt mithilfe eines Trello-Boards

Die Trainerin ergänzt ggf. eigene Punkte. Diese sind:

- Legen Sie sich ein Ziel für das Meeting fest und beantworten Sie für sich die Frage: Was will ich mit diesem Meeting erreichen und warum?
- Erarbeiten Sie, ausgehend von diesem Ziel, eine detaillierte Agenda inklusive eines Zeitplanes.
- Versenden Sie die Agenda und eventuelle Vorbereitungsaufgaben vor dem Meeting, so können sich alle Mitarbeitende gedanklich auf das Meeting einstellen und gut vorbereiten.
- Lassen Sie die Teilnehmenden zu Wort kommen. Überlegen Sie im Vorfeld, welche Parts auch von Ihren Mitarbeitenden erarbeitet und moderiert werden können. Starten Sie mit einem persönlichen Check-in. Planen Sie für Ihre eigenen Beiträge Interaktionen mit

den Teilnehmenden ein, z.B. durch Meinungsabfragen im Chat und weiteren Methoden, die Sie bereits aus dem Training kennen.

Hinweise

- Ich benutze für die To-do-Liste gern Trello, damit die Teilnehmenden ein Tool kennenlernen, in dem auch virtuelle Kollaboration stattfinden kann.
- Natürlich kann die Übung auch mit anderen Kollaborationstools, wie etwa Meistertask, oder „analog" mit Karteikarten durchgeführt werden.

Quelle

- Für alle, die ihr Expertentum in Sachen virtuelle Teammeetings noch weiter ausbauen möchten: Heitmann, A. (2021): Online Meetings, die begeistern. Digitale Rhetorik mit Spaß und Struktur. Haufe Verlag.

© managerSeminare

Zusammenfassung: Kommunikation (neu) organisieren

Orientierung

Ziele

Zusammenfassung der wesentlichen Inhalte

Zeit

Insgesamt 10 Minuten

Material

Folie mit Inhaltspunkten und Regeln vorbereiten

Ablauf

Die Trainerin trägt vor.

Am Ende des Moduls „Kommunikation (neu) organisieren" fasst die Trainerin die wesentlichen Inhalte zusammen.

„Zum Abschluss unseres Moduls möchte ich die wichtigsten besprochenen Punkte zu unserem Erfolgsfaktor ‚Kommunikation (neu) organisieren' für Sie zusammenfassen.

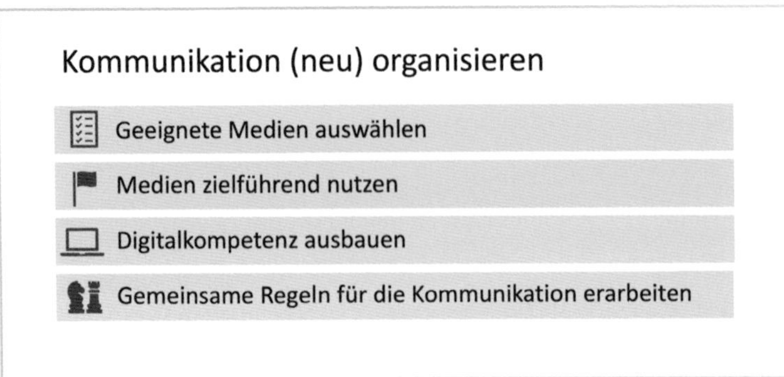

Zunächst ist es wichtig, dass geeignete Medien zur Überbrückung von Distanzen vorhanden und auch bekannt sind. Das haben wir in der Übersicht über die bei Ihnen im Unternehmen vorhandenen Medien sichergestellt.

Im nächsten Schritt ist es entscheidend, dass die Menschen im Unternehmen in der Lage sind, die vorhandenen Medien zielführend zu nutzen. Das bedeutet also, das richtige Medium für die jeweilige Botschaft auszuwählen. Als Faustformel gilt hier: Je komplexer die Information ist, desto mehr Informationen sollte das Medium gleichzeitig übermitteln können. Das Medium, das für die Übermittlung sehr komplexer Kommunikationsgegenstände besonders gut geeignet ist, ist die Videokonferenz. Für die Konfliktlösung ist, wenn immer möglich, jedoch das persönliche Gespräch das Mittel der Wahl.

Wichtige Regeln können sein:

Darüber zu sprechen, wenn jemand etwas Gutes geleistet hat, z.B. in Form von ‚High Fives'.

Team Huddles ab Seite 302

Feedback kommt allgemein in virtuellen Teams häufig zu kurz. Daher sollte es auch hier Feedback-Regeln und regelmäßige Formate geben. Bei kritischen Rückmeldungen gilt es, lieber das persönliche Gespräch zu suchen, als die Situation unnötig weiter zu eskalieren. Die Kommunikation in einem virtuellen Team sollte außerdem regelmäßig Raum für einen Austausch von Mensch zu Mensch schaffen.

Feedback-Methoden im Download-Bereich

Für E-Mails gilt: Im Zweifel lieber abwarten, bis ich Zeit habe, eine wertschätzende E-Mail zu schreiben, denn das könnte für mein Gegenüber ein ungeahnt wichtiges Kriterium sein."

E-Mail-Empathie ab Seite 350

© managerSeminare

Abschluss mit der KALM-Methode

Orientierung

Ziele

- Die Führungskräfte geben Feedback zu den vergangenen Seminartagen
- Sie lernen eine Feedback-Methode für ein regelmäßiges Feedback zur Verbesserung der Zusammenarbeit im Team kennen, dass sie leicht in den virtuellen Raum übertragen können
- Sie sammeln erste Erfahrungen mit der Methode

Zeit

Insgesamt 30 Minuten

- 5 Minuten Vorstellung der Methode
- 5 Minuten Befüllen je einer Karte für jedes Feld
- 20 Minuten Auswertung und Abschluss

Material

- Ablaufbeschreibung KALM auf Flipchart visualisieren
- Große Moderationskarten

Ablauf

- Die Trainerin stellt die KALM-Methode vor. Die Teilnehmenden geben anhand der KALM-Methode an, was sie nach dem Seminar verändern wollen.
- Die Teilnehmenden pinnen ihre Antworten in die Matrix im entsprechenden Feld an.
- In der Abschlussrunde nennt jede Person ihren wichtigsten Punkt.

Intro *„Die KALM-Methode eignet sich hervorragend als Handwerkszeug zur Reflexion der virtuellen Zusammenarbeit. Sie kann zu diesem Zweck für ein Feedback oder eine Retrospektive zur Zusammenarbeit im Team angewendet werden. Am besten verwenden Sie dazu ein virtuelles Whiteboard. Ich möchte sie Ihnen zum Abschluss kurz vorstellen und für den Abschluss des Seminartages nutzen."*

Übung

Durchführung

„Für unseren heutigen Abschluss soll Ihnen eine Matrix als Rahmenwerk für ein Feedback an sich selbst dienen. Bitte fertigen Sie dazu vier verschiedene Moderationskarten an und beschriften Sie die Karten mit je einem K, einem A, einem L und einem M und mit Ihrem Namen."

Auf der Karte *Keep*, zu Deutsch behalten, wird alles eingetragen, was schon gut ist und genau so bleiben sollte. Hier geht es darum sicherzustellen, das Bewusstsein für die Dinge zu schärfen, die schon gut laufen.

Auf der Karte *Add*, also hinzufügen, wird alles eingetragen, was man neu ausprobieren möchte. Das können z.B. neue Technologien sein oder neue Formen von Absprachen innerhalb des Teams.

Auf der Karte *Less* werden die Dinge festgehalten, mit denen die Teilnehmenden nach diesem Seminar aufhören wollen, weil sie erkannt haben, dass sie keinen Sinn ergeben. Beispielsweise könnten bestimmte Meetings für unnötig erklärt werden.

Auf der Karte *More* werden die Dinge aufgelistet, die im Ansatz bereits gut sind, aber noch Verbesserung brauchen. Das können z.B. Meeting-Strukturen sein, die noch effizienter gestaltet werden können.

Nachdem alle ihre Karten ausgefüllt haben, legen die Teilnehmenden die Karten im entsprechenden Feld der Matrix ab.

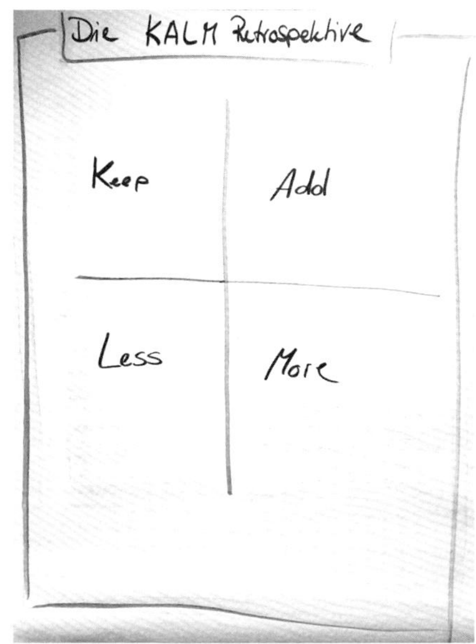

Abschlussrunde

„Zum Abschluss des Seminars möchte ich Sie nun bitten, der Reihe nach ein kurzes Feedback zum Seminar zu geben und das für Sie wichtigste KALM-Vorhaben zu benennen."

Deep Dives

Vertiefungsthemen

Deep Dives: Vertiefende Inhalte für Abschluss- oder Follow-up-Veranstaltungen

In diesem Abschnitt finden Sie vertiefende Inhalte in Form von zusätzlichen Themen oder weiteren konkreten Handwerkszeugen für die Anwendung in virtuellen Meetings. Sie können sie zur Variation in allen Phasen des Live-Online-Trainings einsetzen, zum Auftakt, in den fünf Modulen, für die Abschlussveranstaltung oder für die Planung von Follow-up-Veranstaltungen.

Einige der Vertiefungsthemen können Sie ebensogut in abgewandelter Form für Präsenzformate einsetzen.

Dieser Abschnitt ist daher nicht nur für Sie als Trainerin und Trainer interessant, sondern insbesondere auch für virtuell arbeitende Führungskräfte, die die Erfolgsfaktoren der Führung auf Distanz umsetzen wollen. Hierzu finden alle Interessierte genaue Beschreibungen von innovativen Methoden für die Umsetzung in virtuellen Teammeetings.

Teammitglieder mitnehmen bei der Veränderung der neuen Arbeitsweise

Deep Dive Auftaktveranstaltung

Orientierung

Ziele

- Die Teilnehmenden werden sensibilisiert für den Umgang mit Veränderungen
- Sie erarbeiten Ideen für die wertschätzende Begleitung ihrer Mitarbeitenden in Veränderungssituationen

Zeit

Insgesamt 25 Minuten

- 10 Minuten Vor- und Zunamen aufschreiben, mit Auswertung nach den einzelnen Schritten
- 5 Minuten Erkenntnisse zusammenfassen
- 10 Minuten Festhalten der wichtigsten Ideen für die Begleitung von Mitarbeitenden und Auswertung

Rahmenbedingungen

- Virtuelles Whiteboard
- Galerieansicht

Material

- Die Teilnehmenden benötigen Stift und Papier
- Vorbereitetes Template auf dem Whiteboard

Ablauf

- Die Teilnehmenden schreiben ihren Vor- und Zunamen, wie sie es gewohnt sind, auf ein Blatt Papier.
- Die Teilnehmenden schreiben ihren Namen mit der nicht präferierten Hand auf ein Blatt Papier und wiederholen dies zwei Mal.
- Die Teilnehmenden setzen ihre Unterschrift mit der nicht präferierten Hand innerhalb von 30 Sekunden fünf Mal.
- Die Erfahrungen werden gemeinsam ausgewertet.
- Die Teilnehmenden beantworten die Frage auf dem Whiteboard: „Wie kann ich meine Mitarbeitenden auf dem Weg der Veränderung mitnehmen?“

© managerSeminare

Erläuterung Im Zusammenhang mit der Zusammenarbeit auf Distanz stellen Führungskräfte häufiger die Frage, wie sie es schaffen können, alle Mitarbeitenden auf den Weg der Veränderung mitzunehmen. Das kann z.B. im Zusammenhang mit der virtuellen Zusammenarbeit allgemein, aber auch mit der Nutzung neuer digitaler Medien stehen. In diesem Fall führe ich gern die folgende Übung durch.

Durchführung *„Um auf Ihre Frage ‚Wie kann ich meine Mitarbeitenden auf den Weg der Veränderung mitnehmen?' einzugehen, möchte ich Sie zu einer kurzen Übung einladen."*

Schritt 1

Die Teilnehmenden nehmen sich ein Blatt Papier zur Hand und schreiben dort ihren Vor- und Nachnamen auf. Die Trainerin fragt anschließend nach: *„Wie war es, diese Aufgabe auszuführen?"* Die häufigsten Antworten sind:

- Leicht, wie immer
- Ohne lang nachzudenken
- Natürlich
- Einfach, gewohnt usw.

Schritt 2

Jetzt sollen alle mit der jeweils anderen Hand ihren Vor- und Zunamen auf das gleiche Blatt notieren. Die Trainerin bittet die Teilnehmenden nun, das Ergebnis in die Kamera zu halten. Die meisten Menschen empfinden diese Übung als schwierig, es gibt aber große Unterschiede darin, wie schwierig sie empfunden wird. Das ist oft schon an den Ergebnissen zu sehen und sollte ggf. thematisiert werden.

Die Trainerin stellt die folgenden Fragen und lässt diese im Chat beantworten:

- Wie sind Sie zurechtgekommen?
- Welche Gefühle haben Sie während der Übung wahrgenommen?
- Worin bestand die Herausforderung?

Die häufigsten Antworten sind:

- Ungewohnt, langsamer, anstrengend
- Frustrierend, peinlich
- Etwas auf eine ungewohnte Weise tun

Die Trainerin bittet die Teilnehmenden nun, die gleiche Aufgabe noch drei Mal zu wiederholen. Sie fragt im Anschluss, bei wem es bereits einfacher geworden ist, die Aufgabe zu erfüllen und bittet die Personen, bei denen das zutrifft, sich zu melden.

Schritt 3

Im letzten Schritt schreiben nun alle in 30 Sekunden fünf Mal ihren Vor- und Zunamen auf ein Blatt Papier. Diese Aufgabe ist für die meisten Menschen unlösbar. Die Trainerin stellt erneut die folgenden Fragen und lässt diese im Chat beantworten:

- Wie sind Sie zurechtgekommen?
- Welche Gefühle haben Sie während der Übung wahrgenommen?
- Worin bestand die Herausforderung?

Die Antworten sind:

- Schlecht, gar nicht, unmöglich
- Überfordert, wütend
- Zeitdruck

Auswertung

„Bitte denken Sie an die Übung zurück. Welche Erkenntnisse haben Sie aus dem Erlebten im Zusammenhang mit Ihrer Fragestellung gewonnen: Wie können wir die Mitarbeitenden auf dem Wege der Veränderungen mitnehmen?"

Die Trainerin sammelt einige Rückmeldungen im Chat ein und fasst dann noch mal zusammen:

„Dinge auf eine ungewohnte Weise zu tun, fällt am Anfang schwer, dauert länger und kann zu Unsicherheiten und Frustrationen führen. Die Fähigkeiten und Empfindungen sind von Mensch zu Mensch unterschiedlich. Manchen fällt es etwas leichter, anderen fällt es schwerer. Druck verschlimmert diese Situation zusätzlich."

Unterstützungsmöglichkeiten ableiten

Zurück zur Fragestellung: Die Trainerin bittet alle, einmal zu überlegen, was ihnen persönlich am besten geholfen hätte, die Aufgabenstellung mit gutem Gefühl zu meistern und das Schreiben des Namens mit der unvertrauten Hand so lange zu üben, bis es auch damit perfekt funktioniert. Alle sollen sich dazu zunächst kurz ein paar Notizen machen.

Zuletzt zeigt die Trainerin die Folie auf dem Whiteboard und bittet die Teilnehmenden, dort ihre Ideen zum Umgang mit ihren Mitarbeitenden zu übertragen.

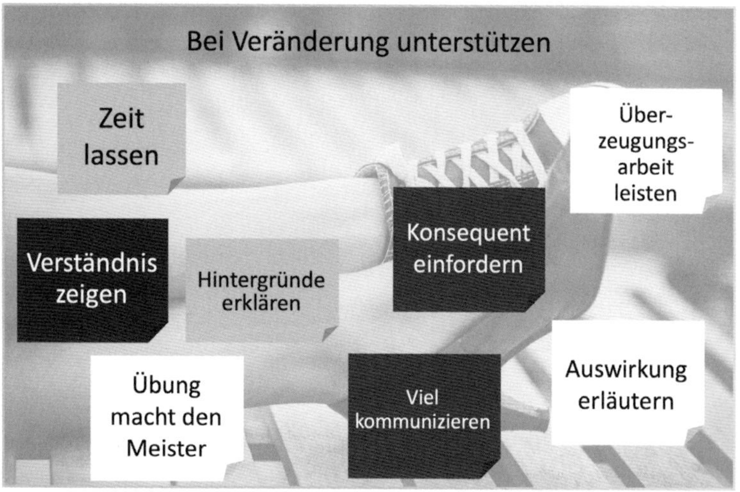

Kick-off-Veranstaltungen für den Start der verteilten Zusammenarbeit

Deep Dive Auftaktveranstaltung

Orientierung

Ziele

- Die Teilnehmenden werden sensibilisiert für die Notwendigkeit der Durchführung von Kick-off-Meetings in Präsenzformaten
- Sie lernen notwendige Inhalte kennen und bringen diese in eine sinnvolle Struktur

Zeit

Insgesamt 60 Minuten

- 10 Intro
- 10 Minuten Brainstorming über die notwendigen Inhalte
- 15 Minuten Vorstellen der Ergebnisse und Ergänzung der Inhalte
- 20 Minuten Erarbeiten einer Struktur für das eigenen Kick-off
- 5 Minuten Austausch der Ergebnisse mit einer weiteren Person

Rahmenbedingungen

- Virtuelles Whiteboard
- Möglichkeit von Kleingruppenarbeitsräumen

Material

- Vorbereitetes Template auf dem Whiteboard
- Vorbereitete Folien zur Ergänzung auf dem Whiteboard

Ablauf

- Die Trainerin führt in das Thema ein und verdeutlicht die Vorteile persönlicher Kick-off-Meetings.
- In Kleingruppenarbeitsräumen erarbeiten die Teilnehmenden notwendige Inhalte von Kick-off-Meetings.
- Im Plenum werden die Ergebnisse ausgetauscht und ergänzt.
- Im Anschluss erarbeiten die Teilnehmenden eine Struktur für ihr eigenes Kick-off-Meeting.
- Hiernach erfolgen Austausch und Feedback mit einer weiteren Person.

© managerSeminare

Erläuterung

Kick-off-Meetings sind besonders für den Start der virtuellen Zusammenarbeit wichtig. Sie sind daher nicht für alle Seminarteilnehmenden ein relevantes Thema, sondern besonders für jene hilfreich, die

- ein neues Team übernehmen und auf Distanz führen werden,
- Projektteams leiten, die projektbezogen immer wieder neu zusammengestellt werden,
- ein Team leiten, das bisher lediglich in Präsenz zusammengearbeitet hat und zukünftig über Distanzen hinweg zusammenarbeiten wird.

Kick-off-Meetings sollten wann immer möglich in Präsenz stattfinden. Diese Übung kann z.B. mit dem Thema Teamidentität (siehe Seite 178) verknüpft werden.

Intro

„Für den Start der Zusammenarbeit über Distanzen hinweg bzw. zum Beginn der virtuellen Zusammenarbeit möchte ich Ihnen empfehlen, mit Ihrem Team gemeinsam ein Kick-off-Meeting in Präsenz durchzuführen. Kick-off-Meetings sind wichtig für den Aufbau von Vertrauen und für das Teambuilding innerhalb Ihres Teams.

Ich kann mich gut an eine Führungskraft erinnern, die von Deutschland aus ein Team geführt hat, dessen Teammitglieder in Indien saßen. Zu Beginn gab es viele Probleme und Missverständnisse und ein großer Konflikt drohte zwischen ihr und der ortsansässigen Teamleiterin zu entstehen. Auf meine Empfehlung hin trafen sich die beiden persönlich, um sich besser kennenzulernen und wichtige Parameter der Zusammenarbeit abzusprechen. Sie können sich sicher vorstellen, wie die Geschichte endet. Das persönliche Treffen und die Absprachen haben wesentlich dazu beigetragen, dass sich die Zusammenarbeit und das gegenseitige Verständnis um ein Vielfaches verbessert haben. Einen Kick-off zu veranstalten, spart also viel Zeit und Geld – und schont die Nerven."

Durchführung

Im Folgenden beraten sich nun die Teilnehmenden in Kleingruppen, was die wichtigsten Punkte sind, die in einen guten Kick-off-Meeting enthalten sein sollten. Die Punkte, die den Teilnehmenden einfallen, werden auf Karten festgehalten.

Auswertung

Nach der Rückkehr der Teilnehmenden bespricht die Trainerin die Antworten der Gruppe und ergänzt diese ggf. durch weitere Punkte, hier auf der Folie beispielhaft abgebildet.

Online Kick-off-Meeting

- Was hat Priorität?
- Welche gegenseitigen Erwartungen haben wir aneinander?
- Welche Ziele setzen wir uns und welche Maßnahmen braucht es jetzt?
- Wer übernimmt welche Rolle/Aufgaben?
- Nach welchen Regeln wollen wir zusammenarbeiten?
- Raum für Informelles/Beziehungspflege

Quelle

▶ Thomas, G. (2014): Die virtuelle Katastrophe. So führen Sie Teams über Distanz zur Spitzenleistung. assist Publishing Verlag.

Deep Dive
Vertrauen
aufbauen

Das Team Huddle – Informelle Treffen in virtuellen Teams gestalten

Orientierung

Ziele

- Die Führungskräfte lernen einen Ablauf für ein zielgerichtetes informelles Teamtreffen kennen
- Sie entwickeln ein eigenes Format für ihr Team und testen dieses in der Kleingruppe

Zeit

Insgesamt 50 Minuten

- 3-5 Minuten Intro
- 5 Minuten Input
- 10 Minuten Entwicklung eines eigenen Konzeptes
- 20 Minuten Test und Feedback in der Kleingruppe
- 10 Minuten Auswertung im Plenum

Rahmenbedingungen

- Virtuelles Tool mit Kleingruppenarbeitsräumen
- Virtuelles Whiteboard

Material

Folien zum Ablauf des Huddles

Ablauf

- Die Trainerin verdeutlicht die Problematik von unstrukturierten informellen Teamtreffen.
- Es folgt ein Input zu einem beispielhaften zielgerichteten informellen Austausch.
- Die Teilnehmenden entwickeln ein eigenes Format.
- In Kleingruppenarbeitsräumen stellen je drei Personen das neu entwickelte Format auf die Probe und erhalten Feedback.
- Zurück im Hauptraum, werden die wichtigsten Erkenntnisse ausgetauscht.

Erläuterung

Informelle Kommunikationsmöglichkeiten zu schaffen, ist eine wichtige Aufgabe der Führung auf Distanz. Einen Raum zu haben, in dem ein persönlicher Austausch abseits des Tagesgeschäftes möglich ist, hilft dem Team, ein Wir-Gefühl zu bilden oder aufrechtzuerhalten und zahlt stark auf das Vertrauenskonto ein.

Viele Führungskräfte entscheiden sich daher, regelmäßig virtuelle Kaffee- oder Mittagspausen mit dem Team zu gestalten. Oft jedoch mit mäßigem Erfolg. Folgende Probleme treten besonders häufig auf:

- Es kommt keine rechte Stimmung auf.
- Niemand erzählt etwas Persönliches.
- Die Anzahl der Teilnehmenden wird jede Woche geringer.
- Und schließlich wird das Format dann ganz eingestellt.

Meiner Erfahrung nach ist der Schlüssel zu einem gelungenen Format, eine Struktur zu etablieren, die einen zielgerichteten informellen Austausch ermöglicht.

Input

Ein schönes Beispiel für ein solches Vorgehen ist das Team Huddle des Teams von Simon Sinek. Simon ist Buchautor des Weltbestsellers „Start with Why“ und Unternehmensberater. Hier die Vorgehensweise seines Teams.

Virtuelles Team Huddle

- Wöchentliches Treffen
- Zielgerichteter informeller Austausch
- Mensch steht im Mittelpunkt
- Moderation erfolgt abwechselnd durch die Teammitglieder

Das Team nimmt sich wöchentlich, immer montags, 75 Minuten Zeit für ein Team Huddle (to huddle = sich zusammendrängen = Kurzmeeting), in dem ein zielgerichteter informeller Austausch stattfin-

© managerSeminare

den kann. Dabei stehen die Menschen im Team im Mittelpunkt. Eine Person im Team übernimmt die Moderation des Huddles. Das Team beginnt mit einer kurzen Achtsamkeitsübung, in der alle Teilnehmenden kurz die Augen schließen und sich einen Moment lang auf ihren Atem konzentrieren.

Es folgt die High-Five-Runde. In dieser Runde geht es darum, die gemeinsamen Erfolge der vergangenen Woche zu feiern und im Team sichtbar zu machen. Die Runde beginnt schlicht mit der Frage: „Wer möchte ein High Five verteilen?“ Eine Person meldet sich und sagt: „Ich möchte mit XY abklatschen, weil wir in dieser Woche ein wichtiges Projekt zu Ende gebracht haben.“

Ablauf Team Huddle

- Achtsamkeitsübung
- Wer möchte ein High Five verteilen?
- Was beschäftigt dich momentan persönlich?
- Wer möchte eine Geschichte teilen, die uns vor Augen führt, warum wir tun, was wir tun?

Im nächsten Schritt kann jeder einfach mitteilen, was ihn im Moment beschäftigt und welche ganz persönlichen Empfehlungen er für das Team hat. Das kann beispielsweise eine Ermahnung sein, gut auf die eigene Gesundheit zu achten.

Zuletzt folgt die Frage: „Wer möchte eine Geschichte teilen, die uns vor Augen führt, warum wir tun, was wir tun?“ Hier geht es darum, an den Zweck der gemeinsamen Zusammenarbeit zu erinnern und Geschichten zu teilen, die diesen sichtbar machen.

Die Trainerin stellt der Gruppe das Beispiel vor und teilt den Link zum Ablauf eines Huddles im Chat (siehe Quelle).

„Bitte überlegen Sie sich nun einmal, was für Sie und Ihr Team ein angemessenes Format für einen solchen regelmäßigen informellen Austausch sein kann. Legen Sie fest, wie häufig dieser stattfinden soll und erarbeiten Sie in Anlehnung an unser Beispiel eine eigene kleine Agenda für ein solches Treffen. Sie haben 10 Minuten Zeit."

Transfer

Nachdem die Teilnehmenden ihre Ideen entwickelt haben, gibt die Trainerin nun einigen aus der Gruppe die Gelegenheit, ihr Konzept auf die Probe zu stellen. Die anderen erfahren, wie es sich anfühlt, an einem zielgerichteten informellen Meeting teilzunehmen. Dazu werden alle nun in Dreiergruppen in Breakout Sessions geschickt, wo sie wie folgt verfahren:

Übung

- Eine Person übernimmt die Rolle der Führungskraft und moderiert die ersten Schritte des eigenen informellen Meeting-Konzeptes.
- Die anderen schlüpfen in die Rolle der Teammitglieder und beantworten die Fragen.

Für diesen Teil gibt die Trainerin 10 Minuten Zeit. Im Anschluss haben die Kleingruppen noch 10 Minuten Zeit, ein kurzes Feedback zu geben und gemeinsam zu reflektieren.

Nach Ablauf der 20 Minuten holt die Trainerin die Teilnehmenden zurück in den Hauptraum. Es folgt ein kurzer Erfahrungsaustausch. Die Trainerin fragt zunächst die Personen, die die Rollen der Teammitglieder bekleideten und im Anschluss die Personen, die in der Rolle der Führungskräfte waren:

Auswertung

- Wie war der informelle Austausch für Sie?
- Welche Gedanken wollen Sie gern mit der gesamten Gruppe teilen?
- Welche Art der Umsetzung können Sie sich zukünftig für Ihr Team vorstellen?

Im Anschluss erhalten die Teilnehmenden ggf. noch einmal Zeit, ein konkretes Umsetzungsvorhaben in ihren Transferplan zu übertragen.

- Sinek, S.: How Teams Can Meaningfully Connect Remotely YouTube, https://youtu.be/tKEtm3HCrsw; abgerufen am 25.03.2022.

Quelle

Deep Dive
Ziel- und ergebnisorientiert führen

Lightning Decision Jam: Entscheidungen treffen und Ideen entwickeln in virtuellen Teams

Orientierung

Ziele

- Die Methode LDJ kennenlernen
- Die Methode für ein Wunschthema live erleben/selbst durchführen

Zeit

Insgesamt 55 Minuten

- 5 Minuten Zielstellung erklären
- 15 Minuten „Sailboat-Activity"
- 3 Minuten Priorisierung von Problemen
- 3 Minuten Reframing der Problemstellungen
- 5 Minuten Brainstorming „Massenhaft Lösungen"
- 4 Minuten Lösungen priorisieren
- 10 Minuten Einordnung, auf der Aufwand-Nutzen-Matrix
- 5 Minuten Umsetzungsschritte definieren
- 5 Minuten Abschlussvortrag

Rahmenbedingungen

- Virtuelles Whiteboard
- Die Teilnehmenden sollten mit der Bedienung des Whiteboards bereits gut vertraut sein

Material

- Die Teilnehmenden sollten vorab Erwartungen oder Wünsche für den Workshop definiert haben
- Arbeitsbereiche für jeden Teilnehmenden auf dem Whiteboard vorbereiten
- Vorbereitete Templates auf dem Whiteboard zur Dokumentation der Arbeitsschritte 1-9
- Stoppuhr auf dem Whiteboard

Ablauf

- Die Trainerin erklärt das Ziel und den Sinn der Methode LDJ.
  - Schritt 1: Die Trainerin erklärt das Ziel der LDJ
  - Schritt 2: Stilles Brainstorming über positive Aspekte
  - Schritt 3: Stilles Brainstorming der Probleme rund um die Fragestellung
  - Schritt 4: Priorisierung der größten Probleme
  - Schritt 5: Reframing der größten drei Problemstellungen zu einer Herausforderung
  - Schritt 6: Brainstorming, um Lösungen zu finden.
  - Schritt 7: Lösungen priorisieren
  - Schritt 8: Lösungen auswählen mithilfe der Aufwand/Nutzen-Matrix
  - Schritt 9: Aktionsschritte formulieren

Intro

„Lightning Decision Jam ist eine Workshop-Methode, die von AJ&Smart, einer Agentur für Innovation und Produktdesign mit Sitz in Berlin, entwickelt wurde. Sie ist gut geeignet, um gemeinsam im Team Probleme zu lösen und Entscheidungen zu treffen. Sie lässt sich sowohl in Präsenz als auch online wunderbar durchführen. Die Methode hilft Teams und ihren Führungskräften, endlose Diskussionen und unstrukturierte Meetings zu vermeiden. Sie bietet einen klar strukturierten Prozess an, der mit etwas Übung auf verschiedenste Problemstellungen angewandt werden kann.

Wir wollen nun diese Methode nutzen, um eine der von Ihnen definierten Herausforderungen näher zu betrachten. Gemeinsam werden wir Lösungsideen entwickeln und konkrete Maßnahmenschritte definieren. So schlagen wir zwei Fliegen mit einer Klappe. Sie entwickeln Ideen für eine Ihrer Herausforderungen in der Führung auf Distanz und lernen eine Methode kennen, die Sie auch für andere Problemstellungen in Ihrem Team anwenden können.

Zuerst benötigen wir ein Ziel, an dem wir arbeiten möchten. Wir wählen dazu ein Thema aus Ihrer Wunschliste aus."

Durchführung

Die Trainerin zeigt die vorab erarbeitete Wunschliste und bittet die Teilnehmenden mithilfe eines Votings ein Ziel für die LDJ auszuwählen.

© managerSeminare

Abb.: Beispiel für Teilnehmerantworten auf die Abfrage von Themenwünschen

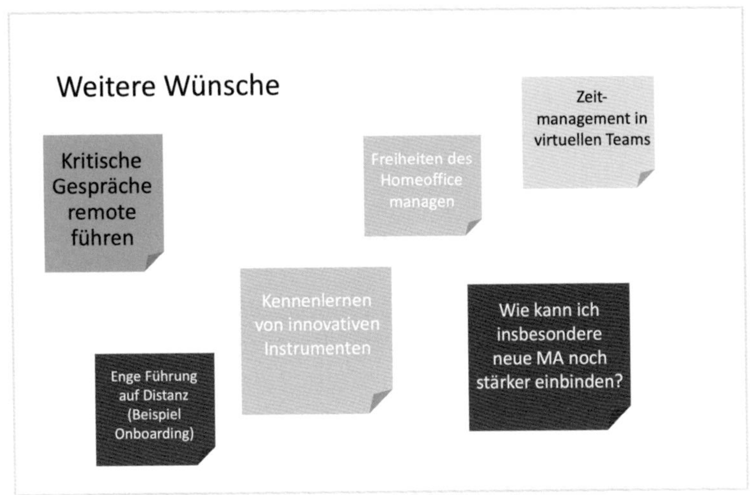

Schritt 1: Das Ziel definieren

Das Ziel, an dem gearbeitet werden soll, ist: das richtige Maß an Vertrauen/Freiraum vs. Steuerung/Anleitung, insbesondere bei neuen Mitarbeitenden zu finden. Die Teilnehmenden werden nun mit der Segelboot-Metapher arbeiten. Das Segelboot steht symbolisch für ihr Unternehmen bzw. ihr Team. Zuerst erarbeiten alle, was sie bereits jetzt in die richtige Richtung treibt, so, wie der Wind im Segel ein Boot vorantreibt. Dann blicken alle auf das, was sie davon abhält, Fahrt aufzunehmen, wie etwa die Strömung unterhalb der Wasseroberfläche.

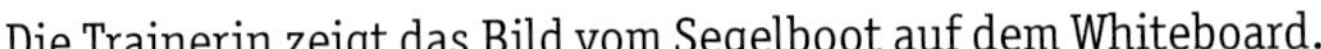

Die Trainerin zeigt das Bild vom Segelboot auf dem Whiteboard.

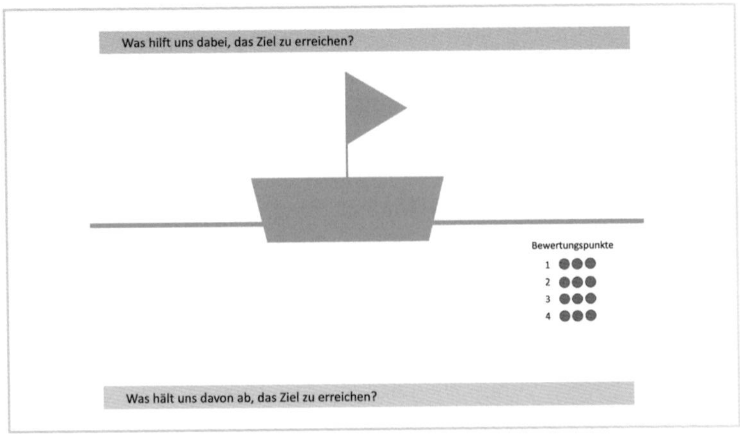

Abb.: Template. Bildquelle: in Anlehnung an ein Miro-Template von AJ&Smart

Schritt 2: Was schon gut funktioniert – Der Wind in den Segeln

„Beginnen wir mit dem Wind in den Segeln. Bitte halten Sie sich noch einmal das Ziel vor Augen: das richtige Maß an Vertrauen/Freiraum vs. Steuerung/Anleitung zu finden, insbesondere bei neuen Mitarbeitenden.

Überlegen Sie zuerst:

- *Was läuft bereits gut, und kann so bleiben?*
- *Welche positiven Aspekte, Ressourcen oder Stärken sind bereits vorhanden, die Ihnen dabei helfen, sich diesem Ziel zu nähern?*

Bitte schreiben Sie alles, was Ihnen dazu einfällt, auf ein grünes Post-it In Ihrem Arbeitsbereich auf dem Whiteboard. Sie haben dazu insgesamt drei Minuten Zeit. Ich stelle nun die Zeit auf dem Time Timer ein. Bitte schreiben Sie so lange weiter, bis die Zeit abgelaufen ist.“

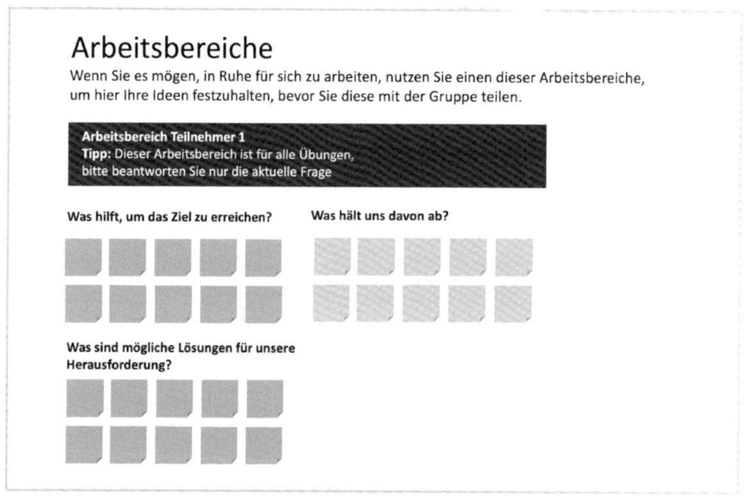

Bildquelle: in Anlehnung an ein Miro-Template von AJ&Smart

Nach dem Ablauf der Zeit bittet die Trainerin alle Teilnehmenden, ihre Antworten in den Bereich oberhalb der Wasseroberfläche der Segelboot-Vorlage zu kopieren und sich für zwei Minuten lang auch die Antworten aller anderen Teilnehmenden durchzulesen.

Schritt 3: Herausforderungen finden – Die Strömung

„Überlegen Sie im nächsten Schritt bitte, was Sie momentan davon abhält, das Ziel, das richtige Maß an Vertrauen/Freiraum vs. Steuerung/Anleitung, insbesondere bei neuen Mitarbeitenden, zu finden.

Beantworten Sie dazu die folgenden Fragen:

- *Was läuft nicht gut?*
- *Was hindert uns daran, das Ziel zu erreichen?*

Schreiben Sie wieder alle Punkte die Ihnen hierzu einfallen, jeweils separat auf ein oranges Post-it. Schreiben Sie bitte wieder so lange, bis die Zeit abgelaufen ist. Sie haben fünf Minuten Zeit."

Nach dem Ablauf der Zeit kopieren alle ihre Antworten in den unteren Bereich des Bildes. Also unterhalb der Wasseroberfläche, dort, wo es Widerstand gibt.

Schritt 4: Probleme priorisieren

„Lesen Sie sich nun bitte wieder alle Kärtchen durch. Fragen Sie sich dabei: ‚Was sind die größten Herausforderungen in Bezug auf unser Ziel, ein Wir-Gefühl in virtuellen Teams zu kultivieren?' Im rechten Bereich des Bildes finden Sie rote Bewertungspunkte. Nehmen Sie sich drei Bewertungspunkte und platzieren Sie diese neben den Herausforderungen, die Sie am relevantesten einschätzen. Sie haben dafür drei Minuten Zeit."

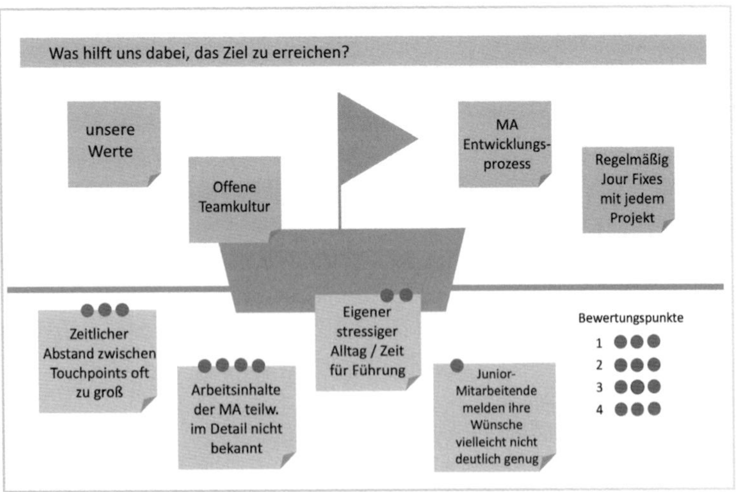

Abb.: Beispielhafte Antworten der Teilnehmenden eines Workshops
Bildquelle: in Anlehnung an ein Miro-Template von AJ&Smart

Schritt 5: Probleme in lösungsorientierte Fragen umformulieren

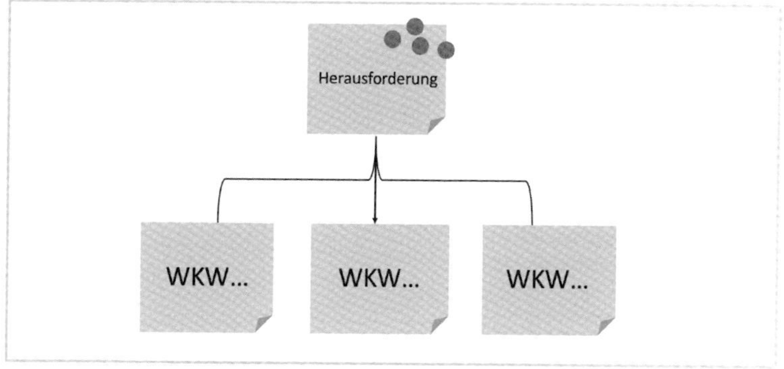

Bildquelle: in Anlehnung an ein Miro-Template von AJ&Smart

Die Trainerin kopiert nun die größte Herausforderung in das nächste Template und formuliert gemeinsam mit den Teilnehmenden je drei lösungsorientierte Fragen im Zusammenhang mit dem Problem. Die Fragen beginnen jeweils mit der Formulierung: *„Wie können wir es schaffen, dass ...“* (WKW)

Hinweis

- Je nach Gruppengröße und Zeit können hier auch die drei größten Herausforderungen ausgewählt und im Anschluss von Kleingruppen bearbeitet werden.

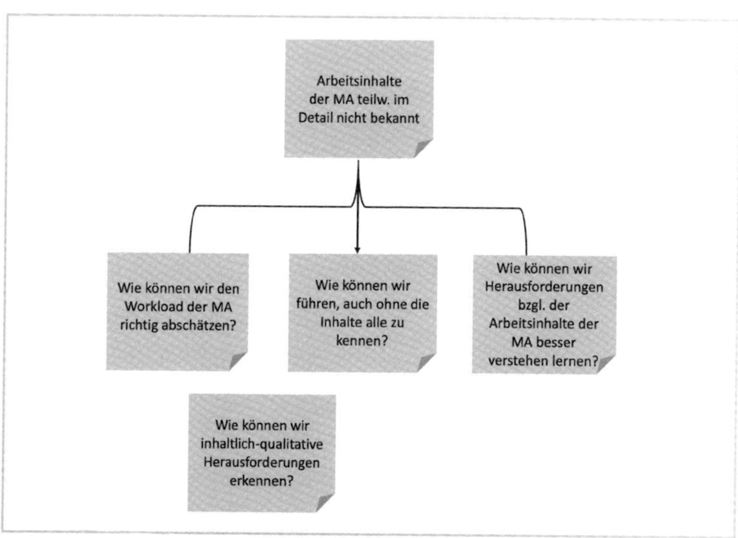

Abb.: Beispielhafte Antworten der Teilnehmenden eines Workshops

Schritt 6: Lösungen lauern überall

Die Trainerin überträgt die Fragen in das nächste Template.

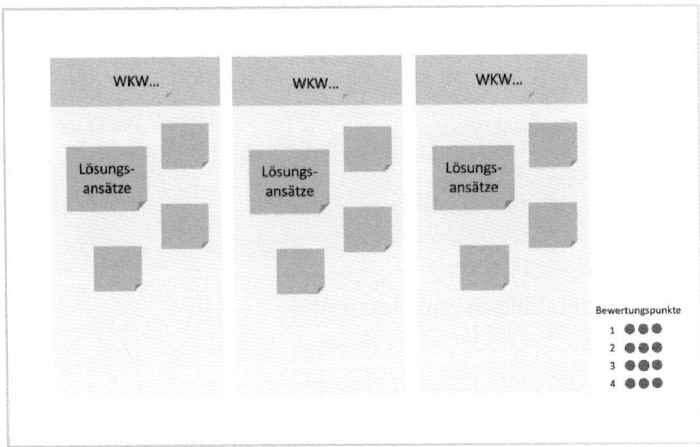

Bildquellen: in Anlehnung an ein Miro-Template von AJ&Smart

„Ich bitte Sie nun erneut, die grünen Post-its zu nutzen, um möglichst viele konkrete Lösungsansätze für die von Ihnen formulierten Fragen zu finden. Denken Sie dabei insbesondere an solche Lösungsansätze, die einen hohen Nutzen haben und verhältnismäßig wenig Aufwand bedeuten. Sie haben wieder fünf Minuten Zeit hierfür."

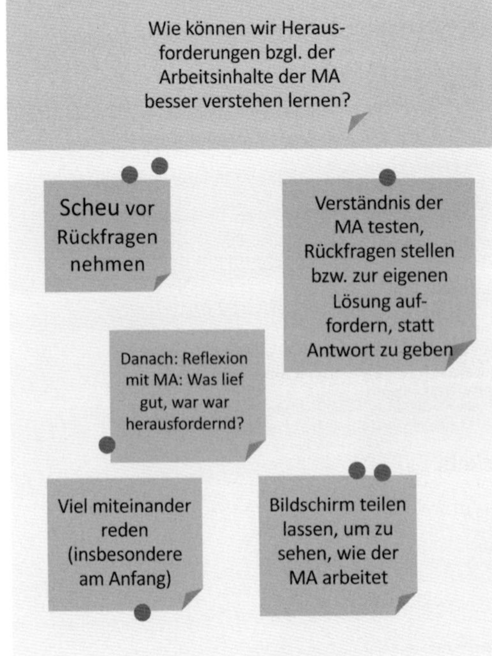

Abb.: Beispielhafte Antworten der Teilnehmenden eines Workshops

Schritt 7: Lösungen priorisieren

„Lesen Sie sich nun bitte wieder alle Lösungen in Ruhe durch. Denken Sie noch einmal an unsere Ausgangsfrage: ‚Wie können wir ein Wir-Gefühl in virtuellen Teams verbessern?' Nehmen Sie sich dann sechs rote Bewertungspunkte und wählen Sie damit die Lösungen aus, die Sie diesbezüglich am meisten überzeugen. Sie haben hierfür vier Minuten Zeit."

Schritt 8: Entscheiden Sie, was Sie umsetzen wollen

Die Trainerin nimmt die am höchsten bewerteten Ideen und platziert diese nach kurzer Abstimmung mit den Teilnehmenden in der Aufwand-Nutzen-Matrix.

„Beginnen wir nun mit der ersten Idee. Ich möchte Sie nun alle bitten, mithilfe Ihrer Arme anzuzeigen, wie hoch Sie den Aufwand hierfür einschätzen. Aufeinanderliegende Arme bedeuten einen geringen Aufwand. Stehen die Arme im rechten Winkel zueinander, ist der Aufwand sehr hoch."

Die Trainerin wiederholt die Abfrage für den Nutzen und platziert jedes Post-it entsprechend. Hierfür stehen insgesamt 10 Minuten zur Verfügung.

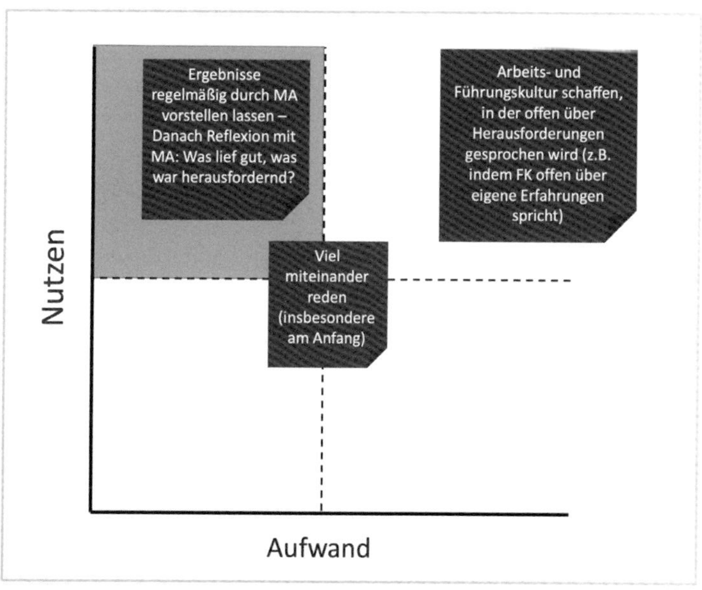

Abb.: Beispielhafte Antworten der Teilnehmenden eines Workshops

Schritt 9: Maßnahmen entwickeln

Die Trainerin überträgt die Lösungen, die einen hohen Nutzen und einen geringen Aufwand versprechen, in das nächste Template.

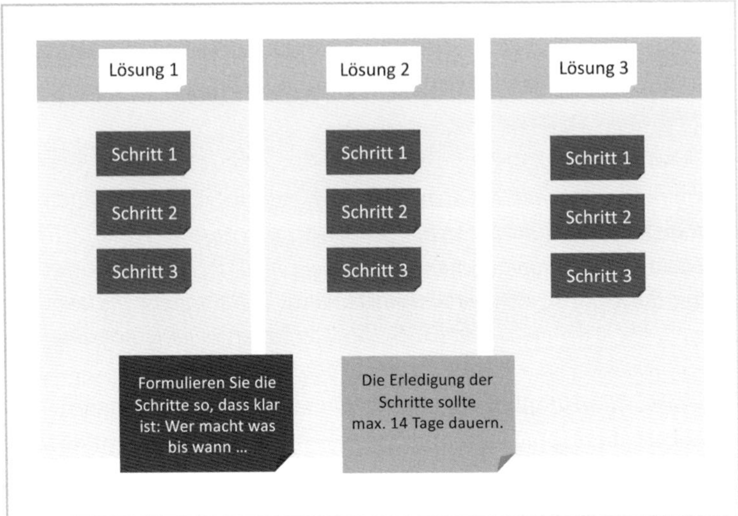

Bildquellen: in Anlehnung an ein Miro-Template von AJ&Smart

„Lassen Sie uns nun mit den Lösungen beginnen, die voraussichtlich einen hohen Nutzen und einen geringen Aufwand haben. Ich habe Ihnen diese bereits in das nächste Template übertragen. Suchen Sie sich nun zunächst eine für Sie besonders attraktive Lösung aus. Bitte überlegen Sie sich für diese nun ganz konkrete Maßnahmen. Wenn Sie über Maßnahmen nachdenken, dann achten Sie bitte darauf, dass diese spezifisch, messbar und realistisch sind. Idealerweise sollte die Umsetzung eines jeden Aktionspunktes innerhalb eines Zeitraumes von zwei Wochen möglich sein. Sie haben fünf Minuten Zeit, diese Aufgabe zu erledigen."

Ergebnisse regelmäßig durch MA vorstellen lassen. Danach Reflexion mit MA: Was lief gut, was war herausfordernd?

Aktion Schritt 1 — Anlässe & Rahmen festlegen

Aktion Schritt 2 — Durchführung im kleinen Kreis (Pilot)

Aktion Schritt 3 — Reflexion, ggf. im kleineren Kreis

Abb.: Beispielhafte Antworten der Teilnehmenden eines Workshops

Auswertung und Abschlussvortrag

Nach dem Ablauf der vorgegebenen Zeit liest die Trainerin nun die von den Teilnehmenden entwickelten Maßnahmen vor und fragt gegebenenfalls nach, um diese noch weiter zu konkretisieren.

„Glückwunsch, Sie haben nun einige praktische Umsetzungsvorschläge für die Kultivierung eines Wir-Gefühls in Ihrem virtuellen Team erarbeitet. Ganz nebenbei haben Sie Ihre erste Lightning Decision Jam selbst durchgeführt. Eine tolle Methode, die Sie auch für die Erarbeitung von Lösungsansätzen und konkreten Maßnahmen in Ihrem Team nutzen können. Wenn Sie mehr über die Methode erfahren wollen finden Sie weitere Informationen und Ressourcen auf der Internetseite von AJ&Smart unter: Welcome to Lightning Decision Jam resource page! (ajsmart.com).“

Hinweise

- Mithilfe der LDJ lassen sich diverse Fragestellungen bearbeiten.
- In großen Gruppen kann auch erst die Methodik erklärt werden und dann die LDJ in Kleingruppenarbeitsräumen zu verschiedenen Fragestellungen von mehreren Gruppen gleichzeitig durchgeführt werden.
- Es ist wichtig, immer wieder darauf zu verweisen, dass die Beschriftung der Post-its möglichst konkret erfolgen sollte, sodass keine weitere Erklärung notwendig ist.
- Die Methode funktioniert nur dann gut, wenn die Runden in Stille durchgeführt werden und Sie Diskussionen unter den Teilnehmenden auf ein Minimum reduzieren.
- Dieses Vorgehen fällt extrovertierten Persönlichkeitstypen mitunter schwer. Introvertierte Persönlichkeitstypen mögen dagegen die Ruhe und die geringe Menge an Diskussionen.
- Die Übung ist allgemein in virtuellen Teams sehr beliebt, weil sie schnell zu konkreten Ergebnissen führt, einer klaren Struktur folgt und auch gut online durchführbar ist

Quellen

- AJ&Smart, Lightning Decision Jam Resource Page. https://ajsmart.com/ldj; abgerufen am 25.03.2022.
- Bildquellen: Die hier abgebildeten Templates sind in ähnlicher Form auf dem virtuellen Whiteboard von Miro frei verfügbar. Sie wurden dort von AJ&Smart zur Verfügung gestellt und von mir übersetzt.

Deep Dive Teamgeist und Teamidentität entwickeln

Virtuelle Teamentwicklung

In diesem Abschnitt finden Sie eine Beschreibung für die Erarbeitung eines Team Canvas. Diese Arbeit ist insbesondere für die virtuelle Teamentwicklung gut geeignet. Die hier abgebildete Beschreibung kann sowohl virtuellen Führungskräften als Anleitung dienen als auch in der extern begleiteten Teamentwicklung angewendet werden.

Alles Wichtige auf einen Blick – Das Team Canvas

Die Arbeit mit dem Team Canvas ist eine gute Möglichkeit für Führungskräfte, ihre virtuellen Teams bei der Teamentwicklung zu unterstützen. Es ist hilfreich, sich vor der Nutzung des Canvas mit den Phasen der virtuellen Teamentwicklung (siehe Seite 114 ff.) zu beschäftigen.

Die kritischsten Punkte in der Teamentwicklung für virtuelle Teams sind erfahrungsgemäß die Übergänge zwischen den ersten beiden Phasen der Teamentwicklung. Durch den fehlenden Kontakt bleiben viele Teams in einer künstlichen Harmonie stecken, die sie zwar vor Konflikten bewahrt, aber eben auch davor, sich zu einem leistungsfähigen Team zu entwickeln.

In der Phase „Storming“ laufen ebenfalls viele virtuelle Teams Gefahr, stecken zu bleiben und sich nicht weiterentwickeln zu können. Dies ist insbesondere dann der Fall, wenn die Teams nicht genügend Zeit und Raum erhalten, die in dieser Phase auftauchenden Konflikte aufzulösen.

Das Team Canvas ist eine effiziente Methode, um diese Stolpersteine zu vermeiden und das Team auf dem Weg zu einem Hochleistungsteam zu unterstützen. Es basiert auf den Ideen des Business Model Canvas, entwickelt durch Alexander Osterwalder. Die Methode des Team Canvas wurde entwickeln und beschrieben von Alex Ivanov und Mitya Voloshchuk.

Die originale Version veranschlagt 120 Minuten Zeit und ist geeignet, um mit einer kleinen Gruppe, die wesentlichen Punkte auf Post-its festzuhalten. Sie enthält sehr geringe Diskussionszeiten und einen insgesamt sehr straffen Zeitplan. Für virtuelle Teambuildings ist der gemeinsame Austausch ein wesentlicher Erfolgsfaktor.

Daher wende ich es in der hier dargestellten abgewandelten Form an.

Meine Empfehlung ist es, die Erstellung des Canvas auf drei Sitzungen aufzuteilen. Jede Sitzung sollte immer mit bestimmten konkreten Maßnahmen enden. Ziel ist es, am Ende der Sitzungen alle Felder im Canvas besprochen und befüllt zu haben.

Sollten Sie sich für eine Durchführung in Präsenz entscheiden, nehmen Sie sich mindestens einen ganzen Tag Zeit und verlängern Sie die Zeiten für die einzelnen Bereiche ggf. um weitere Diskussionsphasen.

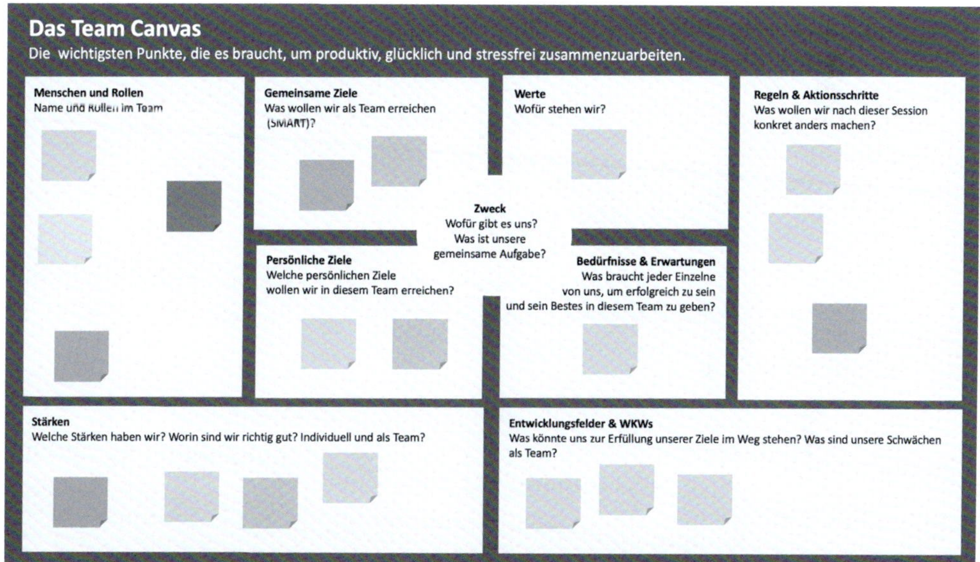

Abb.: Team Canvas. Bildquelle: Nach Anregung eines Templates auf Miro Whiteboard. Hier nachgestellt, übersetzt und leicht abgewandelt

Deep Dive
Teamgeist und Teamidentität entwickeln

Zweck definieren: Wofür gibt es das Team?

Orientierung

Ziel

Den Zweck der Existenz des Teams innerhalb des Unternehmens definieren

Einsatzmöglichkeiten:

- Kick-off-Veranstaltung für ein neues Teams
- Onboarding neuer Teammitglieder
- Regelmäßige generelle Team Reviews

Zeit

Insgesamt 20 Minuten

- 5 Minuten Einführung
- 5 Minuten Ideen sammeln
- 5 Minuten Ergebnisse sichten und priorisieren
- 5 Minuten Übertrag auf das Canvas und Abschlussvortrag

Rahmenbedingungen

- Virtuelles Tool mit Kleingruppenarbeitsräumen
- Virtuelles Whiteboard

Material

- „Team Canvas"-Template auf dem Whiteboard vorbereiten
- Post-its in verschiedenen Farben, eine Farbe je Person
- Time Timer
- Template „Zweck" unterhalb des Canvas, für die erste Sammlung der Ideen

Ablauf

- Nach der Einleitung formuliert jede Person auf einem Post-it eine Antwort auf die Frage: „Wofür gibt es unser Team?"
- Die Teilnehmenden lesen sich alle Antworten durch und wählen durch eine Punkteabfrage die beste Formulierung aus.
- Die Trainerin überträgt die stärkste Formulierung in das Canvas.

„Der Zweck steht im Mittelpunkt des Canvas und ist die Basis der Zusammenarbeit. Bitte denken Sie alle nun noch einmal an dieses Team und stellen sich die Frage: Wofür gibt es dieses Team? Eine andere hilfreiche Frage in diesem Zusammenhang: Was würde im Unternehmen fehlen, wenn es dieses Team nicht gäbe? Bitte halten Sie nun wieder alle Ihre Antworten auf diese Frage auf je einem Post-it fest. Sie haben hierfür fünf Minuten Zeit."

Intro

Die Trainerin startet die Uhr auf dem Whiteboard, während die Teilnehmenden in einem stillen Brainstorming ihre Antworten auf dem Whiteboard festhalten.

Durchführung

Nachdem alle Teilnehmenden ihre Formulierungen gefunden haben, moderiert die Trainerin weiter.

„Der Zweck sollte möglichst kurz, einfach und griffig formuliert sein. Wir haben hier nun einige tolle Vorschläge, die ich Sie bitten möchte, anhand einer Punkteabfrage zu bewerten. Sie erhalten je drei Bewertungspunkte. Bitte wählen Sie hiermit nun die zwei Formulierungen aus, die Ihnen am besten gefallen. Vergeben Sie zwei Punkte für Ihren Favoriten und einen Punkt für Ihre zweite Wahl."

Am Ende der Auswahl überträgt die Trainerin die stärkste Formulierung in das Canvas. Bei Bedarf können auch zwei Formulierungen miteinander verbunden werden.

„Glückwunsch, Sie haben nun eine der wichtigsten Fragen für Ihr Team geklärt. Den Zweck Ihrer Existenz. Lassen Sie uns nun einen Schritt weiter gehen und auf die Ziele blicken, die sich hieraus ergeben."

Abschluss

© managerSeminare

Deep Dive
Teamgeist und Teamidentität entwickeln

Gemeinsame Ziele formulieren

Orientierung

Ziel

Die wichtigsten Ziele des Teams klar formulieren und priorisieren

Einsatzmöglichkeiten

- Kick-off-Veranstaltung für ein neues Team
- Onboarding neuer Teammitglieder
- Regelmäßige generelle Team Reviews

Zeit

Insgesamt 20 Minuten

- 5 Minuten Einführung
- 5 Minuten Ziele notieren
- 5 Minuten Ergebnisse sichten und priorisieren
- 5 Minuten Übertrag auf das Canvas und Abschlussvortrag

Rahmenbedingungen

- Virtuelles Tool mit Kleingruppenarbeitsräumen
- Virtuelles Whiteboard

Material

- „Team Canvas"-Template auf dem Whiteboard vorbereiten
- Post-its in verschiedenen Farben, eine Farbe je teilnehmende Person
- Time Timer
- Template „Ziele" unterhalb des Canvas, für die erste Sammlung der Ziele

Ablauf

- Nach der Einführung sammeln die Teilnehmenden in einem stillen Brainstorming die wichtigsten Ziele für das Team.
- Die Trainerin clustert die Antworten.
- Das Team wählt durch Punkteabfrage die wichtigsten drei Ziele aus.
- Die Trainerin überträgt diese in das Canvas.

„Wenden wir uns dem Arbeitsbereich ‚Gemeinsame Ziele' zu. Eine gemeinsame Aufgabe und damit verbunden, gemeinsame Ziele zu haben, ist ein wesentliches Unterscheidungsmerkmal zwischen einem Team und einer Arbeitsgruppe. Wenn wir an ein Fußballteam denken, ist sofort klar, dass es gemeinsame Ziele gibt, die alle im Team gleichermaßen verfolgen. Ein kurzfristiges Ziel ist es, das nächste Spiel zu gewinnen. Mittelfristige Ziele können sein, im nächsten Jahr in die nächste Liga aufzusteigen oder die Champions League zu erreichen. Ein weiteres Ziel könnte es sein, die Zufriedenheit der Spielenden zu verbessern. In jedem Fall ist es wichtig, dass die Ziele möglichst spezifisch, messbar, attraktiv für das Team, realistisch und terminiert – also SMART – formuliert sind. Ich hatte Sie im Vorfeld gebeten, darüber nachzudenken, was aus Ihrer Sicht die wichtigsten drei kurz- und mittelfristigen Ziele des Teams sind. Bitte schreiben Sie nun Ihre Antworten auf diese Frage jeweils auf ein Post-it und hinterlassen Sie dieses im Feld ‚Ziele' unterhalb des Canvas. Achten Sie bitte darauf, Ihre Ziele SMART zu formulieren. Halten Sie also möglichst konkret und in einem Satz fest, was genau bis wann erreicht werden soll. Sie haben hierfür fünf Minuten Zeit." Intro

Während die Teilnehmenden die Ziele formulieren, liest die Trainerin schon einmal die Antworten durch und clustert diese ggf. gleich. Nach Ablauf der Zeit moderiert sie weiter. Durchführung

„Nun haben Sie fünf Minuten Zeit, sich die Antworten der anderen Teilnehmenden durchzulesen. Außerdem ist es Ihre Aufgabe, mithilfe der Bewertungspunkte die drei Ziele auszuwählen, die aus Ihrer Sicht die wichtigsten für das Team sind. Bei ähnlichen Formulierungen entscheiden Sie sich bitte für die beste und konkreteste Formulierung."

Im Anschluss überträgt die Trainerin die Ziele in das entsprechende Feld des Canvas.

„Wir haben nun die wichtigsten kurz- und mittelfristigen Ziele für diese Gruppe festgehalten. Dies soll Ihnen dabei helfen, diese Ziele nicht aus den Augen zu verlieren. Denken Sie immer daran, dass das Ausfüllen des Canvas nicht das Ende ist, sondern der Anfang. Nehmen Sie sich regelmäßig Zeit, gemeinsam darauf zu blicken, um Fortschritte zu reflektieren bzw. Anpassungen vorzunehmen." Abschluss

Deep Dive
Teamgeist und Teamidentität entwickeln

Menschen und Rollen im Team sichtbar machen

Orientierung

Ziele

- Offizielle und inoffizielle Rollen im Team sichtbar machen
- Diskussionsgrundlage für weitere Rollenklärung schaffen

Einsatzmöglichkeiten

- Kick-off-Veranstaltung für ein neues Team
- Onboarding neuer Teammitglieder
- Regelmäßige generelle Team Reviews

Zeit

Insgesamt 20 Minuten

- 5 Minuten Einführung
- 5 Minuten Rollen notieren
- 5 Minuten Ergebnisse sichten und ergänzen
- 5 Minuten Abschlussvortrag

Rahmenbedingungen

- Virtuelles Tool mit Kleingruppenarbeitsräumen
- Virtuelles Whiteboard

Material

- „Team Canvas"-Template auf dem Whiteboard vorbereiten
- Post-its in verschiedenen Farben, eine Farbe je Person
- Time Timer

Ablauf

- Nach der Einführung schreiben die Teilnehmenden im Feld „Rollen" ihre Namen auf ein Post-it und listen dahinter alle ihre Rollen auf.
- Anschließend liest sich jeder die Rollen im Team durch und ergänzt ggf. weitere Rollen, die er zusätzlich bei der Person sieht.

„Wir machen weiter mit dem Feld ‚Menschen und Rollen im Team'. Wenn Sie wieder an das Fußballteam denken, wird schnell deutlich, dass die Festlegung von Rollen und Verantwortlichkeiten im Team von entscheidender Bedeutung für das erfolgreiche Zusammenspiel ist. Erst wenn jeder Spieler weiß, was seine Rolle ist, und die verschiedenen Akteure gut eingespielt sind, hat die Mannschaft gute Chancen, ihre Ziele auch zu erreichen.

Intro

Wir werden jetzt die Rollen in diesem Team in einen Überblick bringen und gemeinsam ansehen, damit jeder seine eigene Position noch etwas besser kennenlernt und auch weiß, welche Rollen die anderen Personen ausfüllen. Bitte schreiben Sie Ihren Namen auf ein Post-it und ergänzen Sie dahinter die Rollen, die Sie in diesem Team innehaben. Sie haben hierfür fünf Minuten Zeit."

Nach dem Ablauf der Zeit bittet die Trainerin darum, die Rollenbeschreibungen aller anderen Teilnehmenden durchzulesen. Falls sie noch eine andere Rolle sehen, die eine Person vergessen hat, darf diese von den anderen Teammitgliedern ergänzt werden. Die Trainerin bittet die Zuhörer, darauf zu achten, ob die Rollen der jeweiligen Personen nun vollständig genannt sind. Fehlende Rollen können von den anderen Teilnehmenden auf einem weiteren Post-it ergänzt werden.

Durchführung

„Wir haben nun eine gute Übersicht über die Rollen innerhalb dieses Teams geschaffen, die die Basis zu weiteren Überlegungen zu diesem Thema sein kann. Sollten Sie in diesem Meeting festgestellt haben, dass zu diesem Thema weiterer Diskussionsbedarf besteht, können Sie ein weiteres Meeting zu diesem Thema planen, in dem Sie die folgenden Fragen miteinander diskutieren können:

Abschluss

- *Welche Rollen fehlen, um das Ziel zu erreichen?*
- *Wie kann sichergestellt werden, dass die fehlende Rolle übernommen wird?*
- *Wo kann es zu Rollenkonflikten kommen, weil es eine Rolle mehrfach gibt?*
- *Wie können die Rollen bestmöglich zusammenspielen?"*

© managerSeminare

Deep Dive
Teamgeist und Teamidentität entwickeln

Persönliche Ziele sichtbar machen

Orientierung

Ziele

- Persönliche Ziele im Team sichtbar machen
- Die Ziele der anderen kennen und sich gegenseitig bei der Zielerreichung unterstützen

Einsatzmöglichkeiten

- Kick-off-Veranstaltung für ein neues Team
- Onboarding neuer Teammitglieder
- Regelmäßige generelle Team Reviews

Zeit

Insgesamt 20 Minuten
- 3 Minuten Einführung
- 10 Minuten persönliche Ziele notieren
- 5 Minuten Ergebnisse sichten und Angebote machen
- 2 Minuten Abschlussvortrag

Rahmenbedingungen

- Virtuelles Tool mit Kleingruppenarbeitsräumen
- Virtuelles Whiteboard

Material

- „Team Canvas"-Template auf dem Whiteboard vorbereiten
- Post-its in verschiedenen Farben, eine Farbe je Person
- Time Timer

Ablauf

- Nach der Einführung erzählen die Teilnehmenden einander in Breakout Sessions ihre persönlichen Ziele.
- Jede Person hält ein persönliches Ziel auf einem Post-it fest und legt dieses auf dem Canvas ab.
- Anschließend lesen sich alle Personen die Ziele der anderen durch und machen im Chat Angebote, um die Person bei der Zielerreichung zu unterstützen.

„Wir machen weiter mit dem nächsten Bereich, die persönlichen Ziele. Genau wie eine Fußballmannschaft gibt es auch in diesem Team verschiedene Einzelakteure, die bestimmte Rollen ausfüllen und diverse Aufgaben erfüllen müssen. Genau wie jeder Fußballspieler Einzelziele hat, wie z.B. die Ausdauer oder die Sprints zu verbessern, sollte auch in diesem Team jede Person ein oder mehrere persönliche Ziele haben."

Intro

„Bitte überlegen Sie nun, welche Ziele das sind. Bitte diskutieren Sie mit einer weiteren Person in einer Breakout Session Ihr persönliches Ziel und halten Sie dieses dann erneut auf einem Post-it fest. Bitte unterstützen Sie sich wiederum dabei, die Ziele möglichst SMART zu formulieren. Sie haben insgesamt 10 Minuten dafür Zeit."

Durchführung

Im Anschluss an den Austausch in den Breakout Sessions bittet die Trainerin die Teilnehmenden darum, alle persönlichen Ziele einmal durchzulesen. Dort, wo Gruppenmitglieder das Gefühl haben, unterstützen zu können, teilen sie dies der entsprechenden Person mithilfe einer Chat-Nachricht mit.

„Sie haben nun alle ein persönliches Ziel formuliert und Angebote erhalten, um diesem Ziel näher zu kommen. Nutzen Sie die Chance. Notieren Sie sich, wenn nötig, die Namen der Teilnehmenden, die sich angeboten haben und gehen Sie in den nächsten Tagen in den Kontakt miteinander."

Abschluss

Deep Dive
Teamgeist und Teamidentität entwickeln

Gemeinsame Werte ermitteln

Orientierung

Ziele

Gemeinsame Werte finden

Einsatzmöglichkeiten

- Kick-off-Veranstaltung für ein neues Team
- Onboarding neuer Teammitglieder
- Regelmäßige generelle Team Reviews

Zeit

Insgesamt 30 Minuten

- 3 Minuten Einführung
- 20 Minuten Geschichten erzählen und Werte identifizieren
- 5 Minuten Ergebnisse sichten und Werte priorisieren
- 2 Minuten Abschlussvortrag

Rahmenbedingungen

- Virtuelles Tool mit Kleingruppenarbeitsräumen
- Virtuelles Whiteboard

Material

- „Team Canvas"-Template auf dem Whiteboard vorbereiten
- Post-its in verschiedenen Farben, eine Farbe je Person
- Werte vorbereiten
- Time Timer

Ablauf

- Nach der Einführung erzählen die Teilnehmenden einander in Breakout Sessions ihre „schönste Teamerfahrung".
- Der Zuhörer achtet dabei darauf, die wichtigsten Werte, die sich in der Geschichte verbergen, zu identifizieren.
- Anschließend werden die Werte in einem separaten Arbeitsfeld abgelegt und nochmals priorisiert.
- Die fünf Kernwerte werden im Canvas abgelegt.

„Kommen wir zu den Werten. Gemeinsame Werte sind ein wesentlicher Faktor für gelingende Beziehungen innerhalb eines Teams. Sie beschreiben, wie wir auf dem Weg zu unseren Zielen miteinander umgehen und zusammenarbeiten wollen. Ein starkes Bewusstsein der gemeinsamen Werte gibt Orientierung, schafft Verlässlichkeit und hilft nicht zuletzt dabei, zu entscheiden, wer in das Team passt und wer nicht." *Intro*

„Bitte überlegen Sie einmal, was bisher Ihre schönste Teamerfahrung gewesen ist. Das kann in diesem oder einem früheren Team gewesen sein. Machen Sie sich hierzu eine kurze Notiz. Ich werde Sie nun erneut in Breakout Sessions senden. Sie haben 20 Minuten Zeit, um einander die Geschichten zu erzählen. Während eine Person ihre Geschichte erzählt, sind die anderen aufgefordert, auf Werte zu achten, die sich in den erzählten Verhaltensweisen wiederfinden. Um Ihnen diese Aufgabe zu erleichtern, habe ich Ihnen einige Werte in Form von Kärtchen auf dem Whiteboard abgelegt. Überlegen Sie nach jeder Geschichte kurz, welcher Wert hier die größte Rolle gespielt hat. Wählen Sie das Kärtchen aus und ziehen Sie es in das Feld ‚Werte' auf dem Canvas. Schreiben Sie jeweils unter den Wert diejenige Verhaltensweise aus der Geschichte, die diesen Wert am deutlichsten beschreibt." *Durchführung*

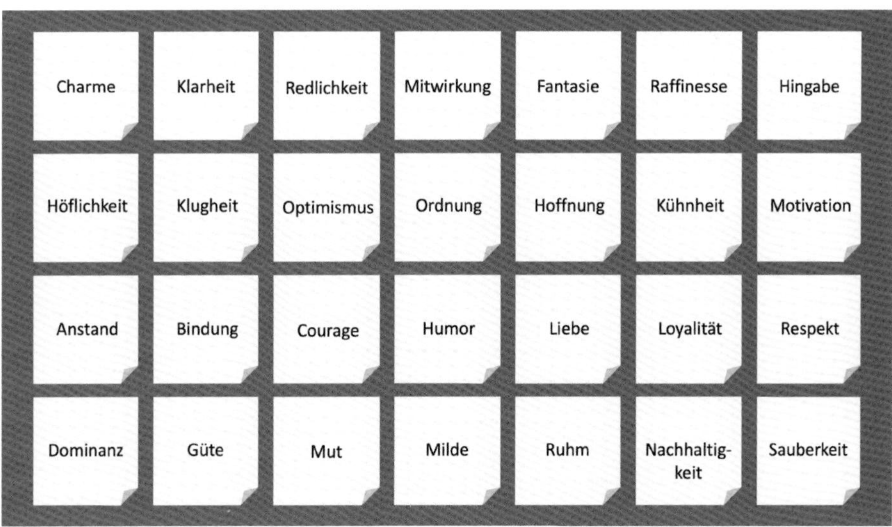

Anschließend erfolgt eine Priorisierung vor dem Hintergrund der Frage: „Welche Werte sind uns in der täglichen Zusammenarbeit besonders wichtig?" Die stärksten fünf Werte werden dann dauerhaft im Canvas abgelegt.

Abschluss

Auch für dieses Thema gilt: Die erste Annäherung auf dem Canvas ist nur der Beginn einer fortwährenden Auseinandersetzung mit diesem Thema. Die Teilnehmenden sollten die Ergebnisse also in regelmäßigen Abständen dazu nutzen, dieses Thema weiter zu diskutieren und sich regelmäßig die Fragen zu stellen:

- Wie stark leben wir unsere vereinbarten Werte bereits?
- An welchem Verhalten ist das im Alltag sichtbar?
- Wo verhalten wir uns auf eine Weise, die dem Wert widerspricht? Wie können wir hier gegensteuern?

Stärken sichtbar machen

Deep Dive Teamgeist und Teamidentität entwickeln

Orientierung

Ziele

- Stärken des Teams sichtbar machen
- Stärken der Teammitglieder sichtbar machen
- Stärkenorientierte Zusammenarbeit fördern

Einsatzmöglichkeiten

- Kick-off-Veranstaltung für ein neues Team
- Onboarding neuer Teammitglieder
- Regelmäßige generelle Team Reviews

Zeit

Insgesamt 15 Minuten

- 3 Minuten Einführung
- 3 Minuten eigene Stärken auflisten
- 3 Minuten Stärken des Teams auflisten
- 3 Minuten priorisieren
- 3 Minuten Abschlussvortrag

Rahmenbedingungen

- Virtuelles Tool mit Kleingruppenarbeitsräumen
- Virtuelles Whiteboard

Material

- „Team Canvas"-Template auf dem Whiteboard vorbereiten
- Post-its in verschiedenen Farben, eine Farbe je Person
- Time Timer

Ablauf

- Nach der Einführung schreiben die Teilnehmenden ihre größte Stärke auf ein Post-it und legen dieses im Canvas ab.
- Anschließend listen die Teilnehmenden die wesentlichen Stärken des Teams auf und priorisieren diese.
- Die Top-5-Teamstärken werden im Canvas abgelegt.
- Alle Teilnehmenden lesen sich das Ergebnis nochmals durch.

© managerSeminare

Intro *„Im nächsten Schritt wollen wir auf Ihre Stärken sehen. Studien des Forschungsinstitutes Gallup zeigen, dass Teams, die sich auf ihre Stärken fokussieren, eine höhere Produktivität und Rentabilität haben als solche, die dies nicht tun. Menschen, die sich ihrer Stärken bewusst sind, und diese gezielt einsetzen, gehen lieber zur Arbeit, haben ein besseres Verhältnis zu ihren Kollegen sind kreativer und innovativer."*

Durchführung *„Bitte denken Sie zunächst noch einmal zurück an Ihre Rolle im Team und beantworten Sie aus diesem Blickwinkel heraus die Frage: ‚Was ist Ihre größte Stärke in Bezug auf die Ziele dieses Teams?' Bitte schreiben Sie diese, gemeinsam mit Ihrem Namen auf ein Post-it und legen sie im Feld ‚Stärken' ab. Sie haben hierfür zwei Minuten Zeit."*

Im Anschluss sollen sich die Teilnehmenden nun weitere drei Minuten Zeit nehmen, um sich die Antworten der anderen Teammitglieder durchzulesen. In dem Zusammenhang stellt die Trainerin eine weitere Frage: „Worin würden Sie sagen, sind Sie als Team richtig gut? Bitte halten Sie die aus Ihrer Sicht jeweils drei wichtigsten Stärken dieses Teams auf separaten Post-its fest. Sie haben hierfür drei Minuten Zeit. Legen Sie die Post-its zunächst auf dem Feld neben dem Canvas ab, damit wir sie später verdichten können."

Im letzten Schritt wird wie gewohnt priorisiert. Alle greifen sich wieder je drei Bewertungspunkte und wählen die drei Stärken aus, die aus ihrer Sicht die wesentlichen Stärken des Teams sind. Im Anschluss überträgt die Trainerin die wichtigsten 3-5 Stärken in das Canvas.

Abschluss *„Geschafft, Sie haben nun Ihre wesentlichen Stärken in einen Überblick gebracht. Lesen Sie sich nun nochmals die Stärken des Teams sowie diejenigen aller Teammitglieder durch. Während Sie sich die Stärken Ihrer Kollegen durchlesen, fragen Sie sich ruhig, wann Sie diese Stärke zuletzt im Alltag gesehen haben. Wenn Ihnen eine konkrete Situation einfällt, halten Sie diese in einer kurzen persönlichen Notiz fest. Nutzen Sie die Notiz im Nachgang z.B. dazu, sich gegenseitig stärkenbasiertes Feedback zu geben oder einfach nur ein kleines Kompliment zu machen. Achten Sie dazu im Alltag bewusst darauf, wann Ihnen eine der hier beschriebenen Stärken bei Ihrem Kollegen auffällt."*

Hinweise

- Um in das Thema Stärken noch tiefer einzusteigen, empfehle ich meinen Kunden gern, das CliftonStrengths Assessment durchzuführen und einen separaten Teamworkshop hierzu zu veranstalten. Mehr zum Beispiel hier: https://www.gallup.com/cliftonstrengths/de/253688/CliftonStrengths-Funktionsweise.aspx

© managerSeminare

Deep Dive
Teamgeist und
Teamidentität
entwickeln

Bedürfnisse und Erwartungen identifizieren

Orientierung

Ziele

Bedürfnisse und Erwartungen der einzelnen Teammitglieder sichtbar machen

Einsatzmöglichkeiten

- Kick-off-Veranstaltung für ein neues Team
- Onboarding neuer Teammitglieder
- Regelmäßige generelle Team Reviews

Zeit

Insgesamt 20 Minuten
- 2 Minuten Einführung
- 15 Minuten Pflegeanleitung erstellen
- 3 Minuten Abschlussvortrag

Rahmenbedingungen

- Virtuelles Tool mit Kleingruppenarbeitsräumen
- Virtuelles Whiteboard

Material

- „Team Canvas"-Template auf dem Whiteboard vorbereiten
- Post-its in verschiedenen Farben, eine Farbe je teilnehmende Person
- Time Timer

Ablauf

- Nach der Einführung werden die Teilnehmenden in Zweiergruppen in Breakout Sessions entsendet.
- In Zweier-Kleingruppen interviewen sie sich gegenseitig und erstellen je eine kurze Pflegeanleitung füreinander.
- Die Pflegeanleitungen werden im Canvas abgelegt.
- Alle Teilnehmenden lesen sich das Ergebnis nochmals durch.

„Im nächsten Feld geht es darum, festzuhalten, was jeder Einzelne im Team braucht, um seine Stärken voll einsetzen zu können. Hier geht es um Ihre ganz persönlichen Bedürfnisse und Erwartungen an die Zusammenarbeit im Team."

Intro

Die Teilnehmenden werden wieder in Kleingruppen entsendet. Dort haben sie die Aufgabe, eine Art Pflegeanleitung für die jeweils andere Person zu verfassen. Es geht darum, die Essenz dessen festzuhalten, was die andere Person braucht, um das Beste für das Team zu geben. Die Teilnehmenden werden aufgefordert, den anderen zu den folgenden drei Fragen zu interviewen:

Durchführung

1. Unter welchen Bedingungen können Sie Ihre beste Leistung zeigen?
2. Was sollten wir im Team besser nicht tun, um Sie nicht zu verärgern?
3. Welche Unterstützung wünschen Sie sich vom Team?

Hierbei sollten alle daran denken, ihre Antworten kurz, knapp und eindeutig zu formulieren. Die Ergebnisse werden zunächst auf den vorbereiteten Pflegeanleitungen und später dann im Canvas festgehalten und allen zugänglich gemacht. Für diese Aufgabe haben alle nun 15 Minuten Zeit.

Nach Ablauf der 15 Minuten holt die Trainerin die Teilnehmenden wieder zurück in den Raum und bittet alle Anwesenden, ihre Ergebnisse im Canvas zu hinterlassen.

Abschluss

„Sie haben nun noch einmal drei Minuten lang Zeit, sich die Pflegeanleitungen aller anderen Personen durchzulesen. Dann machen wir mit der nächsten Aufgabe weiter. Sollten Sie hier Fragen haben oder sollte etwas unklar sein, machen Sie sich gern eine kurze Notiz dazu und sprechen Sie Ihren Kollegen im Nachgang an.

Wenn Sie dieses Thema weiter vertiefen wollen, beginnen Sie doch Ihren nächsten Workshop damit, sich gegenseitig die Pflegeanleitungen nochmals etwas ausführlicher vorzustellen."

Entwicklungsfelder identifizieren und WKWs formulieren

Deep Dive Teamgeist und Teamidentität entwickeln

Orientierung

Ziele

Herausforderungen identifizieren, priorisieren und in lösungsorientierte Fragen umformulieren

Einsatzmöglichkeiten

- Kick-off-Veranstaltung für ein neues Team
- Onboarding neuer Teammitglieder
- Regelmäßige generelle Team Reviews

Zeit

Insgesamt 15 Minuten

- 2 Minuten Einführung
- 5 Minuten Entwicklungsfelder identifizieren
- 5 Minuten priorisieren
- 3 Minuten Herausforderung in WKW-Frage umformulieren

Rahmenbedingungen

- Virtuelles Tool mit Kleingruppenarbeitsräumen
- Virtuelles Whiteboard

Material

- „Team Canvas"-Template auf dem Whiteboard vorbereiten
- Post-its in verschiedenen Farben
- Time Timer

Ablauf

- Nach der Einführung listen die Teilnehmenden die größten Herausforderungen des Teams auf.
- Anschließend erfolgt eine Priorisierung der größten drei Herausforderungen.
- Die Herausforderungen werden in lösungsorientierte WKW-Fragen („Wie können wir ...?") umformuliert.

© managerSeminare

Intro *„Hochleistungsteams sind deswegen so erfolgreich, weil sie sich stetig weiterentwickeln und in regelmäßigen Abständen ihre Ausrichtung überprüfen und ihre Strategie ggf. anpassen. Im Bereich Entwicklungsfelder und WKWs werden wir auf die Dinge sehen, die Ihnen zur erfolgreichen Zielerreichung noch im Weg stehen, damit wir im darauffolgenden Schritt erste Lösungsansätze erarbeiten können."*

Durchführung Die Aufgabe besteht in der Beantwortung der Frage: „Was hält Sie als Team von der Erreichung Ihrer Ziele ab?" Die Teilnehmenden sollen ihre Gedanken zu dieser Frage zunächst unterhalb des Canvas eintragen. Dafür bekommen sie fünf Minuten Zeit.

Im nächsten Schritt werden sie gebeten, die Herausforderungen zu priorisieren. Hierzu lesen sie sich alle Antworten durch, nehmen sich jeweils drei Bewertungspunkte und wählen die drei Antworten aus, die sie in Bezug auf die Ziele, die alle gemeinsam erreichen wollen, am kritischsten bewerten.

Die Trainerin wählt nun die drei am meisten bewerteten Antworten aus und formuliert diese in Abstimmung mit den Teilnehmenden zu einer WKW-Frage um. WKW steht dabei für die einleitenden Worte: *„Wie können wir …?"* Ziel ist es, eine Schwäche oder ein Problem in eine lösungsorientierte offene Frage umzuformulieren.

Hiernach platziert sie die drei größten Herausforderungen in Verbindung mit der WKW-Frage in das entsprechende Feld im Team Canvas.

Aktionsschritte formulieren

Deep Dive
Teamgeist und Teamidentität entwickeln

Orientierung

Ziele

Maßnahmen und konkrete Umsetzungsschritte formulieren

Einsatzmöglichkeiten

- Kick-off-Veranstaltung für ein neues Team
- Onboarding neuer Teammitglieder
- Regelmäßige generelle Team Reviews

Zeit

Insgesamt 40 Minuten

- 1-2 Minuten Einführung
- 5 Minuten Brainstorming Lösungsideen
- 4 Minuten priorisieren
- 15 Minuten Lösungsschritte in einer Kleingruppenarbeit entwickeln
- 10 Minuten Übertragen in das Canvas und kurze Vorstellung
- 5 Minuten Abschlussvortrag

Rahmenbedingungen

- Virtuelles Tool mit Kleingruppenarbeitsräumen
- Virtuelles Whiteboard

Material

- „Team Canvas"-Template auf dem Whiteboard vorbereiten
- Post-its in verschiedenen Farben, eine Farbe je teilnehmende Person
- Time Timer

Ablauf

- Nach der Einführung werden die Teilnehmenden in drei Kleingruppen eingeteilt.
- Jede Kleingruppe erhält eine WKW-Frage („Wie können wir …?").
- Es erfolgt ein stilles Brainstorming im Hauptraum, bei dem jede Kleingruppe in ihrem Arbeitsbereich Lösungsideen für die zugeteilte WKW-Frage entwickelt.

- Jede Gruppe priorisiert ihre Lösungsideen mit Bewertungspunkten und wählt eine Idee aus.
- Die Gruppen werden in Breakout-Räume entsendet, um drei konkrete Lösungsschritte zu erarbeiten.
- Zurück im Hauptraum werden die Maßnahmen in das Canvas übertragen und kurz vorgestellt.

Intro

„Nun kommen wir zum letzten und wichtigsten Schritt unseres Workshops. Wir wenden uns dem letzten Feld des Canvas zu. Hier geht es darum, die richtigen Schlussfolgerungen aus unseren vorangegangenen Schritten zu ziehen und erste Schritte zu definieren."

Durchführung

„Zuletzt wollen wir zu den zuvor aufgeworfenen Fragen konkrete Maßnahmen erarbeiten. Ich werde Sie hierzu wieder in drei Kleingruppen einteilen. Jede Kleingruppe erhält eine Herausforderung und die dazugehörigen WKW-Fragen. Legen Sie bitte als Erstes Ihre WKW-Frage in Ihrem Arbeitsbereich ab."

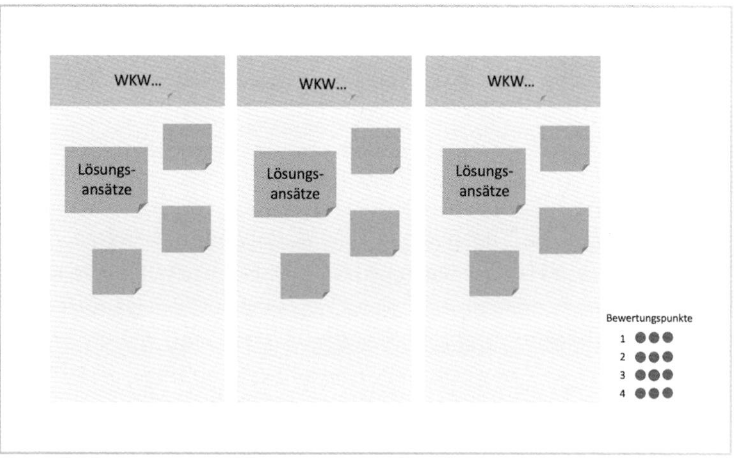

Im ersten Schritt geht es darum, möglichst viele Ideen für Lösungsmöglichkeiten zu finden. Dazu machen alle Gruppen gleichzeitig ein stilles Brainstorming innerhalb ihres Arbeitsbereichs. Dafür haben jetzt alle fünf Minuten Zeit.

Im zweiten Schritt werden die Teilnehmenden gebeten, ihre Lösungen wiederum zu priorisieren. Hierzu erhält jeder Teilnehmende drei Bewertungspunkte und wählt die Lösungen aus, die aus individueller Sicht den höchsten Nutzen bei gleichzeitig geringem Aufwand haben. Alle Kleingruppen haben hierfür vier Minuten Zeit.

Nun fordert die Trainerin die Kleingruppen auf, sich zu entscheiden, mit welcher Maßnahme sie beginnen wollen. Sie bittet die Teilnehmenden, dafür gemeinsam diejenige unter den am höchsten bewerteten Maßnahmen auszuwählen, die aus ihrer Sicht den höchsten Nutzen bei geringem Aufwand hat.

Schließlich überlegen sich alle Kleingruppen drei konkrete Aktionsschritte, die zur Umsetzung dieser Lösungsmaßnahme nötig sind. Dabei soll jede Gruppe darauf achten, dass diese Schritte innerhalb eines Zeitraumes von maximal zwei Wochen machbar sind. Es soll aus der Formulierung bereits hervorgehen, wer was bis wann macht. Für diese Aufgabe haben die Gruppen insgesamt 15 Minuten Zeit.

Nach dem Ablauf der Zeit kehren alle Teilnehmenden zurück in den Hauptraum der Konferenz. Die Trainerin bittet die Gruppen, ihre Ergebnisse in das Canvas zu übertragen. Genauer in das Feld „Action Steps“. Im Anschluss bittet die Trainerin die einzelnen Gruppen, ihre Maßnahmen kurz zu erläutern.

Abschlussvortrag

„Glückwunsch, Sie haben jetzt binnen kurzer Zeit alle wichtigen Aspekte erfolgreicher Teamarbeit in den Überblick gebracht und sich erste Schritte überlegt, die Sie gehen können, um noch erfolgreicher zusammenzuarbeiten. In den kommenden Wochen gilt es nun, diese Schritte auch konsequent umzusetzen. Selbstverständlich ist Ihr Canvas kein statisches Konstrukt. Vielmehr möchte ich Ihnen ans Herz legen, das Canvas regelmäßig zur Grundlage einer gemeinsamen Reflexion zu machen. Blicken Sie hierzu in einem gesonderten Setting auf das Canvas und fragen Sie sich, ob alles noch so passt, wie es dort beschrieben ist beziehungsweise welche Änderungen es braucht. Nutzen Sie das Framework, um regelmäßig neue Ideen zur Weiterentwicklung dieses Teams zu erarbeiten und gemeinsam umzusetzen.“

Hinweise

- Das Canvas ist der Anfang einer Reflexionsreise, nicht das Ende. Es deckt viele wichtige Bereiche der Teamarbeit ab, die, jeder für sich, sehr komplex sind.
- Bei der gemeinsamen Erstellung sollte immer schon darauf geachtet werden, wo es sich lohnt, hinterher gezielt weiterzuarbeiten.
- Um die knappen Zeiten einhalten zu können, ist es wichtig, so wenig wie nötig in die Diskussion zu gehen. Es empfiehlt sich daher, die Teilnehmenden immer wieder daran zu erinnern, die Antworten auf den Post-its möglichst verständlich und konkret zu formulieren, sodass jeder im Team sie auch ohne Erklärung verstehen kann.
- In manchen Teams sind bestimmte Vorarbeiten schon im Voraus geschehen, es wurden z.B. schon Werte oder eine gemeinsame Vision entwickelt. In diesem Fall ist es sinnvoll, mit dem zu arbeiten, was schon da ist – und dann darauf aufzubauen. In jedem Fall sollten Sie als Trainerin vorher danach fragen.

Die Teamvision für das perfekte virtuelle Team

Deep Dive Teamgeist und Teamidentität entwickeln

Orientierung

Ziele

Eine gemeinsame Vision von einer erwünschten Zukunft des virtuellen Teams bilden

Zeit

Insgesamt 60 Minuten

- 5 Minuten Einleitung der Zukunftsreise und Erläuterungen der Fragestellungen
- 5 Minuten kurze erste Notizen zu den Fragestellungen, jeder für sich
- 25 Minuten Erarbeitung der Erfolgsgeschichte in Kleingruppenarbeitsräumen
- 20 Minuten Interview und Auswertung in der Gruppe
- 5 Minuten Puffer

Rahmenbedingungen

- Virtuelles Tool mit Kleingruppenarbeitsräumen
- Virtuelles Whiteboard

Material

- Folie mit den Fragen auf dem Whiteboard vorbereiten
- Arbeitsflächen für die Gruppen vorbereiten
- Time Timer

Ablauf

- Die Trainerin bittet die Teilnehmenden, sich gedanklich in die Zukunft zu beamen.
- Vorstellen der Fragen zur Erfolgsstory des Teams.
- Die Teilnehmenden machen sich Notizen.
- Start der Breakout Sessions.
- Die Kleingruppen beantworten die Fragen und kreieren eine Zukunftsvision.
- Im Plenum interviewt die Trainerin die Kleingruppen und fügt die diversen Erfolgsgeschichten zu einer zusammen.

© managerSeminare

Erläuterung Diese Übung stammt aus der klassischen Teamentwicklung. Ich möchte sie hier nicht unerwähnt lassen, da in meinen Seminaren immer wieder Führungskräfte fragen, was sie tun können, um ihr neu zusammengestelltes virtuelles Team für die Zukunft auszurichten. All jenen Führungskräften empfehle ich die im Folgenden beschriebene Übung. Je nach Zusammenstellung der Gruppe eignet sich die Übung auch als Transferaufgabe, um sie im eigenen Team oder als Führungskraft für sich allein einmal durchzuführen.

Intro *„Ich möchte Sie nun bitten, mit mir gemeinsam einmal gedanklich in die Zukunft zu reisen. Stellen Sie sich vor, wir schreiben das Jahr 20xx. All Ihre Wünsche für die virtuelle Zusammenarbeit sind in Erfüllung gegangen. Ihre Teammitglieder sind mit Spaß und Effizienz bei der Arbeit, die Prozesse laufen perfekt. In einer vernetzten Welt spricht sich das schnell herum, z.B. auch deswegen, weil Ihre Mitarbeitenden regelmäßig auf Social-Media-Kanälen posten, wie stolz sie sind, Teil dieses herausragenden Teams zu sein. Eines Tages landet eine E-Mail in Ihrem Postfach. Ein Redakteur des Weiterbildungsmagazins managerSeminare möchte Sie interviewen und einen Artikel über Ihr Team veröffentlichen. Damit Sie sich optimal auf das Interview vorbereiten können, sendet er Ihnen vorab die Fragen zu. Sie setzen sich im Team zusammen und beraten darüber, was Sie darauf antworten werden."*

Schreiben Sie die Erfolgsstory Ihres Teams

1. Was sind Ihre wichtigsten Erfolge?
2. Wie hat das Team das erreicht? Welche Maßnahmen, Prozesse, Entscheidungen haben Ihren Weg beeinflusst?
3. Welche Hindernisse und Stolpersteine haben Sie überwunden und wie?
4. Was ist das Erfolgsgeheimnis Ihres Teams?

Die Fragen lauten wie folgt:

1. Wenn Sie auf das vergangene Jahr zurückblicken, was sind Ihre größten Erfolge?
2. Wie hat Ihr Team das erreicht? Werden Sie hier gern so konkret wie möglich und beschreiben Sie, welche Maßnahmen, Entscheidungen und Prozesse Ihren Weg beeinflusst haben.
3. Viele Teams stellt die virtuelle Zusammenarbeit vor große Herausforderungen. Was waren Ihre größten Hürden und wie haben Sie diese überwunden?
4. In einem Satz: Was würden Sie sagen, ist das Erfolgsgeheimnis Ihres Teams?

Schritt 1

Durchführung

Die Gruppe wird gebeten, sich in Stille ihre eigenen Gedanken zu den Fragestellungen zu machen. Alle sollen daran denken, diese Frage von der Zukunft her zu beantworten. Alle werden aufgefordert, sich zu jeder Frage ein paar kurze Stichpunkte zu notieren. Dafür haben sie fünf Minuten Zeit.

Schritt 2

Im darauffolgenden Schritt wird die Gruppe in eine Breakout Session gesendet, in der sich alle in Kleingruppen über ihre Antworten austauschen können. Zusammen sollen sie das Interview vorbereiten, indem sie ihre möglichst konkreten Antworten auf Post-its festhalten. Für diesen Schritt haben alle 25 Minuten Zeit. Im Anschluss werden alle zu den einzelnen Punkten im Plenum durch die Trainerin interviewt.

Auswertung

Je nach Setting kann die Auswertung unterschiedlich ablaufen. Wenn Sie diese Übung klassisch in der Teamentwicklung durchführen, gibt es in der Regel zwei Gruppen, die in ihren Breakout Sessions die Übung durchgeführt haben. Begeben Sie sich dann in die Rolle der Reporterin, stellen Sie die erste Frage an eine der beiden Gruppen und bitten dann die andere Gruppe, weitere Aspekte zu dieser Frage zu ergänzen. Anschließend gehen Sie zur zweiten Frage über und verfahren hier auf die gleiche Weise. Sollten die Antworten noch sehr unkonkret sein, stelle Sie weitere Konkretisierungsfragen.

Beim Einsatz im Seminar „Führen auf Distanz" geben Sie diese Aufgabe den Führungskräften als Transferaufgabe zur eigenständigen Durchführung mit. In diesem Fall bitten Sie die Teilnehmenden, im Anschluss an die Erfolgsstory gemeinsam mit einem Kollegen zu reflektieren und sich zu überlegen, in welchem Setting die Durchführung der Aufgabe gemeinsam mit dem eigenen Team sinnvoll ist.

Hinweise

- Je nach Gruppengröße empfiehlt es sich, das Team in Kleingruppen zu unterteilen und gleichzeitig an der Frage arbeiten zu lassen.
- Die Kleingruppen sollten dabei nicht mehr als vier Personen umfassen.

Quelle

- Heckner, K. & Keller, E. (2019): Teamtrainings erfolgreich leiten. Fahrplan für ein dreitägiges Seminar zur Teamentwicklung und Teamführung. managerSeminare, 6. Aufl.

Kooperation fördern in virtuellen Teams – auf die Formulierung kommt es an

Deep Dive Isolation überwinden und Vernetzung fördern

Orientierung

Ziele

- Reflexion des Problems mit der Isolation in virtuellen Teams
- Sensibilisierung für eine Sprache, die den Kooperationsgedanken statt Wettbewerb im Team fördert

Zeit

Insgesamt 35 Minuten

- 5 Minuten Intro
- 5 Minuten Abfrage im Chat und Vorlesen der Antworten
- 5 Minuten wettbewerbsfördernde Formulierungen finden
- 5 Minuten Lösungen erarbeiten
- 10 Minuten Lösungen vorstellen
- 5 Minuten Abschlussvortrag

Rahmenbedingungen

- Virtuelles Tool
- Virtuelles Whiteboard
- Time Timer

Material

Template mit wettbewerbsorientierten Formulierungen auf dem Whiteboard ablegen

Ablauf

- Einstieg in das Thema.
- Die Problemstellung wird anhand der Geschichte „Name of the Game" verdeutlicht.
- Im Chat werden Meinungen über Auswirkungen der verschiedenen Namen des Spiels auf das Verhalten der Teilnehmenden abgefragt.
- Sammeln eigener Beispiele für wettbewerbsfördernde Formulierungen.

© managerSeminare

- Die Teilnehmenden erarbeiten alternative Formulierungen, die die Kooperation fördern.
- Auswertung der Ergebnisse.
- Abschlussvortrag der Trainerin.

Erläuterung

Virtuelle Teams leiden häufig unter dem Problem der Isolation. Dadurch, dass die einzelnen Teammitglieder isoliert voneinander arbeiten, kann es leicht passieren, dass jeder im Team nur noch in seinem eigenen Interesse denkt und das große Ganze aus dem Blickfeld gerät. Infolgedessen kommt es häufig zu Interessenkonflikten und Ineffizienzen in der Zusammenarbeit. Um die Kooperation innerhalb des Teams zu fördern, ist die Art und Weise, wie die Führungskraft kommuniziert, von erheblicher Bedeutung.

Eine Geschichte

Durchführung

„Ein interessantes Beispiel zum Problem der Isolation in virtuellen Teams liefert ein Experiment des Sozialpsychologen Lee Ross von der Stanford University.

In diesem Experiment, welches auch unter dem Namen ‚Name of the Game' bekannt ist, wurden die Teilnehmenden in zwei gleich zusammengesetzte Gruppen aufgeteilt. Jede der beiden Gruppen wurde aufgefordert, das gleiche Spiel zu spielen.

Gruppe 1 wurde erzählt, dass es sich hierbei um ein ‚Community Game', ein auf Gemeinnutz ausgelegtes Spiel handelt.

Gruppe 2 erhielt die Information, dass es sich um das ‚Wall Street Game' handelt, ein Spiel, in dem Egoismus belohnt würde.

Beide Gruppen spielen also das gleiche Spiel, nur mit verschiedenen Namen. Was glauben Sie, welche Auswirkungen diese unterschiedliche Benennung des Spieles auf das Verhalten des Teams hat? Bitte stellen Sie Ihre Antworten auf diese Frage in den Chat."

Die Trainerin wartet kurz, bis die ersten Antworten eingehen und liest einige davon vor.

„Es war so ähnlich, wie Sie es schon vermuten. Die unterschiedliche Art und Weise der Einführung des Spiels hatte große Auswirkungen auf das Verhalten der Spielenden.

Im ‚Community Game' verhielten sich 70 Prozent aller Teilnehmenden kooperativ. Im ‚Wall Street Game' hingegen arbeiteten siebzig Prozent aller Spieler nicht zusammen, sondern stellten vor allem ihr persönliches Interesse in den Vordergrund.

Allein die Definition des Spiels beeinflusste somit einen erheblichen Teil der Versuchspersonen.

Sogar Spieler, die zunächst egoistisch wirkten, ließen sich in der kollegialen Spielvariante zu kooperativem Verhalten bewegen.

Wer auf interne Konkurrenz setzt, verschenkt also siebzig Prozent des Potenzials, das durch Kooperation entstehen kann. Ergo: Das Wir-Gefühl zu entwickeln und auch zu feiern (!), zählt mehr als das Heroisieren von Einzelerfolgen.

Übertragen auf die Arbeitswelt bedeutet das, dass die Frage, ob sich Ihre Teammitglieder kooperativ verhalten oder nicht, erheblich von äußeren Faktoren, wie beispielsweise der Firmenkultur, abhängig ist. Besonders wichtig ist außerdem, wie Sie als Führungskraft kommunizieren. Auch hier ist es wieder so, dass diese Problematik durch die Zusammenarbeit auf Distanz verschärft wird. Wenn Menschen sich selten zu sehen und zu hören bekommen, kommen sie weniger wahrscheinlich auf die Idee, als Gesamtgruppe oder im Sinne des Unternehmens zu denken, als wenn sie täglich gemeinsam im Büro zusammensitzen."

Reflexion

„Schauen wir uns jetzt die Kommunikation bei Ihnen im Unternehmen an. Fallen Ihnen spontan Situationen oder Formulierungen ein, die Sie bei sich im Unternehmen häufiger hören oder sogar selbst benutzen, die bei genauerer Betrachtung eher zu einem Konkurrenzdenken einladen? Denken Sie über diese Frage nach und halten Sie entsprechende Formulierungen auf einem roten Post-it in der ersten Spalte der Tabelle fest."

Die Trainerin wartet erneut die Antworten ab und liest diese vor und ergänzt sie ggf. um eigene Beispiele. Alles wird in der linken, roten Spalte eingetragen.

© managerSeminare

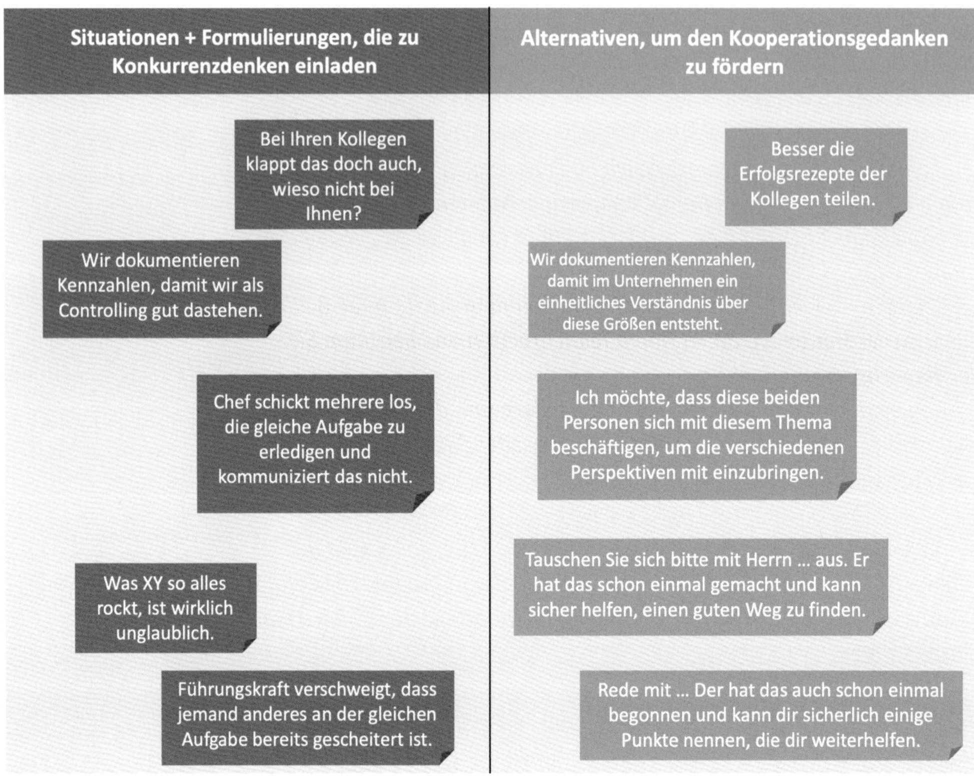

Nun werden die Teilnehmenden ermuntert, die Sätze der linken Spalte so umzuformulieren, dass sie stärker auf den Kooperationsgedanken abzielen. Die diesbezüglichen Gedanken der Teilnehmenden werden auf grünen Kärtchen in der zweiten Spalte festgehalten.

Abschlussvortrag

„Eine gewisse Konkurrenz unter Mitarbeitenden ist nicht grundsätzlich schlecht. Manche Menschen haben ein starkes Wettbewerbsmotiv und fühlen sich durch den Vergleich mit anderen motiviert. Viele Menschen brauchen eine Gewissheit darüber, ob und wie die eigene Leistung zum Gesamtergebnis beiträgt. Als Führungskraft haben Sie die Aufgabe, eine Atmosphäre zu schaffen, in der die einzelnen Menschen wichtig sind, in der es jedoch nicht darum geht, dass das Verhalten einzelner Personen deutlich hervorgehoben und bevorzugt wird. Vielmehr ist das Ziel, als ganzes Team und Unternehmen erfolgreich zu sein. Dafür ist es wichtig, sowohl die einzelnen Menschen und ihre Bedürfnisse als auch den Erfolg des Teams im Auge zu haben.

Wichtige Punkte hierbei sind:

- *Kommunizieren Sie regelmäßig die übergeordneten Unternehmens-, Team- und Führungsziele. An diesen können sich die Teammitglieder gemeinsam orientieren und der Teamgedanke rückt in den Fokus.*
- *Stellen Sie immer wieder das Miteinander im Team in den Mittelpunkt und kommunizieren Sie, dass Sie an den gemeinsamen Erfolg glauben.*
- *Interessieren Sie sich in diesem Zusammenhang auch für die Bedürfnisse der Menschen, die in Ihrem Team arbeiten und beachten Sie diese, wo möglich.*
- *Gehen Sie offen und konstruktiv mit Fehlern um, damit alle von den Erfahrungen profitieren, anstatt immer wieder die gleichen Fehler zu machen.*
- *Sorgen Sie für ein Klima, in dem der Grundsatz ‚Sharing is Caring' eingehalten wird. In dem also Wissen proaktiv geteilt, statt gehortet wird."*

Deep Dive
Kommunikation
(neu) organisieren

Die E-Mail-Empathie

Orientierung

Ziele

- Sensibilisieren für die Eigendynamik von E-Mails
- Reflexion der eigenen Nutzung des Mediums
- Die eigene Kommunikation in E-Mails verbessern

Zeit

Insgesamt 35 Minuten

- 5 Minuten Intro und Aufgabenstellung erklären
- 20 Minuten Kleingruppenarbeit
- 10 Minuten Reflexion der Ergebnisse im Plenum

Rahmenbedingungen

Virtuelles Tool mit Kleingruppenarbeitsräumen

Material

- Folie mit Arbeitsauftrag auf dem Whiteboard ablegen
- Tabelle für das Umformulieren der eigenen Beispiele auf dem Whiteboard ablegen

Ablauf

- Nach einer Einführung in das Thema erklärt die Trainerin die Übung E-Mail-Empathie.
- Schritt 1: Die Teilnehmenden finden eine E-Mail, der es an Überzeugungskraft und Empathie mangelt.
- Schritt 2: In Zweiergruppen reflektieren die Teilnehmenden den Inhalt der Mail.
- Schritt 3: Die Teilnehmenden dokumentieren den Inhalt auf dem Whiteboard und finden eine bessere Formulierung.
- Zurück im Meeting-Raum, werden 2-3 Beispiele besprochen und ggf. noch gemeinsam angepasst.

Erläuterung

Ein wichtiger Faktor bei der Nutzung virtueller Medien ist es, sich der Eigendynamik digitaler Medien bewusst zu sein. Im Kern bedeutet das, sich gut zu überlegen, für welche Art der Kommunikation welches Medium gut geeignet ist und dieses angemessen zu nutzen.

Es werden die synchrone Kommunikation und die asynchrone Kommunikation unterschieden. Synchron bedeutet, wie es der Name schon vermuten lässt, dass alle gleichzeitig anwesend sind, wie das etwa bei einer Videokonferenz der Fall ist. Bei asynchroner Kommunikation kann jeder zu seiner Zeit auf das Medium zugreifen. Das ist z.B. bei einer E-Mail-Kommunikation oder auch einem Erklärvideo der Fall.

Grundsätzlich lohnt es sich, die Frage zu stellen, welches Medium für welche Art der Kommunikation im Team eingesetzt werden soll, um die Kommunikation möglichst zielführend zu gestalten. Wenn z.B. Teammitglieder das Gefühl der Überforderung haben, weil sie von einer Videokonferenz in die nächste springen, kann es sich lohnen, zu überlegen, für welche Inhalte wirklich die gleichzeitige Anwesenheit aller Teilnehmenden nötig ist und welche sich genauso gut auf asynchronem Wege übermitteln lassen.

Ist das richtige Medium gefunden, gilt es, dieses angemessen zu nutzen.

In dieser Übung sehen wir uns das exemplarisch am Beispiel der E-Mail an. Die E-Mail ist eines der am häufigsten genutzten Medien in der virtuellen Zusammenarbeit.

„Hand hoch, wer von Ihnen hat sich schon einmal sehr über eine E-Mail geärgert?“ *Intro*

Die Trainerin bittet alle Personen, die die Hand gehoben haben, kurz den Grund für den Ärger in den Chat zu schreiben. Sie liest die Antworten kurz vor und geht ggf. auf den Klassiker ein: fehlende Begrüßungs- oder Abschiedsformeln.

„Diskussionen über fehlende Begrüßungs- oder Abschiedsformeln sind ein Klassiker in virtuellen Teams, ein Punkt, an dem sich die Geister scheiden. Während die einen denken, dass sei doch gar nicht nötig, finden die anderen, dass ein Minimum an Respekt und gegenseitiger Wertschätzung schon gegeben sein sollte.

Wie dieses Beispiel zeigt, geschieht die Nutzung des Mediums oft sehr unreflektiert, wodurch leicht vermeidbare Probleme entstehen können. Wie diese Probleme vermieden werden können, sollen Sie in der Übung zur E-Mail-Empathie gemeinsam reflektieren.“

© managerSeminare

Durchführung

„Für die Durchführung dieser Aufgabe werde ich Sie mit einer weiteren Person in einen Kleingruppenarbeitsraum senden. Dort bitte ich Sie, die folgende Aufgabe zu bearbeiten."

Die Trainerin erklärt nun die einzelnen Schritte, die sie zur besseren Nachvollziehbarkeit auch auf dem Whiteboard vorbereitet hat.

Schritt 1: Eine negative E-Mail finden

Werfen Sie einen Blick in Ihre Mail-Postfächer und finden Sie eine E-Mail, der es an Empathie und Überzeugungskraft mangelt. Kopieren Sie die Nachricht in ein separates Dokument und löschen Sie Namen und ggf. andere persönliche Daten, die auf die absendende Person schließen lassen, damit sichergestellt wird, dass niemand verletzt oder bloßgestellt wird.

Schritt 2: Diskussion

Tauschen Sie die Texte der Nachrichten miteinander aus. Diskutieren Sie miteinander die Fragen:

- Was war Ihre erste Reaktion auf diese E-Mail?
- Worin besteht Ihrer Ansicht nach der Mangel an Empathie?

Schritt 3: Wie geht es besser?

Versetzen Sie sich nun in die Lage der absendenden Person und diskutieren Sie die Fragen:

- Was wollte die Person mit der Nachricht wohl erreichen?
- Welche Formulierung hätte Ihnen als empfangende Person geholfen, zu verstehen, warum das wichtig ist?
- Was hätte Ihnen geholfen, diesem Wunsch nachzukommen, ohne sich über die Nachricht zu ärgern?

Schritt 4: Formulieren Sie die Nachricht um

Halten Sie eines Ihrer Beispiele auf dem Whiteboard unterhalb der Beispielformulierung fest und finden Sie eine erfolgversprechendere Formulierung.

 Negatives Beispiel	 Erfolgsversprechende Formulierung
„Sehr geehrter Herr Mustermann, ich habe in den letzten Wochen bereits mehrfach versucht, Sie zu erreichen, leider ohne Erfolg. Ich möchte gern die Urlaubsplanung abschließen und warte nur noch auf Ihre Rückmeldung ..."	Sehr geehrter Herr Mustermann, vermutlich war es in den letzten Tagen etwas hektisch und meine Anfrage zur Urlaubsplanung ist untergangen ... Damit Sie und ihre Kolleginnen und Kollegen Ihren wohlverdienten Urlaub sicher planen können, benötige ich noch Ihren Urlaubsantrag.

Auswertung

Die Auswertung erfolgt gemeinsam im virtuellen Seminarraum. Die Trainerin lässt die Teilnehmenden einige Beispiele vorlesen und passt gemeinsam mit der Gruppe die Formulierungen ggf. nochmals an.

Dabei ist es ist sehr wichtig, darauf zu achten, dass es nicht um die absendende Person geht, sondern um die Art und Weise, wie die Texte formuliert sind.

Reflexion

Ziel der Übung ist es, die daraus gewonnenen Erkenntnisse zu nutzen, beim Schreiben von E-Mails zukünftig auch selbst achtsamer vorzugehen.

Dazu fragt die Trainerin nach, wie emphatisch und zielführend die eigenen Nachrichten sind. Sie bittet ihre Teilnehmenden, diese Frage einmal auf einer Skala von 1-10 im Chat zu beantworten. 1 bedeutet dabei „Sehr wenig emphatisch und zielführend" und 10 bedeutet „Sehr emphatisch und zielführend". Die Teilnehmenden schreiben die Bewertung für ihre eigene Leistung in den Chat. Im Anschluss liest die Trainerin die Bewertungen kurz vor und moderiert dann weiter:

„Als Nächstes möchte ich Sie bitten, ebenfalls wieder im Chat die Antwort auf die folgende Frage festzuhalten: Worauf wollen Sie zukünftig stärker achten, um die nächsthöhere Stufe in der Qualität Ihrer E-Mails zu erreichen?"

Die Trainerin wartet wiederum die Antworten ab und liest diese kurz vor. Dann leitet sie über zum Abschlussvortrag.

Abschlussvortrag

„Fragen Sie sich vor dem Schreiben Ihrer nächsten Nachrichten:

1. Was möchte ich, dass die andere Person tut?

Ich habe schon öfter E-Mails einfach gelöscht, nachdem ich mir diese Frage gestellt haben. Wenn die Antwort darauf beispielsweise lautet: ‚Gar nichts, ich wollte nur meinen Unmut ausdrücken', dann lasse ich die E-Mail einfach weg und kläre die Sache gegenbenenfalls persönlich. Denn was würde es anderes auslösen als Unmut auf der anderen Seite?

2. Welche Formulierung würde mir anstelle der anderen Person dabei helfen, das mit Freude zu tun?

Hier macht der Ton die Musik. Alternative Formulierungen wie diese, die wir gemeinsam ausgearbeitet haben, machen einen großen Unterschied.

3. Warum sollte sich die andere Person darum kümmern?

Vielen Menschen fällt es deutlich leichter, Dinge zu tun, deren Sinnhaftigkeit sie erkennen können."

Für die nächste E-Mail

1. Was möchte ich, dass die andere Person tut?
2. Welche Formulierung würde mir anstelle der anderen Person dabei helfen, das zu tun?
3. Warum sollte sich die andere Person darum kümmern?

„Und formulieren Sie dann eine Erfolg versprechende Nachricht.

Wenn jedoch eine Ihrer Antworten mit den Worten beginnt: ‚Ich möchte meinen Ärger ausdrücken über…', dann fragen Sie sich, ob eine E-Mail wirklich das richtige Medium hierfür ist. In solchen Fällen suchen Sie vielleicht lieber das persönliche Gespräch."

Hinweise

- Diese Aufgabe ist gut geeignet, um in der Mittagszeit zwischen zwei Modulen integriert zu werden.
- In Gruppen, die sehr viele Medien nutzen, kann sie gut mit dem Deep Dive „Mediennutzungsplan erstellen" (ab Seite 356) kombiniert werden.

Quelle

- Die Inspiration für diese Übung stammt aus einem Circle Guide von der durch John Stepper entwickelten Methode Working Out Loud. Die Grundidee ist, sich beim Schreiben einer E-Mail in die Lage des anderen zu versetzen, um eine emphatische wie Erfolg versprechende Formulierung zu finden.

Deep Dive
Kommunikation
(neu) organisieren

Mediennutzungsplan erstellen

Orientierung

Ziele

- Die Teilnehmenden erkennen den Nutzen eines Mediennutzungsplanes
- Sie lernen die wichtigsten Elemente des Mediennutzungsplanes kennen
- Sie entwickeln erste eigene Umsetzungsideen für ihr Team

Zeit

Insgesamt 50 Minuten

- 5 Minuten Intro: Herausforderungen unstrukturierter Mediennutzung
- 10 Minuten Input zum Mediennutzungsplan und Erläuterung eines Beispiels
- 10 Minuten Prototypen für einen eigenen Mediennutzungsplan erarbeiten
- 15 Minuten Lösungen in Kleingruppen diskutieren und Weiterführung im Team planen
- 5 Minuten Blitzlicht im Plenum
- 5 Minuten Abschlussvortrag

Rahmenbedingungen

- Virtuelles Tool
- Virtuelles Whiteboard
- Time Timer

Material

Folien „Herausforderungen unstrukturierter Mediennutzung", „Mediennutzungsplan", Beispiel Mediennutzungsplan und Link zum Template „Mediennutzungsplan auf dem Whiteboard ablegen"

Ablauf

- Einstieg in das Thema durch Abfrage der Herausforderungen der unkontrollierten Mediennutzung und kurze Diskussion dazu.

- Input zum Mediennutzungsplan und Erläuterung eines Beispiels.
- Jeder Teilnehmende erstellt einen Prototypen für einen geeigneten Mediennutzungsplan.
- Zu zweit stellen sich die Teilnehmenden in Kleingruppen ihre Pläne vor und planen die weitere Verfahrensweise im Team.
- Zurück im Hauptraum, holt die Trainerin ein kurzes Feedback ein.
- Abschlussvortrag

„Die Kommunikation über Distanzen hinweg zu organisieren, ist vor allem eine Frage der richtigen Mediennutzung. Immer wieder bekomme ich in diesem Zusammenhang Geschichten verschiedenster Herausforderungen in virtuellen Teams zu hören. So gibt es oft Unstimmigkeiten darüber, welches Medium wofür genutzt werden sollte. Viele Menschen beklagen zum Beispiel, dass sie ständig von einer Videokonferenz zur nächsten hetzen und oft gar nicht wissen, wofür ihre Anwesenheit überhaupt notwendig gewesen ist. Dort, wo viele verschiedene Tools genutzt werden, suchen Menschen oft länger nach dem Ablageort von Informationen. Bitte überlegen Sie einmal, welche Herausforderungen es bei Ihnen bezüglich der Mediennutzung gibt. Bitte halten Sie Ihre Überlegungen auf dem Whiteboard fest." *Intro*

Die Trainerin zeigt die Folie „Herausforderungen unstrukturierter Mediennutzung".

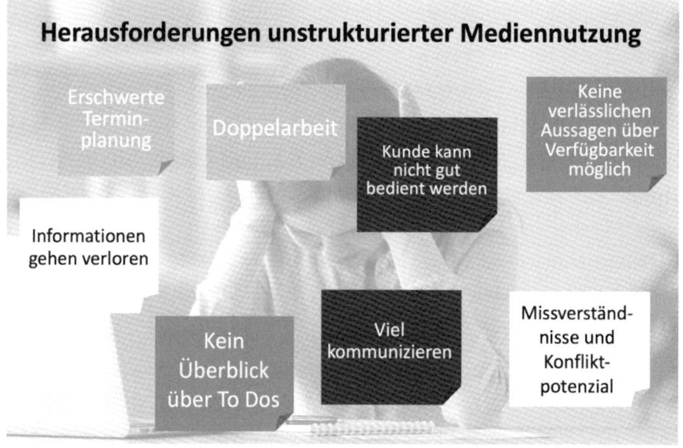

Sie stellt den Timer auf dem Whiteboard auf drei Minuten ein und wartet, bis die Teilnehmenden in einem stillen Brainstorming ihre Herausforderungen festgehalten haben.

Im Anschluss liest sie die Ergebnisse kurz vor und fragt ggf. nach, wie die Antworten gemeint sind.

Input Mediennutzungsplan

„Unklarheiten darüber, welche Medien genutzt werden und was die Regeln der Mediennutzung sind, führen in vielen virtuellen Teams zu Problemen. Ein gemeinsam mit dem Team erstellter Mediennutzungsplan kann da Abhilfe schaffen.

Am Anfang steht dabei die Entscheidung darüber, wofür welches Medium genutzt werden sollte. Allgemein gilt hier die Faustformel:

Je komplexer die Aufgabe und die dazu notwendige Kommunikation, desto informationsreicher sollte das Medium sein.

Was genau ist damit gemeint? Der Chat ist beispielsweise ein sehr informationsarmes Medium, da es lediglich geschriebene Botschaften übermitteln kann. Informationen der Körpersprache, wie Mimik, Gestik und Tonlage, werden nicht übermittelt. Auch ist er nicht geeignet, Informationen von großem Umfang zu transportieren. In einer Videokonferenz hingegen können viele Menschen synchron mit Bild und Ton auf verschiedenen Kanälen miteinander diskutieren und kollaborieren.

Es gibt verschiedene Theorien, wie etwa die Mediensynchronizitätstheorie und die Medienreichhaltigkeitstheroie, die sich damit im Detail beschäftigen. Für die Praxis ist es wichtig, Medien mit Fingerspitzengefühl bezüglich Information und Situation angemessen auszuwählen.

Möchte ich nur eine kurze Frage stellen, wie z.B. wer kann morgen den Telefondienst für Frau Meyer übernehmen, dann ist eine Chatnachricht angebracht. Möchte ich meinen Unmut über das Verhalten einer Person in einem Meeting ausdrücken, ist der Chat sicher nicht der richtige Ort dafür.

Wenn es mir darum geht, gemeinsam mit meinem Team neue Ideen bezüglich eines Projektes zu entwickeln, um dann konkrete Maßnahmen festzulegen, ist die Videokonferenz das Mittel zur Wahl. Wiederum, wenn es um die bloße Weitergabe von Informationen geht, muss es nicht immer gleich eine Videokonferenz sein. Dafür kann auch die Aufnahme eines Videos ausreichen, die sich dann jedes Teammitglied zu einer passenden Zeit ansehen kann.

Diese und andere Entscheidungen können dann in einem Mediennutzungsplan festgehalten werden.

In diesem Plan vereinbaren Sie gemeinsam mit Ihrem Team, wann und wie welches Medium genutzt werden sollte. Was konkret festgehalten wird, variiert je nach Team und Aufgabenstellung sowie auch nach den eingesetzten Tools.

Grundsätzlich gilt es, festzuhalten:

- *Welches Medium für welchen Personenkreis genutzt werden soll. So kann zum Beispiel für die Kunden ein anderes Medium eingesetzt werden als für die Teammitglieder und ein wieder anderes für die Kommunikation mit dem Vorstand.*

- *Außerdem sollte festgehalten sein, welches Medium für welche Art der Kommunikation genutzt wird. So kann der Chat beispielsweise für eine kurze schnelle Information oder Frage reichen, für die Zuteilung von Aufgaben wählt man besser ein Projektmanagement-Tool.*

- *Zu jedem Tool können zudem die wichtigsten Regeln festgehalten werden, zum Beispiel, indem wir definieren, wie schnell wir Antworten auf eine E-Mail oder eine Nachricht im Chat erwarten.*

- *Eine verbindliche Erreichbarkeit zu regeln, ist zudem allgemein eine wichtige Aufgabe in verteilten Teams. Zuletzt sollte auch die Verantwortlichkeit für die Pflege des Medienplans geregelt sein."*

Beispiel Mediennutzungsplan

Hier ein Beispiel, wie so ein Medienplan in sehr groben Zügen aussehen könnte. In diesem Medienplan ist geregelt, dass kurze und auch dringende Fragen im Chat über MS Teams gestellt werden.

Information	Medium	Regeln
Kurze, dringende Frage	Chat in MS Teams	Antwort binnen 2 h
Aufgabenzuweisung	MS Planner	Personen und Termine klar zuweisen
Private Themen	Telefon oder WhatsApp	Keine sensiblen Daten teilen
Workshops	Videokonferenz in Teams/ Miro-Whiteboard	Störfaktoren ausschalten/ Teilnehmende aktiv einbinden
Kundenkontakt	Videokonferenz in Teams/ Telefon	Ergebnisse im CRM-System festhalten
Kommunikation mit dem Management	E-Mail	Nur notwendige Personen in CC setzen/Antwort binnen 24 h
Terminplanung	Outlook/geteilte Kalender	Termine immer per Einladung versenden/Kalender täglich pflegen
Anwesenheit	Status MS Teams	Status aktuell halten

Abb.: Mediennutzungsplan

- Die Beantwortung der Frage sollte in der Regel eine Dauer von zwei Stunden nicht überschreiten. Aufgaben werden in MS Planner zugewiesen und sichtbar gemacht.
- Wichtig ist, dass jede Aufgabe einer bestimmten Person zugewiesen sein muss und auch einen Termin enthält.
- Teamworkshops werden in einer Videokonferenz abgehalten. Dabei ist es wichtig, dass alle mit der vollen Aufmerksamkeit dabei sind, also Störfaktoren ausgeschaltet werden.
- Eine weitere wichtige Regel ist die aktive Einbindung aller Teilnehmenden. Damit ist gemeint, dass es Diskussionsrunden gibt, verschiedene Teilnehmende ihre Inhalte präsentieren und verschiedene Themen in Kleingruppenarbeitsräumen erarbeitet werden.
- Der Kundenkontakt erfolgt über das Telefon oder die Videokonferenz. Alle haben sich darauf geeinigt, dass das CRM-System nach jedem Kundenkontakt gepflegt wird, sodass jederzeit ein anderes Teammitglied den Kunden übernehmen und in gewohnter Qualität und vollständig informiert weiterbetreuen kann.
- Die Kommunikation mit dem Management erfolgt hauptsächlich per E-Mail. Antworten werden innerhalb von 24 Stunden gegeben und auch zurückerwartet.
- In CC werden nur die Personen gesetzt, die direkt betroffen sind, um eine Überflutung der Postfächer zu vermeiden. Die Terminplanung erfolgt über Outlook. Termine sind immer direkt über Outlook zu versenden, damit keine Missverständnisse entstehen oder Termine vergessen werden können. Das Team hat sich darauf verständigt, die Kalender täglich zu pflegen, damit Verfügbarkeiten

immer aktuell sichtbar sind. Das Team nutzt den Anwesenheitsstatus von MS Teams und hat sich darauf geeinigt, diesen aktuell zu halten. Das bedeutet, dass eine Person, die z.B. den Status „verfügbar" ausweist, auch erreichbar ist.

Schritt 1

Transfer

Die Teilnehmenden werden nun aufgefordert, an ihr eigenes Team und ihre Prozesse zu denken. Welche Herausforderungen gibt es im Team mit der Mediennutzung? Welche Arten von Informationen tauschen alle aus und welche Medien halten die Teilnehmenden hierfür für geeignet? Welche Regeln empfinden die Teilnehmenden hierzu als wichtig? Für die Beantwortung dieser Fragen nimmt sich die Gruppe 10 Minuten Zeit. Das Ziel ist, einen ersten Prototyp für einen für die Teilnehmenden und ihr Team geeigneten Mediennutzungsplan zu erstellen. Es geht dabei darum, einen Anfang zu machen, den jeder später gemeinsam mit seinem Team noch ausformulieren und verfeinern kann.

Schritt 2

Die Teilnehmenden werden nun zu zweit in Kleingruppenarbeitsräume entsendet. Dort sollen sie ihre Ergebnisse miteinander austauschen. Nachdem sich die Zweiergruppen ihre Prototypen gegenseitig vorgestellt haben, sollen sie überlegen, wie sie diese mit ihren Teams gemeinsam weiter vervollständigen können. Für diese Aufgabe hat die Gruppe insgesamt 15 Minuten Zeit.

Abschluss

Zurück im Hauptraum holt die Trainerin noch ein kurzes Feedback zu der Kleingruppenarbeit ein und beantwortet ggf. aufkommende Fragen. Zuletzt weist sie nochmals darauf hin, dass es wichtig ist, den Entwurf des Plans gemeinsam mit dem Team zu diskutieren und zu komplettieren, damit sich dann auch alle an die Umsetzung halten.

Quelle

▶ Thomas, G. (2014): Die virtuelle Katastrophe. So führen Sie Teams über Distanz zur Spitzenleistung. assist Publishing Verlag.

Service

Literatur

- Gellert, M. & Nowak, C. (2010): Ein Praxisbuch für die Arbeit in und mit Teams. Limmer Verlag.
- Heckner, K. & Keller, E. (2010): Teamtrainings erfolgreich leiten. Fahrplan für ein dreitägiges Seminar zur Teamentwicklung und Teamführung. managerSeminare.
- Heitmann, A. (2021): Online Meetings, die begeistern. Digitale Rhetorik mit Spaß und Struktur. Haufe Verlag.
- Herrmann, D., Hüneke, K. & Rohrberg, A.: Führung auf Distanz. Mit virtuellen Teams zum Erfolg. Springer Gabler Verlag, Kindle Version.
- Kevin, E. & Wayne, T. (2018): The Long-Distance Leader. Berrett-Koehler Publishers.
- Kopp, L. (2021): Leadership im Homeoffice. Der praktische Guide für die dezentrale Mitarbeitendenführung. LUVE Publishing.
- Neeley, T. (2021): Remote Work Revolution. Succeeding from Anywhere. Harper Collins Publishers.
- Osterloh, M. & Weibel, A. (2006): Investition Vertrauen. Prozesse der Vertrauensentwicklung in Organisationen. Betriebswirtschaftlicher Verlag Dr. Th. Gabler, GWV Fachverlage GmbH.
- Thomas, G. (2014): Die virtuelle Katastrophe. So führen Sie Teams über Distanz zur Spitzenleistung. assist Publishing Verlag.
- Weibel, A., Schafheitle, S. & Osterloh, M. (2018): Trust rocks! Aktives Vertrauen als Grundstein für das Gelingen der Neuen Arbeit. Springer Verlag.
- Weibel, A. (2017): Vertrauen performt! Vortrag auf den Petersberger Trainertagen 31.03.2017.

Online-Quellen

- AJ&Smart, Lightning Decision Jam Resource Page, https://ajsmart.com/ldj; abgerufen am 25.03.2022
- Bloom, N.: Go Ahead. Tell Your Boss You Are Working From Home. TEDxStanford. https://youtu.be/oiUyyZPIHyY; abgerufen am 25.03.2022
- Camino Organisationsentwicklung: Check-in-Generator, https://www.checkin-generator.de/; abgerufen am 25.03.2022
- Daresay: Check-in Generator, http://checkin.daresay.io/; abgerufen am 25.03.2022
- Liebermann, A., Samuels, S. & Ross, L.: The Name of the Game: Predictive Power of Reputations Versus Situational Labels in Determining Prisoner's Dilemma Game Moves. (PDF) The name of the game: predictive power of reputations versus situational labels in determining prisoner's dilemma game moves | Lee Ross - Academia.edu; abgerufen am 25.03.2022
- Mystery Minds GmbH: Mystery Coffee: https://www.mysterycoffee.com/; abgerufen am 25.03.2022
- Permantier, M.: Das Wertetarget. Smart_Targeting_das_wertetarget.pdf (wertekommunikation.info); abgerufen am 25.03.2022
- Rochus, Mummert (2013): Studie 2013 Warum drei von vier virtuellen Teams scheitern. https://www.rochusmummert.com/wp-content/uploads/2020/06/EW_Virtuelle_Teams_FD.pdf; abgerufen am 25.03.2022
- Sinek, S. , How Teams Can Meaningfully Connect Remotely, https://youtu.be/tKEtm3HCrsw; abgerufen am 25.03.2022
- Stepper, J. (2021): Über Working Out Loud. https://workingoutloud.com/de/about; abgerufen am 25.03.2022
- Stepper, J. (2016): Tedex Working Out Loud. The making of a movement. https://www.youtube.com/watch?v=XpjNl3Z10uc&t=233s; abgerufen am 25.03.2022
- Team Canvas, Understanding Team Canvas, https://www.theteamcanvas.com; abgerufen am 25.03.2022
- Tryp and Tyler, Video: A Video Conference Call in Real Life, https://youtu.be/JMOOG7rWTPg; abgerufen am 25.03.2022

© managerSeminare

Stichwortverzeichnis